除染等業務従事者
特別教育テキスト

中央労働災害防止協会

はじめに

　平成23年3月11日に発生した東日本大震災に伴う東京電力福島第一原子力発電所の事故により、放射性物質が大量に放出されました。

　これにより、福島県内の一部に警戒区域及び計画的避難区域が設定されたほか、その他の地域においても、平常時よりも高い放射線量が計測されたことから、放射線による人の被ばく線量を低減するために除染等作業が進められています。

　除染等の業務を行うに当たっては、当該作業に当たる労働者の防護措置が必須であることから、厚生労働省において「東日本大震災により生じた放射性物質により汚染された土壌等を除染するための業務等に係る電離放射線障害防止規則」が新たに制定され平成24年1月1日から施行されるとともに、関係告示やガイドラインが示されました。

　本書は、厚生労働省により作成された標準テキスト「除染等業務特別教育テキスト」、環境省により作成された「除染関係ガイドライン」などをもとに、多くのイラストを用いるとともに、レイアウトの工夫や一部文章の追加等を行い、除染等業務に従事する労働者の方々が見やすくわかりやすいよう再編集したものです。今般、ガイドラインの改正に対応する等、所要の改訂を行いました。

　本書が除染等業務に従事する労働者の方々をはじめ関係者に広く活用され、除染等の業務による放射線障害防止の一助となることを心より祈念いたします。

令和２年９月

中央労働災害防止協会

第4章　関係法令

● 本テキストにおける用語の定義 ●

用語	定義
除染特別地域等	「平成二十三年三月十一日に発生した東北地方太平洋沖地震に伴う原子力発電所の事故により放出された放射性物質による環境の汚染への対処に関する特別措置法」(平成23年法律第110号)第25条第1項に規定する除染特別地域または同法第32条第1項に規定する汚染状況重点調査地域
汚染土壌等	事故由来放射性物質により汚染された土壌、草木、工作物等、落葉及び落枝、水路等に堆積した汚泥等
土壌等の除染等の業務	除染特別地域等内における汚染土壌等の除去、当該汚染の拡散の防止その他の措置を講ずる業務
除去土壌	土壌の除染等の業務または特定汚染土壌等取扱業務に伴い生じた土壌(当該土壌に含まれる事故由来放射性物質のうちセシウム137及びセシウム134の放射能濃度の値が1万Bq/kgを超えるもの)
汚染廃棄物	事故由来放射性物質により汚染された廃棄物(当該廃棄物に含まれる事故由来放射性物質のうちセシウム137及びセシウム134の放射能濃度の値が1万Bq/kgを超えるもの)
廃棄物収集等業務	除染特別地域等内における除去土壌または汚染廃棄物の収集、運搬または保管の業務
特定汚染土壌等	汚染土壌等であって、当該汚染土壌等に含まれる事故由来放射性物質のうちセシウム137とセシウム134の放射能濃度の値が1万Bq/kgを超えるもの
汚染土壌等を取り扱う業務	除染特別地域等において、生活基盤の復旧等の作業での土工(準備工、掘削・運搬、盛土・締め固め。整地・整形、法面保護)及び基礎工、仮設工、道路工事、上下水道工事、用水・排水工事、ほ場整備工事における土工関係の作業が含まれるとともに、営農・営林等の作業での耕起、除草、土の掘り起こし等の土壌等を対象とした作業に加え、施肥(土中混和)、田植え、育苗、根菜類の収穫等の作業に付随して土壌等を取り扱う作業。ただし、これら作業を短時間で終了する臨時の作業として行う場合はこの限りではない。
特定汚染土壌等取扱業務	土壌の除染等の業務及び廃棄物収集等業務以外の業務であって、特定汚染土壌等を取り扱う業務
除染等業務	土壌の除染等の業務、廃棄物収集等業務または特定汚染土壌等取扱業務(事故由来廃棄物等の処分の業務を除く)
除染等作業	除染特別地域等内における除染等業務に係る作業
特定線量下業務	除染特別地域等内における平均空間線量率が事故由来放射性物質により2.5μSv/時を超える場所において事業者が行う除染等業務以外の業務

第 1 章

電離放射線の生体に与える影響及び
被ばく線量の管理の方法に関する知識

この章で学ぶ主な事項：電離放射線の種類・性質／電離放射線が生体に与える影響／被ばく限
度・被ばく線量測定の方法／被ばく線量測定の結果の記録等の方法／

1 電離放射線の種類及び性質

① 放射能と放射線

放射能と放射線の関係は、電球と光の関係によく似ています。

電球の光に相当するのが「放射線」とすれば、電球自身は放射線を出す「放射性物質」、さらに電球が発光する能力（性質）が「放射能」に相当します。すなわち放射能とは、放射線を出す能力（性質）をさしています。

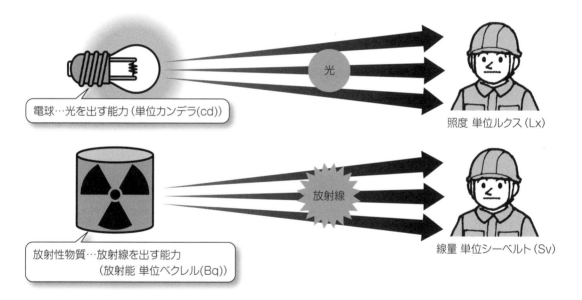

電球…光を出す能力（単位カンデラ(cd)）

照度 単位ルクス(Lx)

放射性物質…放射線を出す能力
（放射能 単位ベクレル(Bq)）

線量 単位シーベルト(Sv)

② 放射線と放射能の単位

放射線や放射能を表す単位には、シーベルト(Sv)やベクレル（Bq）が用いられます。

人が受けた放射線の量**シーベルト（Sv）**は、放射線が人体に与える影響の度合いを表す単位で、通常は1シーベルトの1,000分の1のミリシーベルト（mSv）や100万分の1のマイクロシーベルト（μSv）が用いられます。また、1時間あたりの放射線の量（線量率）には「mSv/h」、「μSv/h」などが用いられます。

放射能の強さベクレル（**Bq**）は、放射性物質の持つ放射線を出す能力を表す単位で、1秒間に壊れる原子の数で強さを表します。土壌等の中に含まれる放射性物質の放射能の濃度には「Bq/kg」（単位重量あたりの強さ）が、物品の表面等に付着する放射性物質の放射能の密度には「Bq/cm^2」（単位面積あたりの強さ）が用いられます。

③ 日常生活と放射線

私たちは、日常生活の中で放射線を受けています。たとえば、宇宙から絶えず降りそそぐ宇宙線などの自然放射線や医療機関におけるエックス線撮影時の人工放射線があります。しかし、これらの放射線の存在は、人間の五感で感じることができません。

放射線の種類を自然放射線や人工放射線などと呼ぶのは、放射線を出すもとが天然か、人工的につくられたものかの違いによって区別しているだけで、放射線そのものは、自然放射線も人工放射線も同じものです。

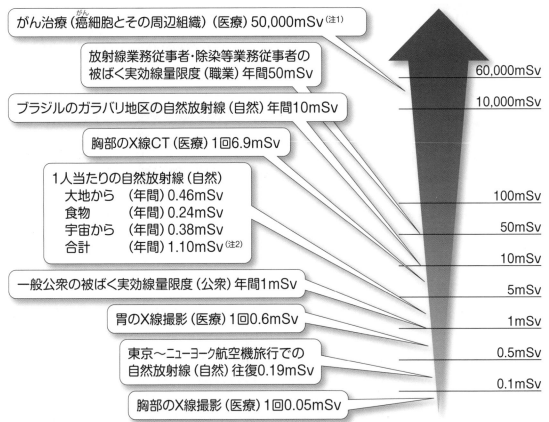

がん治療（癌細胞とその周辺組織）（医療）50,000mSv（注1）

放射線業務従事者・除染等業務従事者の被ばく実効線量限度（職業）年間50mSv

ブラジルのガラバリ地区の自然放射線（自然）年間10mSv

胸部のX線CT（医療）1回6.9mSv

1人当たりの自然放射線（自然）
大地から　（年間）0.46mSv
食物　　　（年間）0.24mSv
宇宙から　（年間）0.38mSv
合計　　　（年間）1.10mSv（注2）

一般公衆の被ばく実効線量限度（公衆）年間1mSv

胃のX線撮影（医療）1回0.6mSv

東京～ニューヨーク航空機旅行での自然放射線（自然）往復0.19mSv

胸部のX線撮影（医療）1回0.05mSv

60,000mSv
10,000mSv
100mSv
50mSv
10mSv
5mSv
1mSv
0.5mSv
0.1mSv

（注1）組織の感受性が異なるので、組織の等価線量で記載している。　（注2）ラドンの放射線は除いている。

④　放射線の利用（くらしに役立つ放射線）

■　医療

　　現在使われている使い捨て注射器の滅菌や、エックス線CT撮影など、消毒、診断に幅広く利用されています。

■　農業

　　野菜の品種改良やじゃがいもの発芽防止にも利用されています。

■　工業

　　プラスチックやゴムの性質改良、溶接検査や鉄板などの厚み測定などに放射線が利用されています。

⑤　放射線の種類とその性質

　　放射線には、いろいろな種類がありますが、主な放射線としては、α（アルファ）線、β（ベータ）線、γ（ガンマ）線、中性子線などがあります。

　　放射線には、物質を通り抜ける性質（透過性）があり、その透過力の強弱は、放射線の種類によって異なります。

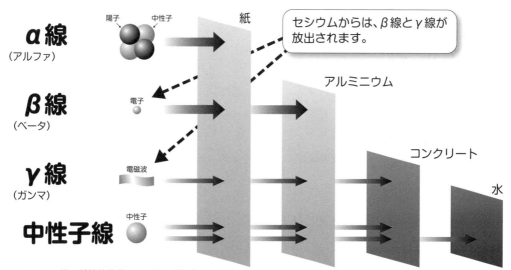

アルファ線：除染等作業ではほとんど存在しません。
ベータ線　：透過力が小さいため、通常は空気や保護衣などにほとんど吸収されます。
ガンマ線　：透過力が大きく、除染等作業での主要な放射線となっています。
中性子線　：除染等作業ではほとんど存在しません。

　　さらに放射線が物質を透過するとき、放射線の持つエネルギーが物質に与えられ、電子がはじき出されます。この作用を電離作用といいます。放射線が生物に影響を及ぼしたり、写真乾板を感光したりするのは、この作用によるものです。

⑥ 放射線の防護

ア 外部から受ける線量の低減

作業者が受ける線量をできるだけ低くする方法には、大きく分けて次の4つがあります。

(a) 放射線源を除去する

放射線源をできるだけ除去して、作業場所における線量率の低減に心がけましょう。

(b) 遮へいをする

γ線は、密度の大きいもので遮へいすることができます。

(c) 放射線源から距離をとる

放射線源が点とみなせる場合は、放射線の強さは、距離の2乗に反比例して減少します。作業中は、高い汚染が認められる物や場所から、できるだけ距離をとるようにしましょう。

(d) 作業時間を短くする

作業中に受ける線量は、「線量率×作業時間」で決まります。作業時間の短縮に心がけることも大切です。

遮へいする　　　　　　距離をとる　　　　　　作業時間を短くする

イ 放射性物質の身体への付着と取り込みの防止

放射性物質の身体への付着と取り込みを防ぐため、次のことに注意しましょう。

(a) 休憩場所では、身体に付着したり、体内へ取り込むおそれのある放射性物質を取り除くなど、クリーン化を図る。

(b) 保護具（防じんマスク等）は、正しく着脱する。

(c) 作業場所では、飲食、喫煙をしない。

⑦　放射能の減衰

　　放射能は、時間がたつとともに衰えていき、放射性物質から出てくる放射線の量も減少します。放射能が2分の1になるまでの時間を半減期といいますが、その長さは放射性物質の種類によって異なり、短いもので100万分の1秒、長いものでは数千億年のものもあります。

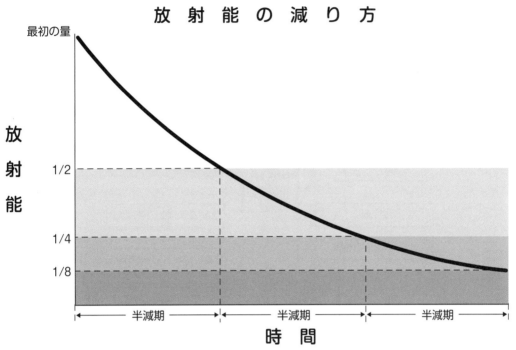

放 射 能 の 減 り 方

※セシウム等の半減期
　　ヨウ素 131　……………　8.0 日→除染等作業ではほとんど存在しません。
　　セシウム 134　…………　2.1 年⎫
　　セシウム 137　…………30.2 年⎭除染等作業における主要な放射性物質です。
　　ストロンチウム 90　……28.8 年→除染等作業ではほとんど存在しません。

2　電離放射線が生体の細胞、組織、器官及び全身に与える影響

放射線による影響と線量の関係は下図のようになります。

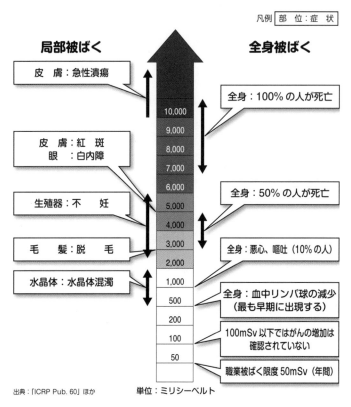

凡例 | 部 位：症 状 |

局部被ばく　　　　　　　　　　　　　　　**全身被ばく**

皮 膚：急性潰瘍

全身：100％ の人が死亡

10,000
9,000
8,000
7,000
6,000

皮 膚：紅 斑
眼 　：白内障

5,000
4,000

全身：50％ の人が死亡

生殖器：不　妊

3,000
2,000

全身：悪心、嘔吐（10％の人）

毛　髪：脱　毛

1,000
500

全身：血中リンパ球の減少
（最も早期に出現する）

水晶体：水晶体混濁

200
100
50

100mSv 以下ではがんの増加は
確認されていない

職業被ばく限度 50mSv（年間）

出典：「ICRP Pub. 60」 ほか　　　　　　単位：ミリシーベルト

放射線を身体に受けた場合、その影響が本人に現れる「身体的影響」と、その子孫に現れる「遺伝的影響」に分けられます。さらに「身体的影響」は、放射線を受けてから症状が現れるまでの時間によって、「急性影響」と「晩発影響」とに分けられます。

また、これとは別に「確定的影響」と「確率的影響」といった分け方があります。

放射線影響の分類

放射線影響	身体的影響	急性影響	皮膚の紅斑 脱　毛 白血球減少 不妊など
		晩発影響	白内障 胎児への影響 など
			白血病 が　ん
	遺伝的影響		代謝異常 軟骨異常 など

（確定的影響：皮膚の紅斑／脱毛／白血球減少／不妊など・白内障／胎児への影響など）
（確率的影響：白血病／がん・代謝異常／軟骨異常など）

（「やさしい放射線とアイソトープ」3 版、p.83、日本アイソトープ協会、2001 年）

　「確定的影響」には、「身体的影響」である血中リンパ球・白血球の減少や、皮膚の急性潰瘍や紅斑、白内障があります。「確定的影響」は、下図に示すとおり多量の放射線を受けない限り発生することはなく（この下限値を「しきい値」といいます）、線量の増加に伴って障害の発生する確率が大きくなります。

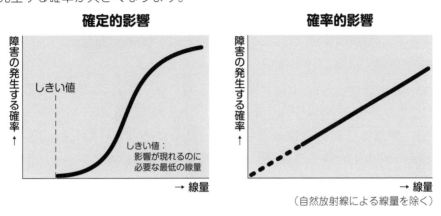

　「確率的影響」には、「身体的影響」であるがん（悪性新生物）と「遺伝的影響」があります。「確率的影響」は「確定的影響」とは異なり、線量の増加に比例して、障害の発生する確率が大きくなり、「しきい値」は存在しないと考えられています。

　ただし、受けた放射線量が小さい場合（100mSv未満）に障害が発生するかどうかは、はっきりとした医学的知見がなく、広島・長崎の原爆被ばく者の長期の調査からも、線量が100mSv以上の者には直線的な増加が認められていますが、100mSv未満の者にはがんの増加は認められていません。

　このため、国際放射線防護委員会（ICRP）などでは、放射線防護の観点から、安全側に立ち、被ばく線量と発がんの確率の関係は直線的に増加するとした上で、職業被ばくの限度を、がんの増加が認められておらず、容認できる範囲に定めました。次に述べる「東日本大震災により生じた放射性物質により汚染された土壌等を除染するための業務等に係る電離放射線障害防止規則」（除染電離則）の被ばく限度も、ICRPの職業被ばく限度と同じに設定されています。

　遺伝的影響は、生殖器に放射線を受けることにより、生殖細胞内の遺伝子が損傷し、これが子に受け継がれ、先天的な障害が現れることをいい、がんと同じように受けた線量に比例してその発生の可能性が高くなりますが、現在のところ、広島・長崎の原爆など、大量の放射線を受けた場合も含め、人への遺伝的影響は確認されていません。

　生物には、放射線によって起きるダメージを修復するシステムがあります。放射線に被ばくして遺伝子に損傷があったとしても、遺伝子を修復したり、異常な細胞の増殖を抑えたり、老化させたりする機能が働き、健康障害の発生を抑えているのです。

3 被ばく線量限度及び被ばく線量測定の方法

(1)被ばく線量限度

　　除染等業務（土壌等の除染等の業務、特定汚染土壌等取扱業務または廃棄物収集等業務）に従事する労働者（以下「除染等業務従事者」という。）が、作業中に受ける線量の限度は、法令によって定められています。この値は、国際放射線防護委員会（ICRP）による勧告や報告にもとづいています。

　　ICRPは、政治や行政、思想とは無関係な放射線防護に関する国際的な専門家集団で、その勧告は、わが国を含め世界各国の法令に取り入れられています。

　　ICRPは、線量を合理的に達成可能な限り低くすること（As Low As Reasonably Achievable：ALARA（アララ））という基本原則を示しています。

　　除染電離則では、除染等業務従事者が受ける電離放射線を可能な限り少なくするよう努めなければならないと規定しており、がんなどの障害の発生のおそれのない（確率が十分に小さい）レベル以下とするための線量限度を以下のとおり定めています。

　　なお、実効線量（人体の各組織・臓器が受けた等価線量に組織荷重係数（組織・臓器の違いによる影響度の係数）を乗じて加えたもの）とは確率的影響を評価するための量であり、等価線量（人体の特定の組織が受けた線量）は確定的影響を評価するための量です。

除染等業務従事者	線量限度
●男性及び妊娠する可能性がないと診断された女性………………	５年間で100mSvかつ１年間で50mSv（実効線量）
※女性(妊娠する可能性がないと診断された方を除く)……	３月間で５mSv（実効線量）
※妊娠中と診断された女性　・内部被ばく………………………………………………	1mSv（実効線量）
・腹部表面………………………………………………	2mSv（等価線量）

※1　除染等事業者は、電離放射線障害防止規則（電離則）第３条で定める管理区域内において放射線業務に従事した労働者又は特定線量下業務に従事した労働者を除染等業務に就かせるときは、当該労働者が放射線業務又は特定線量下業務で受けた実効線量、除染等業務で受けた実効線量の合計が、上記の限度を超えないようにしなければならないこととされています。

※2　上記の「５年間」については、異なる複数の事業場において除染等業務に従事する労働者の被ばく線量管理を適切に行うため、全ての除染等業務を事業として行う事業場において統一的に平成24年1月1日を始期とする５年ごとに区分した期間とします。当該５年間の間に新たに除染等業務を事業として実施する事業者についても同様とし、この場合、事業を開始した日から当該５年間の末日までの残り年数に20mSvを乗じた値を、当該５年間の末日までの被ばく線量限度とみなして関係規定を適用します。
　　また、上記の「１年間」については、「５年間」の始期の日を始期とする１年ごとに区分した期間とします。ただし、平成23年3月11日から平成23年12月31日までに受けた線量は、平成24年1月1日に受けた線量とみなして合算します。

※3　なお、特定汚染土壌等取扱業務については、平成24年1月1日から平成24年6月30日までに受けた線量を把握している場合は、それを平成24年7月1日以降に被ばくした線量に合算します。

※4　除染等事業者は、「1年間又は5年間」の途中に新たに自らの事業場において除染等業務に従事することとなった労働者について、雇入れ時の特殊健康診断において当該「1年間又は5年間」の始期より当該除染等業務に従事するまでの被ばく線量を当該労働者が前の事業者から交付された線量の記録（労働者がこれを有していない場合は前の事業場から再交付を受けさせること。）により確認します（なお、「除染等業務従事者等被ばく線量登録管理制度」についてはp.21参照）。

※5　※2の始期については、除染等業務従事者に周知することとされています。

※6　※2の規定に関わらず、放射線業務を主として行う事業者については、事業場で統一された始期により被ばく線量管理を行っても差し支えないこととされています。

　　除染電離則においては、除染等業務従事者の線量測定について、次項のとおり規定しています。（具体的な方法は第2章の6（2）参照）

■放射線被ばくの態様は、内部被ばくと外部被ばくがあります。

【外部被ばく】 体外の放射性物質からの放射線による被ばく

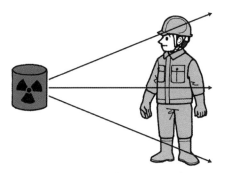

※主としてγ（ガンマ）線が問題となる。

【内部被ばく】 体内に摂取された放射性物質からの放射線による被ばく

※口、鼻に汚染が認められる場合は、
　内部被ばくしている可能性がある。

※影響の大きさは、α線＞β線＞γ線

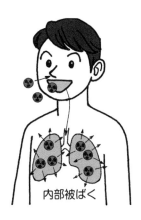

内部被ばく

被ばく線量管理の対象及び方法について

① 除染等業務を行う労働者は、以下の（A）及び（B）を合算し、職業被ばく限度（注2）を超えない管理をする。

② ボランティア等は、旧計画的避難・警戒区域の外側で、年数十回程度を上回らない回数（実効線量が年1mSvを十分に下回る範囲内。これ以上は、業として作業を行うと見なせるレベル）の作業とする。

平均空間線量率
（μSv/h）

個人線量管理の義務付け（A）
（作業による実効線量が年5mSv―50mSv）

① 個人線量計による外部被ばく測定
② 粉じんの発生度合い、土壌の放射性物質濃度に応じて、内部被ばく測定

2.5μSv/h
（週40時間、
52週換算で、
5mSv/年）

線量管理不要
（作業による実効線量が
年1mSvを十分下回る）

簡易な線量管理（B）
（作業による実効線量 年約1―5mSv）

・線量管理を義務づけるが、簡易な方法でよい
（例）労働者を代表する者の測定、空間線量からの評価等、個人線量計を使わなくても可とする
・特定汚染土壌等取扱業務従事者については、生活基盤の復旧作業等、事業の性質上作業場所を限定できず、空間線量率が2.5μSv/hを超える場所において作業に従事させることが見込まれる場合に限って対象となる。逆に2.5μSv/h以下の場所でのみ従事する特定汚染土壌取扱業務従事者は外部被ばく測定不要

0.23μSv/h
（24時間換算
で、年1mSv）

年数十回（日）程度
ボランティア等は、この回数を上回らない範囲で作業する
（これ以上は、業として除染等作業を行う頻度と見なせるレベル）

作業頻度
（回数（日数））

ガイドラインで
規定する事項

ボランティア、住民、農業従事者、自営業者

除染等を行う労働者のみ（省令事項）

（注1）実効線量は、事業者の管理下において被ばくしたものに限る（職業性被ばく）

（注2）被ばく限度は、ICRPの職業被ばく限度（年50mSv、5年100mSv）を適用

（厚生労働省労働政策審議会資料より（一部改変））

(2)被ばく線量測定の方法

① **作業場所の平均空間線量率が、2.5μSv/h（週40時間、年52週換算で、年間5mSv）を超える区域（地域）において作業する場合**

　　a. 外部被ばく線量は、個人線量計により測定します。

　　　　ガラスバッジやクイクセルバッジなどの線量計は1ヶ月や3ヶ月ごとに集積した線量の測定に用いられ、**電子式線量計**は、直読式で作業終了時に数値を読み取ることができ、作業中の被ばく線量を確認することができます。

　　　　なお、外部被ばくによる線量が1日において1mSvを超えるおそれのある除染等業務従事者については、外部被ばく線量の測定結果を毎日確認しなければなりません。

　　b. 内部被ばく線量は、作業内容に応じて、表に示した分類に従って測定します。
　　　　（スクリーニングの具体的な方法については、第2章の6（2）②参照）

	高濃度汚染土壌等 （50万Bq/kgを超える）	高濃度汚染土壌等以外 （50万Bq/kg以下）
高濃度粉じん作業 （10mg/㎥を超える）	3月に1回の 内部被ばく測定を行う	スクリーニングを 実施する
上記以外の作業 （10mg/㎥以下）	スクリーニングを 実施する	スクリーニングを 実施する（※1）

※1　突発的に高い粉じんにばく露された場合に実施
※2　粉じん濃度の測定は第2章の6（3）参照

② **作業場所の平均空間線量率が、2.5μSv/h（週40時間、年52週換算で、年間5mSv）以下で、0.23μSv/h（8時間屋外、16時間屋内換算で、年間1mSv）を超える区域（地域）において作業する場合（※）**

（※）特定汚染土壌等取扱業務従事者については、生活基盤の復旧作業等、事業の性質上、作業場所を限定することが困難であり空間線量率が2.5μSv/hを超える場所において業務を行うことが見込まれるものに限ります。

　　外部被ばく線量は、個人線量計により測定するほか、空間線量から評価したり、線量が平均的な数値であると見込まれる代表者による測定のいずれかとします。

> ⅰ）平均空間線量率（μSv/h）× 1日の労働時間（h）
> 　　＝　1日の評価被ばく線量（μSv）
> 　　※　平均空間線量率の測定は、第2章6（1）参照。
> ⅱ）代表者による測定を行う場合は、男女一人ずつとする。（測定器を付ける場所が異なるため。）

③　除染等事業者以外の事業者は、自らの敷地や施設などに対して除染等の作業を行う場合、作業による実効線量が1mSv/年を超えることのないよう、作業場所の平均空間線量率が2.5μSv/h（週40時間、52週換算で、5mSv/年）以下の場所であって、かつ、年間数十回（日）の範囲内で除染等業務に労働者を就かせることとします。

　　除染等の作業を行う自営業者、住民、ボランティアについても、次の事項に留意の上、作業による実効線量が1mSv/年を超えることのないよう、作業場所での平均空間線量率が2.5μSv/h以下の場所であって、かつ、年間数十回（日）の範囲内で作業を行うことが望ましいです。

ア　住民、自営業者については、自らの住居、事業所、農地等の除染を実施するために必要がある場合は、2.5μSv/h を超える地域で、コミュニティ単位による除染等の作業を実施することは想定されるが、この場合、作業による実効線量が 1mSv/ 年を超えることのないよう、作業頻度は年間数十回（日）よりも少なくすること

イ　除染実施区域外からボランティアを募集する場合、ボランティア組織者は、ICRP による計画被ばく状況において放射線源が一般公衆に与える被ばくの限度が 1mSv/ 年であることに留意すること

④　農業従事者等自営業者、個人事業者については、被ばく線量管理等を実施することが困難であることから、あらかじめ除染等の措置を適切に実施する等により、特定汚染土壌等取扱業務に該当する作業に就かないことが望まれます。

4　被ばく線量測定の結果の確認及び記録等の方法

（1）被ばく線量測定の結果については、しっかりと確認して、3（1）に示す線量限度を超えないよう被ばく線量を低減させなければなりません。

（2）除染電離則により、事業者は、線量の測定結果等について、次のとおり取り扱わなければならないこととされています。

①　線量の記録

測定された線量は、除染電離則に定める方法で記録しなければなりません。

男性又は妊娠する可能性がないと診断された女性の実効線量	3月ごと、1年ごと及び5年ごとの合計 （5年間において、実効線量が1年間につき20mSvを超えたことのない者にあっては、3月ごと及び1年ごとの合計）
女性（妊娠する可能性がないと診断されたものを除く。）の実効線量	1月ごと、3月ごと及び1年ごとの合計 （1月間に受ける実効線量が1.7mSvを超えるおそれのない者にあっては、3月ごと及び1年ごとの合計）
妊娠中の女性の実効線量、等価線量	内部被ばくによる実効線量と腹部表面に受ける等価線量の1月ごと、妊娠中の合計

②　線量記録の保存

記録された線量を、30年間保存しなければなりません。

ただし、当該記録を5年保存した後においては、厚生労働大臣が指定する機関（※）に引き渡すことができます。

また、除染等業務従事者が離職した後であれば、5年に満たなくても、その除染等業務従事者に係る記録を厚生労働大臣が指摘する機関（※）に引き渡すことができます。

（※）公益財団法人放射線影響協会が指定されています。

③　線量記録の通知

①の記録について、労働者に通知しなければなりません。

④　事業廃止の場合の、線量記録の引き渡し

その事業を廃止しようとする場合、それまでの線量データが散逸するおそれがあるため、①の記録を厚生労働大臣が指定する機関（※）に引き渡さなければなりません。

（※）公益財団法人放射線影響協会

⑤　労働者が退職する場合の記録の交付

　除染等作業に従事した労働者が離職する、又は事業を廃止するときは、①の記録の写しを労働者に交付しなければなりません。なお、有期契約労働者又は派遣労働者を使用する場合には、放射線管理を適切に行うため、以下の事項に留意します。

- ・３月未満の期間を定めた労働契約又は派遣契約による労働者を使用する場合には、被ばく線量の算定は、１ヶ月ごとに行い、記録すること
- ・契約期間の満了時には、当該契約期間中に受けた実効線量を合計して被ばく線量を算定して記録し、その記録の写しを当該除染業務従事者に交付すること

(3) 健康診断

　除染電離則などにおいては、除染等業務に雇い入れられた時、配置替えになった時、及びその後は定期的に、次の健康診断を実施することが義務付けられています。

　除染等業務に従事する場合には、必ず受診してください。

　なお、6月未満の期間の定めのある労働契約又は派遣契約を締結した労働者又は派遣労働者に対しても、被ばく歴の有無、健康状態の把握の必要があることから、雇入れ時に健康診断を実施します。

１．一般健康診断（実施内容）

実施項目	頻度
１．既往歴及び業務歴の調査 ２．自覚症状及び他覚症状の有無の検査 ３．身長、体重、腹囲、視力及び聴力の検査 ４．胸部エックス線検査及びかくたん検査 ５．血圧の測定 ６．貧血検査 ７．肝機能検査 ８．血中脂質検査 ９．血糖検査 １０．尿検査 １１．心電図検査	6月以内ごとに1回（※）

２．除染電離則健康診断（実施内容）

実施項目	頻度
１．被ばく歴の有無（被ばく歴を有する者については、作業の場所、内容及び期間、放射線障害の有無、自覚症状の有無その他放射線による被ばくに関する事項）の調査及びその評価 ２．白血球数及び白血球百分率の検査 ３．赤血球数の検査及び血色素量又はヘマトクリット値の検査 ４．白内障に関する眼の検査 ５．皮膚の検査	6月以内ごとに1回

- ※　労働安全衛生規則第45条で除染等業務（特定汚染土壌取扱業務については平均空間線量率が2.5μSv/hを超える場合に限る。）は同規則第13条第1項第2号ハの業務にあたるので、6ヶ月に1回、特定業務従事者として一般健康診断を行う必要があります。
- ※　平均空間線量率が2.5μSv/h以下の場所で特定汚染土壌等取扱業務に従事する労働者に対しては、1年に1回。

健康診断（定期に行われるもの）の前年の実効線量が5mSvを超えず、かつ、当年の実効線量が5mSvを超えるおそれのない方については、2～5の項目は、医師が必要と認めないときには、行うことを要しません。

（4）除染等業務従事者等被ばく線量登録管理制度について

上記（2）、（3）に示した除染電離則の規定をより確実に遵守するための「除染等業務従事者等被ばく線量登録管理制度」が国直轄の除染等業務等を行う事業者を対象に平成25年11月15日から暫定的に発足し、さらに地方自治体等が発注する除染等業務等を対象に含め、平成26年4月1日に発足しました。

　ア　除染特別地域で除染等業務又は特定線量下業務を請け負った元請事業者は、自社および関係請負人の放射線管理手帳を取得していない労働者に対する放射線管理手帳の発行申請、放射線管理手帳の管理、被ばく線量の通知、健康診断の実施状況の把握及び放射線管理手帳への記載、特別教育の実施状況の把握及び放射線管理手帳への記載を行うほか、公益財団法人放射線影響協会 放射線従事者中央登録センター（以下「中央登録センター」という。）へ被ばく線量の登録等を行います。

　イ　除染特別地域以外で除染等業務又は特定線量下業務を請け負った元請事業者は、中央登録センターに、離職後の被ばく線量記録及び健康診断の実施結果の引渡しを行います。

　ウ　事故由来廃棄物等処分業務を請け負った元請事業者は、地域にかかわらず、上記アの事項を行います。

これらにより、労働者が複数の事業者に順次所属する場合に、元請事業者が労働者の過去の被ばく線量を必要なときに確認できることとなります。

（5）東電福島第一原発緊急作業従事者に対する健康保持増進の措置等

除染等事業者は、東京電力福島第一原子力発電所における緊急作業に従事した労働者を除染等業務に就かせる場合は、次に掲げる事項を実施してください。

① 電離則第59条の2に基づく次の報告を厚生労働大臣（厚生労働省労働衛生課あて）に行わなければなりません。

　ア　一般健康診断と除染等電離放射線健康診断の個人票の写しを、健康診断実施後、遅滞なく提出すること

　イ　3月ごとの月の末日に、「指定緊急作業従事者等に係る線量等管理実施状況報告書」（電離則様式第3号）を提出すること

② 「東京電力福島第一原子力発電所における緊急作業従事者等の健康の保持増進のための指針」（平成23年東京電力福島第一原子力発電所における緊急作業従事者等の健康の保持増進のための指針公示第5号）に基づき、保健指導等を実施するとともに、緊急作業従事期間中に50mSvを超える被ばくをした者に対して、必要な検査等を実施してください。

第2章

除染等作業の方法に関する知識

1 作業の方法と順序

(1) 事前調査

　　除染等作業を行う作業場所については、事前調査（※）して、次の結果を記録しておくことが、事業者の義務とされています。

　　・除染等作業の場所の状況

　　・除染等作業の場所の平均空間線量率（μSv/h）

　　・作業の対象となる汚染土壌や廃棄物などに含まれるセシウムの放射能濃度（Bq/kg）

　　また、事業者は、あらかじめこれらの調査が終了した年月日、調査の方法と結果の概要を、労働者に書面により明示しなければならないこととされています。

（※）特定汚染土壌等取扱業務を同一場所で継続して行う場合は、作業開始前と２週間ごとに行ってください。

(2) 作業計画

①　事業者が除染等業務(特定汚染土壌等取扱業務については、平均空間線量率が2.5μSv/h以下の場所において行われるものを除きます。)を行おうとするときは、あらかじめ、次の事項が示された作業計画を作成しなければならないこととされています。

　　・除染等作業の場所及び除染等作業の方法

　　・除染等業務従事者の被ばく線量の測定方法

　　・除染等業務従事者の被ばくを低減するための措置

　　・除染等作業に使用する機械、器具その他の設備の種類及び能力

　　・労働災害が発生した場合の応急の措置

　　また、事業者は、これらの作業計画を労働者に周知するとともに、当該作業計画によって除染等作業を行わなければならないこととされています。

②　事業者は、作業計画を定める際に以下の事項に留意する必要があります。

　　・作業の場所には、次の事項を含む必要があります。

　　　　飲食・喫煙が可能な休憩場所

　　　　退去者及び持ち出し物品の汚染検査場所

・作業の方法には、次の事項を含む必要があります。

　　作業者の構成、機械等の使用方法、作業手順、作業環境等

・被ばく低減のための措置には、次の事項を含む必要があります。

　　平均空間線量測定の方法

　　作業短縮等被ばくを低減するための方法

　　被ばく線量の推定に基づく被ばく線量目標値の設定

③　飲食・喫煙が可能な休憩場所の設置基準

　飲食場所は、原則として、車内等、外気から遮断された環境とします。

　これが確保できない場合、以下の要件を満たす場所で飲食を行います。喫煙については、屋外であって、以下の要件を満たす場所で行います。

・高濃度の土壌等が近くにないこと

・粉じんの吸引を防止するため休憩は一斉にとることとし、作業中断後、発生した粉じんが下降するまでの20分間程度、飲食・喫煙をしないこと

・作業場所の風上であること。風上方向に移動できない場合、少なくとも風下方向に移動しないこと

　飲食・喫煙を行う前に、手袋、防じんマスク等、汚染された装具を外した上で、手を洗う等の除染措置を講じます。高濃度土壌等を取り扱った場合は、飲食前に身体等の汚染検査を行います。

　作業中に使用したマスクは、飲食・喫煙中に汚染土壌が内面に付着しないように保管するか、廃棄（廃棄する前に、スクリーニングのために、マスクの表面の表面密度を測定する）します。

　作業中の水分補給については、熱中症予防等のためやむをえない場合に限るものとし、作業場所の風上に移動した上で、手袋を脱ぐ等の汚染防止措置を行った上で行います。

④　汚染検査場所の設置基準

　除染等事業者は、除染等業務の作業場所又はその近隣の場所に汚染検査場所を設けることとされてます。

　この場合、汚染検査場所は、除染等事業者が除染等業務を請け負った場所とそれ以外の場所の境界に設置することを原則としますが、地形等などのため、これが困難な場合は、境界の近くに設置します。

　上記にかかわらず、一つの除染等事業者が複数の作業場所での除染等業務を請け負った場合、密閉された車両で移動する等、作業場所から汚染検査場所に移動する間に汚染された労働者や物品による汚染拡大を防ぐ措置が講じられている場合は、複数の作業場所を担当する集約汚染検査所を任意の場所に設けることができます。

　複数の除染事業者が共同で集約汚染検査場所を設ける場合、発注者が設置した汚染検査

場所を利用する場合も同様とします。

　汚染検査場所には、汚染検査のための放射線測定機器を備え付けるほか、洗浄設備等除染のための設備、除去土壌や汚染廃棄物の一時保管のための設備を設けます。汚染検査場所は屋外であっても差し支えありませんが、汚染拡大防止のためテント等により覆われていることが必要です。

（3）作業指揮者

　事業者は、除染等業務（特定汚染土壌等取扱業務については、作業場所の平均空間線量率が2.5μSv/h以下の場所において行われるものを除きます。）を行うときは、作業指揮者を定め、その者に前記（2）の作業計画にしたがって作業者を指揮させるとともに、次の事項を行わせることとされています。

・除染等作業の手順及び除染等業務従事者の配置を決定すること
・作業前に、除染等業務従事者と作業手順に関する打ち合わせを実施すること
・除染等作業に使用する機械等の機能を点検し、不良品を取り除くこと
・放射線測定器及び保護具の使用状況を監視すること
・除染等作業を行う箇所には、関係者以外の者を立ち入らせないこと

　※作業指揮者は、当該作業を指揮するために必要な能力を有すると認められるもののうちから定めることとされており、必要な能力を有する者として、以下の教育を受講した者であって特別教育を修了したものが挙げられています。
　※作業手順には、以下の事項が含まれます。
　　作業手順ごとの作業の方法、作業場所・待機場所・休憩場所、作業時間管理の方法

　除染等業務の作業指揮者に対する教育は、学科教育により行います。
　下の表の左欄に掲げる科目に応じ、それぞれ、中欄に定める範囲について、右欄に定める時間以上、実施することとされています。

作業指揮者に対する教育カリキュラム

科目	範囲	時間
作業の方法の決定及び除染等業務従事者の配置に関すること	①放射線測定機器の構造及び取扱方法 ②事前調査の方法 ③作業計画の策定 ④作業手順の作成	2時間30分
除染等業務従事者に対する指揮の方法に関すること	①作業前点検、作業前打ち合わせ等の指揮及び教育の方法 ②作業中における指示の方法 ③保護具の適切な使用に係る指導方法	2時間
異常時における措置に関すること	①労働災害が発生した場合の応急の措置 ②病院への搬送等の方法	1時間

(4)作業届の提出

　除染等事業者であって、発注者から直接作業を受注した者（元方事業者）は、作業場所の平均空間線量率が2.5μSv/hを超える場所において土壌等の除染等の業務又は特定汚染土壌等取扱業務を実施する場合には、あらかじめ、「土壌等の除染等の業務・特定汚染土壌等取扱業務作業届」を事業場の所在地を所轄する労働基準監督署に提出しなければならないこととされています。

　なお、作業届は、発注単位で提出することを原則としますが、発注が、複数の離れた作業を含む場合は、作業場所ごとに提出します。

　　※作業届には、以下の項目を含みます。
　　・作業件名（発注件名）、作業の場所
　　・元方事業者の名称及び所在地
　　・発注者の名称及び所在地
　　・作業の実施期間、作業指揮者の氏名
　　・作業を行う場所の平均空間線量率
　　・関係請負人の一覧及び除染等業務従事者数の概数

(5)医師による診察等

　除染等事業者は、除染等業務従事者が次のいずれかに該当する場合、速やかに医師の診察又は処置を受けさせなければならないこととされています。
　・被ばく線量限度を超えて実効線量を受けた場合
　・放射性物質を誤って吸入摂取し、又は経口摂取した場合（※）
　・放射性物質により汚染された後、洗身等によっても汚染を 40Bq/cm^2 以下にすることができない場合
　・傷創部が放射性物質により汚染された場合

（※）事故により土砂を被り、鼻スミアテスト（本章の6の（2）②参照）で基準を超えた場合や、大量の土砂や汚染水が口に入った場合などを想定しています。

2　土壌等の除染等の業務の留意点

　本項目では、作業の方法及び順序について、その流れを記載します。器具を用いる作業のより具体的な内容は、第3章に記載します。

　なお、本項目の記載内容については、環境省作成の「除染関係ガイドライン」（平成25年5月第2版（平成30年3月追補）。http://josen.env.go.jp/material/index.html）第2編「除染等の措置に係るガイドライン」に準拠しているので、そちらもご覧ください。

　土壌等の除染等の業務とは、東電福島第一原発事故由来の放射性物質により汚染された土壌、草木、道路、工作物等について講ずる、当該汚染に係る土壌、落葉及び落枝、水路等に堆積した汚泥等の除去、当該汚染の拡散の防止その他の業務をいいます。

　土壌には、校庭や庭園や公園の土壌、農地等が含まれます。
　草木には、芝地や街路樹などの生活圏の樹木、森林などがあります。
　道路には、舗装された道路の舗装面、道脇や側溝などがあり、未舗装の道路もあります。
　工作物には、建物の屋根、雨樋・側溝、外壁、庭、柵・塀、ベンチや遊具などがあります。

　除染は、土壌や草木、工作物の表面に付着した放射性物質（主としてセシウム）を除去することにより行います。具体的には、土壌であれば表面を削り取って覆土する、建築物であれば、洗浄したり拭き取りをする、草木であれば、葉や枝を切り取って除去します。
　このように対象となるものによって、除染の方法や使用する器具等が異なります。

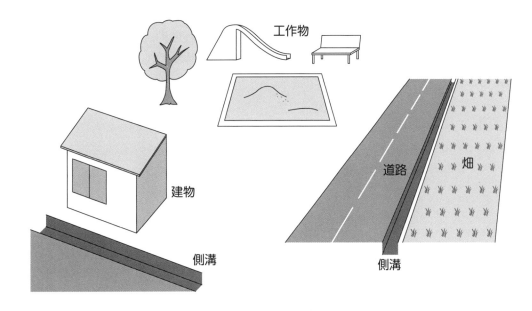

(1)作業を行うにあたって注意すべき点

東電福島第一原発の事故に伴い放出された放射性物質による汚染の生じた地域では、放射線による人の被ばく線量を低減するために除染を進めていく必要があります。

除染を行うにあたっては、以下の観点が重要です。

① 飛散・流出防止や悪臭・騒音・振動の防止等の措置をとり、除去土壌の量の記録をする等、周辺住民の健康の保護及び生活環境の保全への配慮に関し、必要な措置をとるものとします。

② 除染によって放射線量を効果的に低減するためには、放射線量への寄与の大きい比較的高い濃度で汚染された場所を特定するとともに、汚染の特徴に応じた適切な方法で除染することが重要です。

また、除染の前後の測定により効果を確認し、人の生活環境における放射線量を効果的に低くすることが必要です。

③ 除去土壌等がその他の物と混合するおそれのないように、他の物と区分します。また可能な限り除去土壌と廃棄物も区分することが必要です。

④ 除染によって発生する除去土壌等を少なくするよう努めることが重要です。

また、除染作業によって汚染を広げないようにすることも重要です。

例えば、水を用いて洗浄を行った場合は、放射性物質を含む排水が発生します。

除染等の措置を実施する者は、洗浄等による流出先への影響を極力避けるため、水による洗浄以外の方法で除去できる放射性物質は可能な限り水による洗浄によらないで除去する、排水処理は適切に行う等、工夫を行うものとします。

さらに地域の実情を勘案して必要があると認められるときは、当該措置の後に定期的なモニタリングを行うものとします。

(2)除染作業の具体的な流れ

① 準備

■　作業に伴う公衆の被ばく低減のため、次のとおり措置します。

・不特定多数の人が立ち入ることが想定される場合には、作業場所にみだりに近づかないように、カラーコーンあるいはロープ等で囲いをして、人や車両の進入を制限する。

・除染作業に伴って放射性物質が飛散する可能性がある場合には、除染範囲の周りをシート等で囲うか飛散防止のための水を撒くなどして、そのエリアにロープ等で囲いをする。

・不特定多数の人が立ち入ることが想定される場合には、除染作業中であることがわかるように、看板等を立てる。

■　必要な機械や工具類を準備します。特に、作業者が着用する保護具については、作業に応じて要件があります。（本章9参照）

② 事前測定

■　除染作業による除染の効果を確認するために、除染作業開始前（と除染作業終了後）における空間線量率や除染対象の表面の汚染密度（以下「空間線量率等」）を測定します。具体的には、線量への寄与が大きい高濃度で汚染された場所等について、除染作業開始前（と除染作業終了後）において、同じ場所・方法で空間線量率等を測定し、その結果を記録します。

③ 除染等作業

■　除染対象別に、除染の方法や、使用する機械等が異なります。（詳細については、第3章参照）

■　除染作業中の放射線防護と線量管理については、本章の6以降で説明します。

④ 事後測定と記録

■　除染作業終了後の空間線量率等を測定し、作業前の空間線量率等と比較します。

■　空間線量率等に加えて、作業の情報についても、記録して保存します。

3　特定汚染土壌等取扱業務の留意点

　本項目では、作業の方法及び順序について、その流れを記載します。

　特定汚染土壌等取扱業務とは、汚染対処特措法の除染特別地域又は汚染状況重点調査地域（以下「除染特別地域等」という。）において、放射性物質の放射能の濃度が1万Bq/kgを超える汚染土壌等を取り扱う業務（土壌等の除染等の業務及び廃棄物収集等業務を除く。）をいいます。

　なお、「汚染土壌等を取り扱う業務」には、除染特別地域等において、生活基盤の復旧等の作業での土工（準備工、掘削・運搬、盛土・締め固め、整地・整形、法面保護）及び基礎工、仮設工、道路工事、上下水道工事、用水・排水工事、ほ場整備工事における土工関連の作業が含まれるとともに、営農・営林等の作業での耕起、除草、土の掘り起こし等の土壌等を対象とした作業に加え、施肥（土中混和）、田植え、育苗、根菜類の収穫等の作業に付随して土壌等を取り扱う作業が含まれます。ただし、これら作業を短時間で修了する臨時の作業として行う場合はこの限りではありません。

　主な特定汚染土壌等取扱業務としては、以下のものが考えられます。
① 　生活基盤等の復旧作業のうち主に土壌を取り扱うもの
② 　営農、営林作業のうち主に土壌を取り扱うもの
③ 　①、②に付帯する保守修繕作業等で、土壌を取り扱うもの

　生活基盤等の復旧作業で土壌を取り扱うものは、基礎工事、地盤改良工事、仮設工事、砂防工事、道路工事、鉄道工事、河川・海岸工事、上下水道工事、港湾工事、トンネル工事、ほ場整備工事、水路工事等たくさんの種類がありますが、その中で、主に土壌等そのものを工事の対象とする作業は、土工と称されることが通常です。
　主な土工は以下のとおりです。
① 　基礎地盤調査・試験
② 　切土・切取り
③ 　法面保護
④ 　盛土
⑤ 　地盤改良

　土工以外で、作業に付随して大量の土壌を取り扱う作業としては以下のものがあります。
① 　基礎工
② 　仮設工（土留め関係）
③ 　道路工事（路盤、舗装）

④　上下水道工事（掘削・埋め戻し）

⑤　水路工事

　営農、営林作業は稲作、露地野菜、果樹等たくさんの種類がありますが、主に土壌等そのものを対象とする作業としては、以下のものがあります。

①　耕起（土作り、うね立て、耕うん、代かき等）

②　除草

　また、作業に付随して土壌等を取り扱う作業には、以下のものがあります。

①　施肥（土中に混和）

②　田植え、苗の移植等

③　根菜類等の収穫

（1）作業を行うにあたって注意すべき点

　事業者は、労働者が電離放射線を受けることをできるだけ少なくするように努めなければなりません。このため、特定汚染土壌等取扱業務を実施する際には、除染等業務従事者の被ばく低減を優先し、あらかじめ、作業場所における除染等の措置が実施されるように努めなければなりません。

　除染等の措置を行うにあたっては、以下の観点が重要です。

①　飛散・流出防止や悪臭・騒音・振動の防止等の措置をとり、除去土壌の量の記録をする等、周辺住民の健康の保護及び生活環境の保全への配慮に関し、必要な措置をとるものとします。

②　除染によって放射線量を効果的に低減するためには、放射線量への寄与の大きい比較的高い濃度で汚染された場所を特定するとともに、汚染の特徴に応じた適切な方法で除染することが必要です。

　　また、除染の前後の測定により効果を確認し、作業環境における放射線量を効果的に低くすることが必要です。

③　除去土壌等がその他の物と混合するおそれのないように、他の物と区分すること、また可能な限り除去土壌と廃棄物も区分することが必要です。

④　除染によって発生する除去土壌等を少なくするよう努めることが重要です。

　　また、除染作業によって汚染を広げないようにすることも重要です。

　　例えば、水を用いて洗浄を行った場合は、放射性物質を含む排水が発生します。

　除染等の措置を実施する者は、洗浄等による流出先への影響を極力避けるため、水による洗浄以外の方法で除去できる放射性物質は可能な限りあらかじめ除去する、排水処理は適切に行う等、工夫を行うものとします。

(2)特定汚染土壌等取扱いに該当する可能性のある作業

ア 土工について

① 基礎地盤調査・試験

土工の計画・設計のためには、工事箇所の地質と土質についての調査を実施する必要があります。調査結果に基づき、地質図、土質柱状図を作成します。

② 土工の計画

調査結果に基づき、施工基面、工事の安全性、土量の配分といった計画を立案します。その計画に基づき、工事計画を策定します。

③ 機械施工の計画

土工用機械の選定を行います。選定にあたっては、施工法、作業能力、作業条件、土の性質などに適した最も効率の良い機械を選定します。

a）掘削・積み込み機械

b）整地・運搬機械

c）締め固め機械

④ 準備工

本施工までの準備として、測量、立木の伐採、準備排水作業等を実施します。

⑤ 掘削と運搬

工事計画に基づき、掘削と運搬を実施します。

⑥ 盛土と締め固め

盛土の安定性等を考慮して施工方法と使用する機械の選定を行い、基礎処理、土のまき出し、締め固めを行います。

⑦ 整地・整形

土工の仕上げの段階で、地ならし、側溝の掘削、法面の整形等を行います。

⑧ 法面防護

法面を防護するために、植生、セメント、コンクリートによる法面防護を行います。

イ 土工以外の特定汚染土壌等取扱業務の流れは、工事の種類により異なりますが、概ね土工と同様です。

ウ 営農作業

該当する可能性のある作業は以下のとおりです。

① 米

育苗時の箱並べ、耕うん、あぜ塗り、代かき、田植え、土を起こして行う土中施肥、収穫（粉じんを発生するもの）作業。

② 露地野菜

　耕起、うね立て、苗の移植、間引き、根菜類の収穫作業。

③ 果樹

　苗木の定植、土づくり、土を起こして行う土中施肥、除草作業。

④ その他

　ほ場の均平作業、排水のための明きょ、暗きょ掘り作業、水路等の堆積土砂上げ。

エ　営林作業

該当する可能性のある作業は以下のとおりです。

① 苗木生産作業

　苗畑作業における耕うんや苗の掘り起こし作業。

② 植栽作業

　苗木の植栽における苗木の輸送や土の掘り起こし作業。

③ 保育作業

　保育作業においては、苗木の補植作業が該当します。

④ 林道開設

　林道や作業道を開設における切土や盛土の作業。

⑤ 災害復旧作業

　崩壊した斜面の復旧作業。特に表土の移動を伴うもの。

4　除去土壌等の収集等の業務の留意点

　本項目では、作業の方法及び順序について、その流れを記載します。機械等を用いる作業のより具体的な内容は、第3章に記載します。

(1)収集・運搬に係る作業を行うにあたって注意すべき点

　除染によって発生した除去土壌は、一時的に現場で保管された後収集され、運搬車などによって保管施設に運搬されます。

　除去土壌を収集・運搬する際には、除去土壌に含まれる放射性物質が人の健康や生活環境に被害を及ぼすことを防ぐため、安全対策が求められます。

　具体的には、(ⅰ)除去土壌の積み卸し、運搬の際に、放射性物質が飛散したり流出したりしないようにすること、(ⅱ)収集・運搬している除去土壌からの放射線による公衆の被ばくを抑えることが必要です。

① 　(ⅰ)の放射性物質の飛散や流出は、除去土壌を容器に入れることなどによって防ぐことができます。

② 　(ⅱ)の放射線量については、収集・運搬する除去土壌の量を減らすことや、遮へいを行うことによって低減することができます。

　また、運搬中の除去土壌に近づくほど、また、近づいている間の時間が長いほど放射線による被ばくは大きくなりますので、運搬中に人がむやみに長時間近づかないための措置も必要です。

(2)保管に係る作業を行うにあたって注意すべき点

　原子力発電所の事故に伴い放出された放射性物質の除染作業によって除去された土壌は、最終処分するまでの間、適切に保管しておく必要があります。

　保管の形態としては、

① 　除染した現場等で保管する形態

② 　市町村又はコミュニティ単位で設置した仮置場で保管する形態

③ 　中間貯蔵施設で保管する形態（大量の除去土壌等が発生すると見込まれる福島県にのみ設置）

の3形態が考えられます。

　除去土壌の搬入開始から、保管期間が終了して除去土壌が撤去されるまでの間、管理要件に沿った安全管理を行うことによって、放射線や放射性物質が人の健康や生活環境に影響を及ぼさないことを監視します。そして、何らかの問題が確認された場合は施設の補修を行うなどの措置をとり、速やかに安全を確保します。

　また、現場保管や仮置場において一時的に保管した後は、撤去した施設の跡地に汚染が

残っていないことを確認することも重要な安全管理の一つです。

　なお、本項目の記載内容については、環境省作成の「除染関係ガイドライン」第3編「除去土壌の収集・運搬に係るガイドライン」、第4編「除去土壌の保管に係るガイドライン」に準拠しているので、そちらも参照ください。

5　汚染廃棄物等の収集等の業務の留意点

　本項目では、作業の方法及び順序について、その流れを記載します。器具を用いる作業のより具体的な内容は、第3章に記載します。

■　収集・運搬に係る作業、保管に係る作業を行うにあたって注意すべき点

　汚染廃棄物を収集・運搬する際には、汚染廃棄物に含まれる放射性物質が人の健康や生活環境に被害を及ぼすことを防ぐため、安全対策が求められます。

　具体的には、（ⅰ）汚染廃棄物の積み卸し、運搬の際に、放射性物質が飛散したり流出したりしないようにすること、（ⅱ）収集・運搬している汚染廃棄物からの放射線による公衆の被ばくを抑えることが必要です。

① 　（ⅰ）の放射性物質の飛散や流出は、汚染廃棄物を所定の容器に入れることなどによって防ぐことができます。

② 　（ⅱ）の放射線量については、収集・運搬する汚染廃棄物の適切な遮へいを行うことによって低減することができます。

　また、運搬中の汚染廃棄物に近づくほど、また、近づいている間の時間が長いほど放射線による被ばくは大きくなりますので、運搬中に人がむやみに長時間近づかないための措置も必要です。

　また、汚染廃棄物は、最終処分するまでの間、適切な方法で保管しておく必要があります。

　なお、本項目の記載内容については、環境省作成の「廃棄物関係ガイドライン」（平成25年3月第2版。http://josen.env.go.jp/material/index.html）が公表されているので、そちらも参照ください。

6 放射線測定の方法

(1)平均空間線量率の測定方法

　事業者が、除染等業務に労働者を従事させるにあたって、実施する線量管理の内容を判断するため、作業場所の平均空間線量が2.5μSv/hを超えるかどうかを、下記により測定します。なお、この測定は労働者の被ばく量管理の方法を選択するための測定であり、除染作業の効果を測定する方法とは異なりますので注意してください。

① 基本的な考え方

■ 作業の開始前に、あらかじめ測定すること。

■ 特定汚染土壌等取扱業務を同じ場所で継続する場合は、2週間につき1度、測定を実施すること。なお、測定値が2.5μSv/hを下回った場合でも、天候等による測定値の変動がありえるため、測定値が2.5μSv/hのおよそ9割（2.2μSv/h）を下回るまで、測定を継続する必要がある。

　また、台風や洪水、地滑り等、周辺環境に大きな変化があった場合は、測定を実施すること。

■ 特定汚染土壌等取扱業務に係る事前調査の平均空間線量率については、作業場所が2.5μSv/hを超えて被ばく線量管理が必要か否かを判断するために行われるものであるため、原子力規制委員会が公表している航空機モニタリング等の結果を踏まえ、事業者が、作業場所が明らかに2.5μSv/hを超えていると判断する場合、個別の作業場所での航空機モニタリング等の結果をもって平均空間線量率の測定に代えることができる。

② 測定方法

■ 測定は、地上1mの高さで行うこと。

■ 労働者の被ばく実態を反映できる結果を得られる測定をすること。

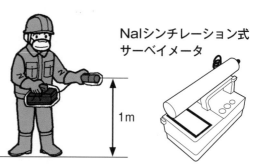

NaIシンチレーション式
サーベイメータ

1m

※測定器等については、作業環境測定基準第8条に従い、右の図のようなサーベイメータを用います。

※サーベイメータの取扱方法について

　測定にあたって、サーベイメータを取り扱う際には、特に次の点に留意して下さい。

　・校正済みの測定器を使用すること。

　・時定数（正しい応答が得られるまでの時間の目安）に留意すること。

　・測定器が汚染されないようにビニール袋をかぶせるなど注意すること。

　その他、環境省作成の「除染関係ガイドライン」第2編「除染等の措置に係るガイドライン」等も参考としてください。

③　測定位置及び平均空間線量率の求め方

■　空間線量率のばらつきが少ないことが見込まれる場合（特定汚染土壌等取扱業務を除く。）

・除染等作業を行う作業場の区域（当該作業場の面積が1,000m²を超えるときは、当該作業場を1,000m²以下の区域に区分したそれぞれの区域をいう。）の形状が、四角形である場合は、区域の四隅と2つの対角線の交点の計5点の空間線量率を測定し、その平均値を平均空間線量率とします。

・作業場所が四角形でない場合は、区域の外周をほぼ4等分した点及びこれらの点により構成される四角形の2つの対角線の交点の計5点を測定し、その平均値を平均空間線量とします。

測定点の取り方

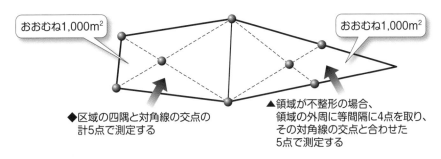

おおむね1,000m²　　　おおむね1,000m²

◆区域の四隅と対角線の交点の
　計5点で測定する

▲領域が不整形の場合、
　領域の外周に等間隔に4点を取り、
　その対角線の交点と合わせた
　5点で測定する

■　空間線量率のばらつきが少ないことが見込まれる場合（特定汚染土壌等取扱業務に限る。）

特定汚染土壌等取扱業務を行う作業場の区域（当該作業場の面積が1,000m²を超えるときは、当該作業場を1,000m²以下の区域に区分したそれぞれの区域をいう。）中で、最も線量が高いと見込まれる点の空間線量率を少なくとも3点測定し、測定結果の平均値を平均空間線量率とします。

※特定汚染土壌等取扱業務であっても、あらかじめ除染等作業を実施し、放射性物質の濃度が高い汚染土壌等を除去してある場合は、基本的に、空間線量のばらつきが少ないと見なすことができます。

■　空間線量率のばらつきが大きいことが見込まれる場合

作業場の特定の場所に放射性物質が集中している場合その他作業場における空間線量率に著しい差が生じていると見込まれる場合にあっては、次の式で平均空間線量率を計算します。

計算にあたっては、次の事項に留意します。

※空間線量率が高いと見込まれる場所の付近の地点（以下「特定測定点」という。）1,000m²ごとに数点測定すること

※最も被ばく線量が大きいと見込まれる代表的個人について計算すること

※同一場所での作業が複数日にわたる場合は、最も被ばく線量が大きい作業を実施する日を想定して算定すること

$$R=\left(\sum_{i=1}^{n} (B_i \times WH_i) + A \times \left(WH - \sum_{i=1}^{n} (WH_i)\right)\right) \div WH$$

R：平均空間線量率（μSv/h）
n：特定測定点の数
A：計算される平均空間線量率（μSv/h）
B_i：各特定測定点における空間線量率の値とし、当該値を代入して R を計算するもの（μSv/h）
WH_i：各特定測定点の近隣の場所において除染等業務を行う除染等業務従事者のうち最も被ばく線量
　　　が多いと見込まれる者の当該場所における1日あたりの労働時間（h）
WH：当該除染等業務従事者の1日の労働時間（h）

（ばらつきが大きい場合の具体的な計算方法）

①　ばらつきが少ない場合の計算方法（5点を平均する方法）により、平均空間線量率 A（μSv/h）を算出します。

　　　例えば……　　$A=2.5$（μSv/h）

②　除染等にあたる労働者の、1日の労働時間 WH（時間）を算出します。

　　　例えば……　　$WH=6$（時間）

③　空間線量率が高いと見込まれる場所（放射性物質が集中している所）について、その特定の場所（n箇所）ごとに、空間線量率 B_n（μSv/h）を計測します。

　　　例えば……　　そのような点が3箇所あるとして、
　　　　　　　　　　$B_1=8.0$（μSv/h）
　　　　　　　　　　$B_2=5.0$（μSv/h）
　　　　　　　　　　$B_3=6.0$（μSv/h）

④　③の点（n箇所）の近くで作業をする労働者で、最も被ばく線量が多いと見込まれる方について、その場所における1日当たりの労働時間 WH_i（時間）を算出します。

　　　例えば……　　$WH_1=1$（時間）
　　　　　　　　　　$WH_2=1$（時間）
　　　　　　　　　　$WH_3=2$（時間）

⑤　③と④の積（$B \times WH$）の、n箇所の総和を取ります。
　　（これは1日の作業の中で放射線量が高い場所における被ばく量を表しています。）
　　　つまり……　　$(B_1 \times WH_1) + (B_2 \times WH_2) + (B_3 \times WH_3)$
　　　　　　　　　　$= (8.0 \times 1) + (5.0 \times 1) + (6.0 \times 2)$
　　　　　　　　　　$=8.0+5.0+12.0$　$=\underline{25.0}$

⑥　④の労働時間 WH_i の総和を取り、②の労働時間 WH から引きます。
　　（これは1日の作業の中で③以外の場所で働く時間です。）
　　　つまり……　　$WH - (WH_1 + WH_2 + WH_3)$
　　　　　　　　　　$=6 - (1+1+2)$　$=\underline{2}$

⑦　⑥で出た値に、①の A を掛け、⑤で出た値と足し合わせます。
　　（これは1日の作業時の被ばく量を表しています。）
　　　つまり……　　⑥$\times A$＋⑤
　　　　　　　　　　$=2 \times 2.5 + 25.0$　$=5.0+25.0$

　　　　　　　　　＝<u>30.0</u>

⑧　⑦で出た値を、②の*WH*で割ります。

（これは1日の作業の中で1時間当たりの被ばく量の推定値になります。）

つまり……　⑦÷*WH*

　　　　　　　＝30.0÷6＝<u>5.0</u>(μSv/h)

→　この⑧で出た数字 <u>5.0</u> が平均空間線量率*R*(μSv/h）となります。

(2)被ばく線量の測定方法

　　放射線や放射能の測定は、その測定項目に応じて種々の測定器が用いられています。

①　外部被ばくによる線量の測定

　　外部から受けた放射線の測定には、次のような測定器が使用されています。

電子式線量計……………………………………作業開始前にリセットして、数値を0にし、作業終了時に表示された数値を読みとります（アラーム付き（APD）のものは、あらかじめ設定された線量に達すると警報を発します。）。

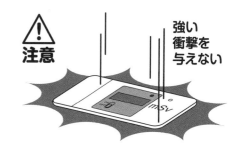

ガラスバッジ、ルミネスバッジ（クイクセルバッジ）… 数値の表示はなく、1ヶ月に1回、専用の読み取り装置で被ばく線量を読み取ります。

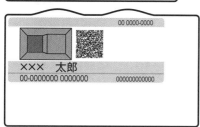

※男性・妊娠する可能性がないと診断された女性は胸部で測ります。
※上記以外の女性は腹部で測ります。

外部被ばく線量については、作業場所の平均空間線量率によって、測定の方法が異なります。（第1章の3の（2）参照）

■作業場所の平均空間線量率が、2.5μSv/h（週40時間、年52週換算で、年間5mSv）を超える区域（地域）において作業する場合

→　外部被ばく線量は、個人ごとに、電子式線量計やガラスバッジ・クイクセルバッジ等により測定します。

　　外部被ばくによる線量が1日において1mSvを超える恐れのある除染等業務従事者については、外部被ばく線量の測定結果を毎日確認しなければなりません。

■作業場所の平均空間線量率が、2.5μSv/h（週40時間、年52週換算で、年間5mSv）以下で、0.23μSv/h（8時間屋外、16時間屋内換算で、年間1mSv）を超える区域（地域）において作業する場合

※特定汚染土壌等取扱業務従事者については、生活基盤の復旧作業等、事業の性質上、作業場所が特定できないため、2.5μSv/hを超える場所において業務を行うことが見込まれるものに限られます。逆に2.5μSv/h以下の場所でのみ従事する特定汚染土壌等取扱業務従事者は外部被ばく測定不要です。

→　外部被ばく線量は、個人線量計により測定することが望ましいですが、平均空間線量から評価したり[注]、代表者による測定等を行っても差し支えないこととしています。

（注）平均空間線量率（μSv/h）×1日の労働時間（h）＝　1日の評価被ばく線量（μSv）
　　　※平均空間線量率については（1）を参照してください。

---

②　内部被ばくによる線量の測定

高濃度汚染土壌等（セシウムの濃度が50万Bq/kgを超えるもの）を取り扱う作業であって、粉じんの濃度が10mg/㎥を超える作業を行う場合等は、体内の放射性物質の量を評価するために、ホールボディカウンタ（体内に摂取され沈着した放射性物質の量を体外から測定する装置）（WBC）による測定、排泄物中（尿、糞）の放射性物質の濃度測定（バイオアッセイ）、空気中の放射性物質濃度測定による評価等の方法により行います。

ホールボディカウンタ

　内部被ばく線量については、当該作業において取り扱う土壌や、発生する粉じん濃度によって、測定頻度等が異なります。（第1章の3の（2）参照）

	高濃度汚染土壌等 （50万Bq/kgを超える）	高濃度汚染土壌等以外 （50万Bq/kg以下）
高濃度粉じん作業 （10mg/㎥を超える）	3月に1回の内部被ばく測定を行う	スクリーニングを実施する
上記以外の作業 （10mg/㎥以下）	スクリーニングを実施する	スクリーニングを実施する（※）

※突発的に高い粉じんにばく露された場合に実施

【スクリーニング検査について】

■　スクリーニングは、次のいずれかの方法によります。
　・1日の作業の終了時において、防じんマスクに付着した放射性物質の表面密度を放射線測定器を用いて測定すること
　・1日の作業の終了時において、鼻腔内に付着した放射性物質を測定すること（鼻スミアテスト）
■　スクリーニング検査の基準値は、防じんマスク又は鼻腔内に付着した放射性物質の表面密度について、除染等業務従事者が除染等作業により受ける内部被ばくによる線量の合計が、3月間につき1mSvを十分下回るものとなることを確認するに足る数値としてください。目安としては以下のものがあります。
　・スクリーニング検査基準値の設定のための目安として、マスク表面については1万cpm（通常、防護係数は3を期待できるところ2と厳しい仮定を置き、マスク表面に50％の放射性物質が付着して残りの50％を吸入すると仮定して試算した場合で、内部被ばく実効線量約0.01mSv相当）があること
　・鼻スミアテストは2次スクリーニング検査とすることを想定し、スクリーニング検査基準値設定の目安としては、1,000cpm（内部被ばく実効線量約0.03mSv相当）、1万cpm（内部被ばく実効線量約0.3mSv相当）があること

鼻スミアテスト

■　測定後の措置
　防じんマスクによる検査結果が基準値を超えた場合は、鼻スミアテストを実施します。
　・鼻スミアテストにより1万cpmを超えた場合は、3月以内ごとに1回、内部被ばく測定を実施してください。なお、医学的に妊娠可能な女性にあっては、鼻スミアテストの基準値を超えた場合は、直ちに内部被ばく測定を実施します。
　・鼻スミアテストにより、1,000cpmを超えて1万cpm以下の場合は、その結果を記録し、1,000cpmを超えることが数回以上あった場合は、3月以内ごとに1回内部被ばく測定を実施します。
■　防じんマスクの表面密度の検査にあたっては、防じんマスクの装着が悪い場合は表面密度が低くでる傾向があるため、同様の作業を行っていた労働者の中で特定の労働者の表面密度が他の労働者と比較して大幅に低い場合は、当該労働者に対し、マスクの装着方法を再指導します。

　なお、高濃度粉じん作業にあたるかどうか、又は、高濃度土壌等にあたるかどうかの判断は、次の（3）（4）により行います。

(3)高濃度粉じん作業の有無の判定方法について

　土壌等のはぎ取り、アスファルト・コンクリートの表面研削・はつり、除草作業、除去土壌等のかき集め・袋詰め、建築・工作物の解体等を乾燥した状態で行う場合は、10mg/m³を超えるとみなしてください。

　上記にかかわらず、作業中に粉じん濃度の測定を行った場合は、その測定結果によって高濃度粉じん作業に該当するか判断します。判断方法は、下記によります。

①　基本的な考え方

■　高濃度粉じんの下限値である10mg/m³を超えているかどうかを判断できればよく、厳密な測定ではなく、簡易な測定で足ります。

■　測定は、専門の測定業者に委託して実施することが望まれます。

②　測定の方法（併行測定を行う場合）

■　高濃度粉じん作業の判定は、作業中に、個人サンプラーを用いるか、作業者の脇で、粉じん作業中に、原則としてデジタル粉じん計による相対濃度指示方法によってください。

デジタル粉じん計

　測定の方法は、以下によります。

ア　粉じん作業を実施している間、粉じん作業に従事する労働者の作業に支障を来さない程度に近い所（風下）でデジタル粉じん計（例：LD－5）により、2～3分間程度、相対濃度（cpm）の測定を行います。

イ　アの相対濃度測定は、粉じん作業に従事する者の全員について行うことが望ましいですが、同様の作業を数メートル以内で行う労働者が複数いる場合は、そのうちの代表者について行えば足ります。

ウ　アの簡易測定の結果、最も高い相対濃度（cpm）を示した労働者について、作業に支障を来さない程度に近い所（風下）において、デジタル粉じん計とインハラブル粉じん濃度測定器を並行に設置し、10分以上の継続した時間で測定を行い、質量濃度変換係数を求めます。

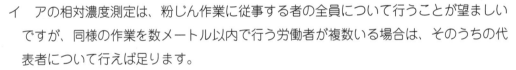

$$質量濃度変換係数 = \frac{インハラブル粉じん濃度(mg/m^3)}{相対濃度(cpm)}$$

・　粉じん濃度測定の対象粒径は、気中から鼻孔または口を通って吸引されるインハラブル粉じん（吸引性粉じん、100μm、50％cut）を測定対象とすること

- 　インハラブル粉じんは、オープンフェイス型サンプラーを用い、捕集ろ紙の面速を19（cm/s）で測定すること
- 　分粒装置の粒径と、測定位置以外については、作業環境測定基準第2条によること

デジタル　　　　　オープンフェイス型
粉じん計　　　　　サンプラー

■　ウの結果求められた質量濃度変換係数を用いて、アの相対濃度（cpm）から粉じん濃度（mg/m³）を算定し、測定結果のうち最も高い値が10mg/m³を超えている場合は、同一の粉じん作業を行う労働者全員について、10mg/m³を超えていると判断されます。

$$粉じん濃度(mg/m^3)＝質量濃度変換係数×相対濃度(cpm)$$

③　測定方法（所定の質量濃度変換係数を使用する場合）

■　この測定方法は、主に土壌を取り扱う場合のみに適用し、落葉落枝、稲わら、牧草、上下水汚泥など有機物を多く含むものや、ガレキ、建築廃材等の土壌以外の粉じんが多く含まれるものを取り扱う場合には、②に定める測定方法によってください。

（1）測定点の設定

ア　高濃度粉じん作業の測定は、粉じん作業中に作業者の近傍で、原則としてデジタル粉じん計による相対濃度指示方法によって行ってください。測定位置は、粉じん濃度が最大になると考えられる粉じん源の風下で、重機等の排気ガス等の影響を受けにくい位置とします。測定は、粉じんが発生すると考えられる作業内容ごとに行ってください。

イ　同一作業を行う作業者が複数いる場合には、代表して1名について測定を行ってください。

ウ　作業の邪魔にならず、測定者の安全が確保される範囲で、作業者になるべく近い位置で測定を行うこととしますが、可能であれば、測定者がデジタル粉じん計を携行し、作業者に近い位置で測定を行うことが望まれます。また、作業の安全上問題がない場合は、作業者自身が個人サンプラー（LD-6N）を装着して測定を行う方法もあります。

(2) 測定時間

　　ア　測定時間は、濃度が最大になると考えられる作業中の継続した10分間以上とし、作業の1サイクルが数分程度の短時間の作業が繰り返し行われる場合には、作業が行われている時間を含む10分間以上の測定を行ってください。

　　イ　作業の1サイクルが10分から1時間程度までであれば作業1サイクル分の測定を行い、それより長い連続作業であれば作業の途中で10分程度の測定を数回行い、その最大値を測定結果とします。

(3) 評価

　　ア　デジタル粉じん計により測定された相対濃度指示値（1分間当たりのカウント数。cpm）に質量濃度換算係数を乗じて質量濃度を算出し、10mg/m³を超えているかどうかを判断します。

　　イ　質量濃度換算係数について

　　　　この測定方法で使用する質量濃度換算係数については、0.15mg/m³/cpmとします。ただし、この係数の使用に当たっては、次に掲げる事項に留意して下さい。

　　　①　この係数は、限られた測定結果に基づき設定されたものであるため、今後の研究の進展により、適宜見直しを行う必要があるものです。

　　　②　本係数は、光散乱方式のデジタル粉じん計であるLD-5及びLD-6に適用することが想定されています。

(4)汚染土壌等の放射能濃度の測定方法について

① 目的

　　除染等作業の対象となる汚染土壌等、除去土壌又は汚染廃棄物の放射能濃度の測定は、事業者が、除染等業務に労働者を従事させる際に、汚染土壌等が基準値（1万Bq/kg又は50万Bq/kg）を超えるかどうかを判定し、必要となる放射線防護措置を決定するために実施するものです。

　　このため、特定汚染土壌等取扱業務に係る事前調査の汚染土壌等放射性物質の濃度測定については原子力規制委員会が公表している航空機モニタリング等の結果を踏まえ、事業者が、取り扱う汚染土壌等の放射性物質濃度が明らかに1万Bq/kgを超えていると判断する場合は、航空機モニタリング等の空間線量率からの測定結果をもって放射能濃度測定の結果に代えることができます。

② 基本的な考え方

■　作業の開始前にあらかじめ測定を実施します。

■　特定汚染土壌等取扱業務を同一の場所で継続して行う場合は、当該場所について、2

週間につき一度測定を実施してください。なお、放射性物質の濃度測定は、測定値の変動に備え、放射性物質濃度が1万Bq/kgを下回った場合でも、測定値が1万Bq/kgを明らかに下回る場合を除き、測定値が低位安定するまでの間（概ね10週間）は、測定を継続する必要があります。

また、台風や洪水、地滑り等、周辺環境に大きな変化があった場合も、測定を実施します。

■　測定は、専門の測定業者に委託して実施することが望まれます。

■　作業において実際に取り扱う土壌等を測定します。

■　放射性物質の濃度はばらつきが激しいため、測定された最も高い濃度を代表値とします。

■　p.49及びp.50の早見表その他の知見に基づき、土壌の掘削深さ及び作業場所の平均空間線量率等から、事業者において作業の対象となる汚染土壌等の放射能濃度が1万Bq/kgを明らかに下回り、特定汚染土壌等取扱業務に該当しないことを明確に判断できる場合にまで、放射能濃度測定を求める趣旨ではないとされています。

③　試料採取

■　試料採取の原則

・　試料は、以下のいずれかを採取します。

　　・　作業場所の空間線量率の測定点のうち最も高い空間線量率が測定された地点における汚染土壌等、除去土壌又は汚染廃棄物（以下「除染等対象物」という。）

　　・　除染等対象物のうち、最も放射能濃度が高いと見込まれるもの

・　試料は、作業場所ごとに（1,000m²を上回る場合は1,000m²ごとに）数点採取します。なお、作業場所が1,000m²を大きく上回る場合で、農地等、除染等対象物の濃度が比較的均一であると見込まれる場合は、試料採取の数は1,000m²ごとに少なくとも1点とすることで差し支えありません。

・　地表から一定の深さまでの土壌等を採取する場合は、採取した土壌等の平均濃度を測定可能な試料として採取します。

■　試料採取の箇所（特定汚染土壌等取扱業務を除く。）

放射性物質濃度が高いと見込まれる除染等対象物は以下のとおりです。

・　農地：深さ5cm程度の土壌

・　森林：樹木の葉、表皮、落葉、落枝の代表的な部分

　　　　　落葉層（腐葉土）の場合は、深さ3cm程度の腐葉土

・　生活圏（建物など工作物、道路の周辺）：雨水が集まるところ及びその出口、植物及びその根元、雨水・泥・土がたまりやすいところ、微粒子が付着しやすい構造物の近くにある汚泥等除去対象物

■ 試料採取の箇所（特定汚染土壌等取扱業務に限る。）

放射性物質濃度が高いと見込まれる除染等対象物は以下のとおりです。

・ 農地：深さ15cm程度の土壌

・ 森林：樹木の葉、表皮、落葉、落枝のうち、最も濃度が高いと見込まれるもの（落葉層（腐葉土）を測定する場合、その下の土壌を含めた地表から深さ15cm程度までの土壌等）

・ 生活圏（建物など工作物、道路の周辺）

作業により取り扱う土壌等のうち、雨水が集まるところ及びその出口、植物及びその根元、雨水・泥・土がたまりやすいところ、微粒子が付着しやすい構造物の近傍にある土壌等（地表面から実際に取り扱う土壌等の深さまでの土壌等。深さは、作業で実際に掘削等を行う深さに応じるものとします。）

④ 分析方法

■ 分析方法は、以下のいずれかによります。

（1）作業環境測定基準第9条第1項第2号に定める、全ガンマ放射能計測方法又はガンマ線スペクトル分析方法

（2）簡易な方法

ア 試料の表面の線量率とセシウムの放射能濃度の合計の相関関係が明らかになっている場合は、次の方法で放射能濃度を算定することができます。（詳細については、p.48参照）

・ 採取した試料を容器等に入れ、その重量を測定すること

・ 容器等の表面の線量率の最大値を測定すること

・ 測定した重量及び線量率から、容器内の試料のセシウムの濃度を算定すること

イ 一般のNaIシンチレーターによるサーベイメータの測定上限値は30μSv/h程度であるため、簡易測定では、V5容器を使用しても、30万Bq/kg以上の測定は困難です。このため、サーベイメータの指示値が30μSv/hを振り切った場合には、測定対象物の濃度が50万Bq/kgを超えるとして関連規定を適用するか、（1）の定める方法のいずれかによります。

ウ 1万Bq/kg前後と見込まれる試料を測定する場合は、測定される表面線量率が周囲の空間線量率を下回る可能性があるため、土のう袋を使用した測定を行うとともに、空間線量率が十分に低い場所で表面線量率の測定を行うこと。

（3）空間線量率と放射性物質濃度の関係に基づく簡易測定

ア 平均空間線量率が2.5μSv/hを下回る地域において、地表から1mにおける空間

線量率と土壌中のセシウム134とセシウム137の放射能濃度（地表から15cmまでの平均）の合計との間に相関関係が明らかになっている場合は、次の方法で放射能濃度を算定することができること。（詳細については、p.48を参照）

　　ただし、地表1cmまでの範囲に放射性物質の約5割（耕起していない農地土壌）、又は約6割（学校の運動場）が集中し、森林についても落葉層に放射性物質が集中しているというデータがあることから、耕起されていない農地の地表近くの土壌のみを取り扱う作業又は、落葉層もしくは地表近くの土壌のみを取り扱う作業には、この簡易測定は適用しないこと。

イ　生活圏（建築物、工作物、道路等の周辺）の汚染土壌等については、建築物、工作物、道路、河川等、土壌等の態様が多様であることから、農地土壌のように、一律の推定結果を適用することは実態に即していないため、作業において実際に取り扱う土壌等について、（2）の簡易測定を実施すること。

ウ　測定方法
　① 農地土壌について
　　・　地表から1mの平均空間線量率を測定する。（p.49による）
　　・　農地の種類及び土の種類により、推定式を選択し、換算係数を選択する。
　　・　推定式により、土壌中のセシウム134とセシウム137の放射能濃度の合計を推定。
　② 森林の落葉層等について
　　・　地表から1mの平均空間線量率を測定する。（p.50による）
　　・　推定式により、土壌中のセシウム134とセシウム137の放射能濃度の合計を推定。

p.48～50は、「除染等業務に従事する労働者の放射線障害防止のためのガイドライン」より（一部改変）。

■ 放射能濃度の簡易測定手順

丸型 V 式容器（128mm φ × 56mmH のプラスチック容器。）、土のう袋、フレキシブルコンテナ、200L ドラム缶、2L ポリビン（以下「容器等」という。）で 1 万 Bq/kg 又は 50 万 Bq/kg を下回っていることの判別方法

除去物（汚染土壌、除去土壌又は汚染廃棄物をいう。以下同じ。）を収納した容器等の放射能濃度が 1 万 Bq/kg 又は 50 万 Bq/kg を下回っているかどうかの判別方法は、次のとおり。

1）除去物を収納した容器等の表面の放射線量率を測定し、最も大きい値を A（μSv/h）とする。

2）除去物を収納した容器等の放射能量 B（Bq）を、下記式に測定日に応じた係数 X と測定した放射線量率 A（μSv/h）を代入し求める。測定日に応じた係数 X を下表に示す。

$$A \times 係数 X = B$$

3）除去物を収納した容器等の重量を測定する。これを C（kg）とする。

4）除去物を収納した容器等の放射能濃度 D（Bq/kg）を、下記式に除去物を収納した袋等の放射能量 B（Bq）と重量 C（kg）とを代入して求める。

$$B \div C = D$$

これより、除去物を収納した容器等の放射能濃度 D が 1 万 Bq/kg 又は 50 万 Bq/kg を下回っているかどうかが確認できる。

測定日	係数 X				
	V5容器	土のう袋	フレキシブルコンテナ	200Lドラム缶	2Lポリビン
平成30年01月以内	4.4×10^4	9.9×10^5	1.3×10^7	3.5×10^6	1.3×10^5
平成30年04月以内	4.4×10^4	1.0×10^6	1.3×10^7	3.5×10^6	1.3×10^5
平成30年07月以内	4.5×10^4	1.0×10^6	1.3×10^7	3.5×10^6	1.3×10^5
平成30年10月以内	4.5×10^4	1.0×10^6	1.4×10^7	3.5×10^6	1.3×10^5
平成31年01月以内	4.5×10^4	1.0×10^6	1.4×10^7	3.6×10^6	1.3×10^5
平成31年04月以内	4.6×10^4	1.0×10^6	1.4×10^7	3.6×10^6	1.3×10^5
令和元年07月以内	4.6×10^4	1.0×10^6	1.4×10^7	3.6×10^6	1.3×10^5
令和元年10月以内	4.6×10^4	1.0×10^6	1.4×10^7	3.7×10^6	1.3×10^5
令和2年01月以内	4.7×10^4	1.1×10^6	1.4×10^7	3.7×10^6	1.3×10^5
令和2年04月以内	4.7×10^4	1.1×10^6	1.4×10^7	3.7×10^6	1.4×10^5
令和2年07月以内	4.7×10^4	1.1×10^6	1.4×10^7	3.7×10^6	1.4×10^5
令和2年10月以内	4.7×10^4	1.1×10^6	1.4×10^7	3.7×10^6	1.4×10^5
令和3年01月以内	4.8×10^4	1.1×10^6	1.4×10^7	3.8×10^6	1.4×10^5
令和3年04月以内	4.8×10^4	1.1×10^6	1.4×10^7	3.8×10^6	1.4×10^5
令和3年07月以内	4.8×10^4	1.1×10^6	1.5×10^7	3.8×10^6	1.4×10^5
令和3年10月以内	4.8×10^4	1.1×10^6	1.5×10^7	3.8×10^6	1.4×10^5
令和4年01月以内	4.8×10^4	1.1×10^6	1.5×10^7	3.8×10^6	1.4×10^5

※国立研究開発法人日本原子力研究開発機構の協力を得て厚生労働省労働基準局安全衛生部労働衛生課電離放射線労働者健康対策室作成 （編注：測定日の年号部分を現年号に合わせ改変）

■　農地土壌の放射能濃度の簡易測定手順

地表面から 1m の高さの平均空間線量率から、農地土壌におけるセシウム 134 及びセシウム 137 の放射能濃度の合計が 1 万 Bq/kg を下回っていることの判別方法

1）作業の開始前にあらかじめ作業場所の平均空間線量率 Ⓐ（µSv/h）を測定する。（測定方法は p.36 による。）

2）農地の種類、土の種類（※ 1）から、以下の表により推定式を選択する。

3）測定された値 Ⓐ（µSv/h）を 2）で選択した推定式に代入して農地土壌（15cm 深）における放射性セシウム濃度を推定する。

空間線量率 Ⓐ（µSv/h）×係数 Ⓧ－係数 Ⓨ ＝
セシウム 137 及びセシウム 134 の放射能濃度の合計（Bq/kg）

（例）「その他の地域」の「田（黒ボク土）」で平均空間線量率 0.2µSv/h の場合の放射性セシウム濃度（推定式 C を使用）（※ 2）

0.2 × 7,800 － 321 ＝ 1,239 Bq/kg（推定値）

推定式の選択表 （※3）

地域	農地の種類	土の種類	推定式	係数X	係数Y
避難指示区域	未除染農地		A	5,370	0
	除染農地（※ 4）		B	4,080	0
その他の地域	田	黒ボク土	C	7,800	321
		非黒ボク土	D	6,410	186
	畑	黒ボク土	E	5,830	184
		非黒ボク土	F	5,720	183
	樹園地・牧草地		G	3,490	0

（※ 1）農地の土壌が黒ボク土かどうかは国立研究開発法人農業・食品産業技術総合研究機構農業環境変動研究センターのウェブサイト「日本土壌インベントリー」中の土壌図で確認できる。【https://soil-inventory.dc.affrc.go.jp/】
（※ 2）時間の経過に伴い、減衰による換算係数の変動が生じるため、今後この変動が無視できないほど大きくなる前に推定式を見直す予定。
（※ 3）国立研究開発法人農業・食品産業技術総合研究機構農業環境変動研究センター作成（平成 30 年 1 月）
（※ 4）深耕、表土はぎ取りを行った農地

避難指示区域の未除染農地における放射性セシウム濃度と平均空間線量率の早見表

平均空間線量率（µSV/h）	セシウム濃度（Bq/kg）	平均空間線量率（µSV/h）	セシウム濃度（Bq/kg）	平均空間線量率（µSV/h）	セシウム濃度（Bq/kg）
0.1	537	1.1	5,907	2.1	11,277
0.2	1,074	1.2	6,444	2.2	11,814
0.3	1,611	1.3	6,981	2.3	12,351
0.4	2,148	1.4	7,518	2.4	12,888
0.5	2,685	1.5	8,055	2.5	13,425
0.6	3,222	1.6	8,592	2.6	13,962
0.7	3,759	1.7	9,129	2.7	14,499
0.8	4,296	1.8	9,666	2.8	15,036
0.9	4,833	1.9	10,203	2.9	15,573
1.0	5,370	2.0	10,740	3.0	16,110

■ 森林土壌の放射能濃度の簡易測定手順

　　地表面から1mの高さの平均空間線量率から、森林土壌におけるセシウム134及びセシウム137の放射能濃度の合計が1万Bq/kgを下回っていることの判別方法

1）作業の開始前にあらかじめ作業場所の平均空間線量率 A（μSv/h）を測定する。（測定方法はp.36による。）

2）測定された値 A（μSv/h）を代入して森林土壌（15cm深）における放射性セシウム濃度を推定する。

　　　　A（μSv/h）× 10,580 − 590＝
　　　　セシウム134及びセシウム137の放射能濃度の合計（Bq/kg）（※1、2）

（例）平均空間線量率1.0μSv/hにおける放射性セシウム濃度

　　　1.0μSv/h × 10,580 − 590＝9,990（Bq/kg）（推定値）

早見表（※3）

平均空間線量率 （μSv/h）	セシウム濃度 （Bq/kg）	平均空間線量率 （μSv/h）	セシウム濃度 （Bq/kg）	平均空間線量率 （μSv/h）	セシウム濃度 （Bq/kg）
0.1	468	1.1	11,048	2.1	21,628
0.2	1,526	1.2	12,106	2.2	22,686
0.3	2,584	1.3	13,164	2.3	23,744
0.4	3,642	1.4	14,222	2.4	24,802
0.5	4,700	1.5	15,280	2.5	25,860
0.6	5,758	1.6	16,338		
0.7	6,816	1.7	17,396		
0.8	7,874	1.8	18,454		
0.9	8,932	1.9	19,512		
1.0	9,990	2.0	20,570		

（※1）出典：金子真司「森林の放射性セシウム量と空間線量率の経年変化」『日本土壌肥料学会講演要旨集』第63集、2017.9 p.15

（※2）時間の経過に伴い、減衰による換算係数の変動が生じるため、今後この変動が無視できないほど大きくなる前に推定式を見直す予定。

（※3）国立研究開発法人森林研究・整備機構森林総合研究所の協力を得て林野庁林政部経営課林業労働対策室作成（平成30年1月）

7 外部放射線による線量当量率の監視の方法

　警報付き電子線量計（APD）は、あらかじめ設定された線量に達するとアラームが鳴ります。

　アラームが鳴ることがすぐに危険に繋がるものではありませんが、あらかじめ計画された線量（計画被ばく線量）を超過していることになりますので、もしもアラームが鳴った場合には、すみやかに作業場所から退出し、作業指揮者の指示にしたがいます。

　なお、被ばく限度の基準（第1章の3（1）「被ばく線量限度」参照）を超えた場合などは、速やかに医師の診察等を受けさせるとともに、所轄の労働基準監督署長に報告しなければなりません。

※　外部被ばくを防止するためには

■　高い放射線を出していると判明しているものについては、その放射線源を除去したり、遮へいをしたり、不必要に近付かないなど距離をとることによって、外部被ばくを低減させることができます。

■　作業前の打ち合わせや、工具の点検など、事前の準備を十分に行うことで、作業時間を短縮し、外部被ばくを低減させることができます。

■　作業中、手のあいた時には、少しでも放射線レベルの低い場所へ移動するようにします。

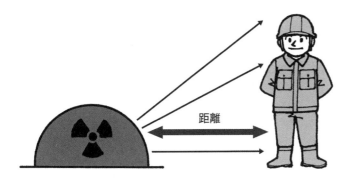

8 汚染防止措置の方法

(1) 粉じんの発散の抑制

除染等事業者は、除染等業務（特定汚染土壌等取扱業務を除く。）において、土壌のはぎ取り等高濃度の粉じんが発生するおそれのある作業を行うときは、あらかじめ、除去する土壌等を湿潤な状態とする等、粉じんの発生を抑制する措置を講じなければなりません。

なお、湿潤にするためには、汚染水の発生を抑制するため、ホース等による散水ではなく、噴霧（霧状の水による湿潤）とします。

(2) 廃棄物収集等業務を行う際の容器の使用、保管の場合の措置

除染等事業者は、除染等業務において、除去された土壌又は廃棄物（以下「除去土壌等」という。）を収集、運搬、保管するときは、除去土壌等が飛散し、又は流出しないよう、次に定める構造を具備した容器を用いるとともに、その容器に除去土壌又は汚染廃棄物が入っている旨を表示しなければなりません。

土のう　　　　　シート　　　フレキシブルコンテナ　　　ドラム缶

ただし、大型の機械、容器の大きさを超える伐木、解体物等のほか、非常に多量の除去土壌等であって、容器に小分けして入れるために高い外部被ばくや粉じんばく露が見込まれる作業が必要となるもの等、容器に入れることが著しく困難なものについては、遮水シート等で覆うなど、除去土壌等が飛散、流出することを防止するため必要な措置を講じたときはこの限りではありません。

なお、「廃棄物収集等業務」には、土壌の除染等の業務又は特定汚染土壌等取扱業務の一環として、作業場所において発生した土壌を、作業場所内において移動、埋め戻し、仮置き等を行うことは含まれません。

ア 除去土壌等の収集又は保管に用いる容器

・ 除去土壌又は汚染廃棄物が飛散、流出するおそれがないものであること。

イ　除去土壌等の運搬に用いる容器

・　除去土壌等が飛散、流出するおそれがないものであること。

・　容器の表面（容器を梱包するときは、その梱包の表面）から1mの距離での線量率
（1cm線量当量率）が100μSv/h（0.1mSv/h）を超えないものであること。

　　ただし、容器を専用積載で運搬する場合に、運搬車の前面、後面、両側面（運
搬車が開放型の場合は、一番外側のタイヤの表面）から1mの距離における線量率
（1cm線量当量率）の最大値が100μSv/h（0.1mSv/h）を超えない車両を用いた場
合はこの限りではありません。

※ 1cm線量当量とは、外部被ばくによる実効線量の評価や作業環境中の放射線の量を評価する場合に用
いられるもので、単位には「シーベルト」が用いられる。1時間当たりの1cm線量を1cm線量当量率
といい、単位には「Sv/h」が用いられる。

荷台、コンテナなどの表面から1m離れた位置での最大の線量率が100μSv/h（0.1mSv/h）を超えないこと。

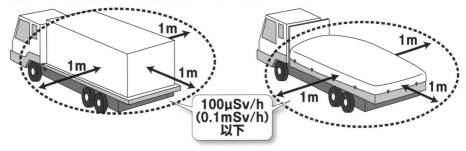

　　なお、運転業務に従事する労働者の被ばくをできるだけ抑えるため、運転台付近の
線量率低減に努める必要があります。

　　除染等事業者は、除染等業務において、除去土壌等を保管するときは、上の措置を
講ずるとともに、次に掲げる措置を実施します。

・　除去土壌等を保管していることを標識により明示してください。

・　関係者以外の立入りを禁止するため、カラーコーン等、簡易な囲い等を設けてく
ださい。

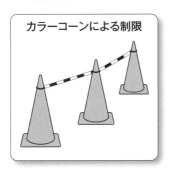

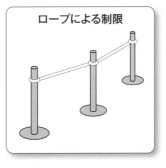

(3)　特定汚染土壌等取扱業務における措置

　　除染等事業者は、特定汚染土壌等取扱業務を実施する際には、覆土、舗装、反転耕等、汚染土壌等の除去と同等以上の線量低減効果が見込まれる作業を実施する場合を除き、あらかじめ、当該業務を実施する場所の高濃度の汚染土壌等をできる限り除去するよう努めてください。ただし、水道、電気、道路の復旧等、除染等の措置を実施するために必要となる必要最低限の生活基盤の整備作業はこの限りではありません。

(4)　飲食・喫煙については、作業場所では行わず、決められた場所でのみ行うようにします。

※　飲食・喫煙が可能な休憩場所の設置基準

- ・　飲食場所は、原則として、車内等、外気から遮断された環境とします。これが確保できない場合、以下の要件を満たす場所で飲食を行ってください。喫煙については、屋外であって、以下の要件を満たす場所で行います。
- ・　高濃度の土壌等が近くにあってはならないこと。
- ・　休憩は一斉にとることとし、作業終了後、発生した粉じんが下降するまでの20分間程度、飲食・喫煙をしないこと。
- ・　作業場所の風上であること。風上方向に移動できない場合、少なくとも風下方向に移動しないこと。
- ・　飲食・喫煙を行う前に、手袋、防じんマスク等、汚染された装具を外した上で、手を洗う等の除染措置を講じます。高濃度土壌等を取り扱った場合は、飲食前に身体等の汚染検査を行います。
- ・　作業中に使用したマスクは、飲食・喫煙中に汚染土壌が内面に付着しないように保管するか、廃棄します（廃棄する前に、スクリーニングのために、マスクの表面の表面密度を測定する）。
- ・　作業中の水分補給については、熱中症予防等のためやむをえない場合に限るものとし、作業場所の風上に移動した上で、手袋を脱ぐ等の汚染防止措置を行った上で行います。

(5)　けがをした場合には、傷口から放射性物質が入るおそれもあるため、作業を中止し、作業指揮者に連絡の上、作業場所から速やかに退出します。

9　保護具の性能及び使用方法

(1)着用する防じんマスクは、作業に応じて、次のとおり定められています。

	高濃度汚染土壌等 (50万Bq/kgを超える)	高濃度汚染土壌等以外 (50万Bq/kg以下)
高濃度粉じん作業 (10mg/㎥を超える)	捕集効率 95%以上のもの	捕集効率 80%以上のもの
上記以外の作業 (10mg/㎥以下)	捕集効率 80%以上のもの	捕集効率 80%以上のもの(※)

※草木や腐葉土の取扱等作業の場合には、不織布製マスクの着用で差し支えない。
※マスクの捕集効率は標章、カタログやメーカーのサイトで確認する。

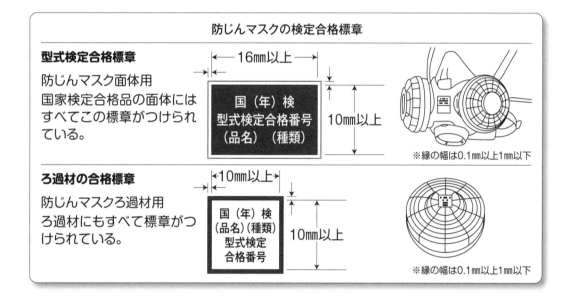

標章の「種類」と捕集効率

	80%以上	95%以上	99.9%以上
取替え式	RS1,RL1	RS2,RL2	RS3,RL3
使い捨て式	DS1,DL1	DS2,DL2	DS3,DL3

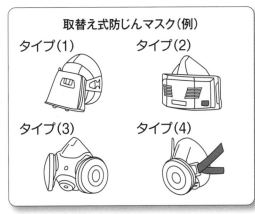

取替え式防じんマスク（例）
タイプ（1）　　タイプ（2）
タイプ（3）　　タイプ（4）

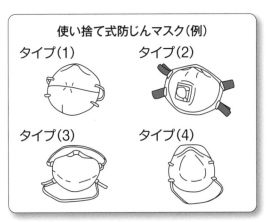

使い捨て式防じんマスク（例）
タイプ（1）　　タイプ（2）
タイプ（3）　　タイプ（4）

(2)防じんマスクの着用にあたっては、次の点に注意してください。

- 防じんマスクが国家検定品であることを確認する。
- 防じんマスクは、正しく着用しないと、本来の性能が発揮されない場合がありますので、着用にあたっては、次の事項に注意する。
  - ・　マスクのサイズは顔の大きさと合ったものを選択すること。
  - ・　マスクの脇から空気が漏れ出ないようにしっかりと着用すること。
  - ・　マスクを使い回さないこと。
- 顔面と面体の接顔部の位置、しめひもの位置及び締め方等を適切にする。使い捨て式防じんマスクしめひもについては、耳にかけることなく、後頭部において固定する。
- 次のような着用は、粉じん等が面体内へ漏れ込むおそれがあるため、**絶対に行ってはいけません。**
  - ・　タオル等を当てた上から防じんマスクを使用すること。
  - ・　面体の接顔部に「接顔メリヤス」等を使用すること。
    ただし、防じんマスクの着用により皮膚に湿しん等を起こすおそれがある場合で、面体と顔面との密着性が良好であるときは、この限りでない。
  - ・　着用者のひげ、もみあげ、前髪等が面体の接顔部と顔面の間に入った状態で防じんマスクを使用すること。

間違った防じんマスクのつけ方（使い捨て式）

しめひもが片側が
外れている。

マスクが
上下さかさま。

しめひもが首元で
2本掛けになっている。

しめひもを加工して
耳かけ式にしている。

■　取扱説明書等に記載されている漏れ率のデータを参考として、個々の着用者に合った大きさ、形状のものを選択する。

■　使い捨て防じんマスクを使用する際、使用限度時間に達した場合や、使用限度時間内であっても、作業に支障をきたすような息苦しさを感じたり、著しい型くずれを生じた場合には、防じんマスクを廃棄する。

■　その他、防じんマスクの取扱説明書にしたがい、適正な装着方法により使用する。

■　使用した使い捨て式防じんマスク又は不織布製マスクは、1日の作業が終了した時点で廃棄してください。1日の中で作業が中断するためにマスクを外す場合は、マスクの内面が粉じんや土壌等で汚染されないように保管するか、廃棄してください。取替え式防じんマスクを使用するときは、使用したフィルタは、1日の作業が終了した時点で廃棄し、面体はメーカーが示す洗浄方法で洗浄し、挨や汗などが面体表面に残らないように手入れすると同時に、排気弁・吸気弁・しめひもなどの交換可能な部品によごれや変形などがないか観察し、もし交換が必要な場合には新しい部品と交換して次回の使用に備えてください。

※　防じんマスクのフィットテスト(密着性検査)について

防じんマスクは、粉じんを吸入することを防ぐマスクです。

当然ですが、密着性が悪ければ、本来の機能が発揮できません。

したがって、防じんマスクを着用する場合には、必ずフィットテストを行い、密着性が良好かどうかを確認します。

①　取替え式防じんマスク

取替え式防じんマスクは、「密着性の良否を随時容易に検査できるものであること」と規格に定められています。フィットチェッカーと呼ばれる吸気口ないし排気口を塞ぐためのゴム栓などの器具が、マスクメーカーから販売されているので、これを使って、防じんマスクがしっかりと密着しているかどうかを確認してください。

なお、フィットチェッカーの使用方法は取扱説明書で確認してください。

②　使い捨て防じんマスク

使い捨て防じんマスクは、フィットチェッカーを使って密着性を確認することができません。右図のようにマスク全体を両手で覆い息を吐きます。マスクと顔の接触部分から息の漏れがなければ正しく装着されています。

また、使い捨て防じんマスクについている取扱説明書などに適正な着用の方法、漏れ率のデータなどが記載されているので、これらを参考に、着用者の顔に合った大きさや形状のものを選択します。

③　漏れ込みを感じた時の調整方法

　漏れ込みの原因は、次のようなものがあります。

- ・　鼻梁からの漏れ
- ・　防じんマスク着用の位置のずれ
- ・　ひげが伸びている場合その箇所

　漏れ込みがある場合や、漏れ込みを感じた場合には、次のように調整します。

- ・　防じんマスクの位置を上方・下方に修正します。
- ・　しめひもの位置を修正し、あるいは締め方を強めたり弱めたりします。締めすぎは面体が変形しますので、望ましくありません。
- ・　使い捨て式マスクについては、鼻あての金具を密着するように調整します。
- ・　ひげは剃ります。

④　防じんマスクの管理の要点

　使用済みの防じんマスクの処理

- ・　使い捨て式防じんマスクは、表面の放射能を測定し、記録したのち、廃棄物容器等に入れて廃棄します。
- ・　取替え式防じんマスクは、面体の表面を湿らせたティッシュタイプの産業用ワイパーかアルコール綿などで拭いて、除染及び清拭を行い、保存袋などに収納して保管します。
- ・　取替え式防じんマスクは、使用後に次の部品が正常に機能するかどうか確認します。
  - ・　しめひも（強度及び留具の機能を確認する。不具合がある場合は交換する。）
  - ・　吸気弁（汚れていたら交換する。）
  - ・　排気弁（汚れていたら交換する。）
  - ・　面体（汚れていたら清拭する。）

(3) 身体の汚染や、汚染の拡大を防止するためには

■　作業に応じた保護衣等を、必ず着用します。

　身体が汚染されると、粉じんを吸入したり口に入ったりして内部被ばくをするおそれがあります。

　したがって、高濃度のセシウムを含むような土壌等を取り扱ったり、高濃度の粉じんが発生する作業では、粉じんの付着による身体汚染を防止する必要があります。

　着用する保護衣等は、作業に応じて、次のとおり定められています。

	高濃度汚染土壌等 （50万Bq/kgを超える）	高濃度汚染土壌等以外 （50万Bq/kg以下）
高濃度粉じん作業 （10mg/㎥を超える）	長袖の衣類の上に全身化学防護服（例：密閉型タイベックスーツ（デュポン））、ゴム手袋（綿手袋の上に二重着用）、ゴム長靴	長袖の衣類、綿手袋、ゴム長靴
上記以外の作業 （10mg/㎥以下）	長袖の衣類、ゴム手袋（綿手袋の上に二重着用）、ゴム長靴	長袖の衣類、綿手袋、ゴム長靴

■　手袋は外さない。

■　汚染した手袋で顔や身体に触れない。

■　保護衣の脱衣は急がず、手順どおりに行う。

■　汚染物品を抱えない。

■　靴はきちんとそろえて脱ぐ。（乱雑に脱ぐと、靴の中が汚染されるおそれがあります。）

■　直接地面に座らない。

■　作業場所から退出する場合には、装備の脱衣等を定められた手順で行う。

■　汚染されたものは、ポリ袋に入れるなど、汚染の拡大を防ぐ。

■　ゴム手袋の材質によってアレルギー症状が発生することがあるので、その際にはアレルギーの生じにくい材質の手袋を使用する。

■　作業の性質上、ゴム長靴を使用することが困難な場合は、靴の上をビニールにより養生する等の措置が必要。

■　高圧洗浄等により水を扱う場合は、必要に応じ、雨合羽等の防水具を着用する。

■　除染等事業者は、除染等業務従事者に使用させる保護具又は保護衣等が汚染限度（40Bq/cm^2（GM計数管のカウント値としては、1万3,000cpm））を超えて汚染されていると認められるときは、あらかじめ、洗浄等により、汚染限界以下となるまで汚染を除去しなければ、除染等業務従事者に使用させない。

防じんマスク　長袖の衣類

ゴム長靴　テープを巻く

保護衣の例　全身化学防護服の例

10 　身体及び装具の汚染の状態の検査並びに汚染の除去の方法

(1)作業場所から退出する場合の汚染検査

■　作業場所から退出する場合には、必ず、作業場所かその近隣の場所に設けられた汚染検査場所で、汚染検査を行ってください。

　　汚染検査場所は、複数の事業者が共同で設ける場合もあります。

■　汚染検査の対象となるのは、次のとおりです。
- ・　身体
- ・　衣服や履物、作業衣や保護具等の装具

(2)作業場所から持ち出す物品の汚染検査

■　除染等事業者は、汚染検査場所において、作業場所から持ち出す物品について、持ち出しの際に、その汚染の状況を検査します。ただし、容器に入れる等除去土壌等が飛散、流出することを防止するため必要な措置を講じた上で、他の除染等作業を行う作業場所に運搬する場合は、その限りではありません。

■　除染等事業者は、この検査において、当該物品が汚染限度を超えて汚染されていると認められるときは、その物品を持ち出してはなりません。ただし、容器に入れる等除去土壌等が飛散、流出することを防止するため必要な措置を講じた上で、汚染除去施設、廃棄施設又は他の除染等業務の作業場所まで運搬する場合はその限りではありません。

■　車両については、タイヤ等地面に直接触れる部分について、汚染検査所で除染を行ってスクリーニング基準を下回っても、その後の運行経路で再度汚染される可能性があるため、タイヤ等地面に直接触れる部分については、汚染検査を行う必要はありません。なお、車内、荷台等、タイヤ等以外の部分については、汚染検査の結果、汚染限度を超えている部分について、除染を行う必要があります。

■　除去土壌等を運搬したトラック等については、除去土壌等を荷下ろしした場所において、荷台等の汚染検査及び除染を行うことが望まれますが、それが困難な場合、ビニールシートで包む等、荷台等から除去土壌等が飛散・流出することを防止した上で再度汚染検査場所に戻り、そこで汚染検査及び除染を行います。

(3) 汚染の測定方法

　表面線量率（cpm）を測定できるGM計数管式サーベイメータを用いて測定し、1万3,000cpm（40Bq/cm^{2}相当）を超えていないかを確認します。

- ■　汚染検査の結果、40Bq/cm^2（GM計数管式サーベイメータのカウント値としては1万3,000cpm程度）を超える汚染が見つかった場合には、次の措置を講じます。

- ・　身体の汚染については、40Bq/cm^2（GM計数管式サーベイメータのカウント値としては1万3,000cpm程度）以下になるまで良く水で洗浄してください。

- ・　装具の汚染については、すぐに脱ぎ、又は取り外してください。

※　所定の措置を講じても汚染がなくならない場合には、作業指揮者の指示にしたがってください。
※　cpmとは、GM計数管式サーベイメータで1分間に計測された放射線のカウント値を表します。

11　異常な事態が発生した場合における応急の措置の方法

　　除染等作業を行う際には、他の野外作業と同様に、人身事故が発生する可能性があります。

　　その際の措置は、基本的には一般の事故と同じです。

　　ただ、傷口等に放射性物質が付着した可能性もあることから、応急措置後に傷口の汚染程度を測定します。

　　もしも、人身事故が発生したら……

■けが人を救助するとともに、ただちに、応急措置を行い、作業指揮者等へ事故の発生を連絡します。

　　　　（状況により、サーベイメータにより傷口の汚染を測定してください）

■必要に応じて、救急車を手配（119による消防への通報）してください。（場所・患者の人数・状況を伝えてください。）

　　なお、けが人のけがの状況について、医師に説明する際には、次の点に留意します。
・　いつ、誰が、どこで、どのような状況でけがをしたか
・　サーベイメータで計測している場合は傷口の汚染の程度

　　除染等作業を行う現場は、作業に伴うさまざまな危険があります。

　　あらかじめ、けが人等が発生した場合の手順や、搬送の方法等について定めておきます。

　　なお、熱中症については、次のとおり救急処置を行います。

(1)熱中症について

　　暑いときや運動をしたときには、体内で熱が発生し体温が上昇します。このとき、自律神経を介して末梢の血管を拡張させ、皮膚に多くの血液を分布させたり、発汗させたりすることによって、外気へ熱伝導によって熱を放散させ、体温を低下させます。このように、人は一定の範囲に体の温度を調節する機能を持っています。

　　発汗などによって体から水分や塩分が失われますが、体がこのような状態に適切に対処で

きないと、筋肉のひきつけ症状や脳貧血による失神を起こします。熱の産生と放出のバランスが崩れてしまうと体温が著しく上昇してしまいますが、このような状態を熱中症といいます。

　熱中症は、表に示した環境の状態やからだの状態のときに発生しやすくなります。また、心疾患、糖尿病、精神神経疾患、広範囲の皮膚疾患なども体温調節が下手になっている状態ですので注意する必要があります。

環境	からだ
気温が高い 湿度が高い 風が弱い 日差しが強い	激しい労働や運動によって体内に著しい熱が産生されている 暑い環境に体が十分に対応できていない

(2) 熱中症の症状と分類

　熱中症を分類すると、表に示したように症状によってⅠ度、Ⅱ度、Ⅲ度に分けることができます。Ⅰ度の症状があれば、涼しい場所に移して体を冷やすこと、水分を与えることが必要となります。Ⅱ度やⅢ度の症状があれば、すぐに病院へ搬送する必要があります。

　Ⅰ度の"めまい・失神"は、「立ちくらみ」の状態で、脳への血流が瞬間的に不十分になったために起こります。"筋肉痛・筋肉の硬直"は、発汗に伴う塩分(ナトリウムなど)の欠乏により生じ、痛みを伴います。

　Ⅱ度の"頭痛・気分の不快・吐き気・嘔吐・倦怠感・虚脱感"は、体がぐったりする、力が入らないという状態です。

　Ⅲ度の"意識障害・麻痺・手足の運動障害"は、呼びかけや刺激への反応がおかしい、体にガクガクとひきつけがある、真直ぐ走れない・歩けないという状態です。"高体温"は、体に触れると熱いという感触がある状態で、従来から、熱射病とか重度の日射病といわれたものです。

熱中症の症状と分類

Ⅰ度	**めまい・失神**…「立ちくらみ」のこと。「熱失神」と呼ぶこともあります。 **筋肉痛・筋肉の硬直**…筋肉の「こむら返り」のこと。「熱痙攣(ねつけいれん)」と呼ぶこともあります。 **大量の発汗**	重症度 小
Ⅱ度	**頭痛・気分の不快・吐き気・嘔吐・倦怠感・虚脱感**… 　体がぐったりする、力が入らない、など。従来「熱疲労」と言われていた状態です。	↓
Ⅲ度	**意識障害・麻痺・手足の運動障害**… 　呼びかけや刺激への反応がおかしい、ガクガクと引きつけがある、真っすぐに歩けない、など。 **高体温**… 　体に触れると熱いという感触があります。従来「熱射病」などと言われていたものが相当します。	重症度 大

(3)暑さ指数

　熱中症予防のための指標として、「WBGT」(Wet-Bulb Globe Temperature)があります。

　体と環境の間の熱のやり取りは、伝導、輻射、対流、蒸発などの過程に依存しています。暑さ指数WBGTの測定は、日本産業規格JIS Z 8504またはJIS B 7922に適合したWBGT値測定器によりできます。測定器がない場合はWBGT値と気温と湿度との関係を示した表を使用しておおよその暑さ指数であるWBGTの値を推定することができます。

　例えば、気温が32℃で相対湿度が50％の場合、WBGTは28℃となり、熱中症発症の厳重警戒レベルとなります。

WBGT値と気温、相対湿度との関係
（日本生気象学会「日常生活における熱中症予防指針」Ver.3 2016.5から）

相 対 湿 度 (%)

気温(℃)(乾球温度)	20	25	30	35	40	45	50	55	60	65	70	75	80	85	90	95	100
40	29	30	31	32	33	34	35	35	36	37	38	39	40	41	42	43	44
39	28	29	30	31	32	33	34	35	35	36	37	38	39	40	41	42	43
38	28	28	29	30	31	32	33	34	35	35	36	37	38	39	40	41	42
37	27	28	29	29	30	31	32	33	34	35	35	36	37	38	39	40	41
36	26	27	28	29	29	30	31	32	33	34	34	35	36	37	38	39	39
35	25	26	27	28	29	29	30	31	32	33	33	34	35	36	37	38	38
34	25	25	26	27	28	29	29	30	31	32	33	33	34	35	36	37	37
33	24	25	25	26	27	28	29	29	30	31	32	32	33	34	35	36	36
32	23	24	25	25	26	27	28	28	29	30	31	31	32	33	34	34	35
31	22	23	24	24	25	26	27	27	28	29	30	30	31	32	33	33	34
30	21	22	23	24	24	25	26	27	27	28	29	29	30	31	32	32	33
29	21	21	22	23	24	24	25	26	26	27	28	29	29	30	31	31	32
28	20	21	21	22	23	23	24	25	25	26	27	28	28	29	30	30	31
27	19	20	21	21	22	23	23	24	25	25	26	27	27	28	29	29	30
26	18	19	20	20	21	22	22	23	24	24	25	26	26	27	28	28	29
25	18	18	19	20	20	21	22	22	23	23	24	25	25	26	27	27	28
24	17	18	18	19	19	20	21	21	22	22	23	24	24	25	26	26	27
23	16	17	17	18	18	19	20	20	21	22	22	23	23	24	25	25	26
22	15	16	17	17	18	18	19	19	20	21	21	22	22	23	24	24	25
21	15	15	16	16	17	17	18	19	19	20	20	21	21	22	23	23	24

WBGT値

| 危　険 31℃以上 |
| 厳重警戒 28～31℃ |
| 警　戒 25～28℃ |
| 注　意 25℃未満 |

（注）危険、厳重警戒等の分類は、日常生活の上での基準であって、労働の場における熱中症予防の基準には当てはまらないことに注意が必要であること。

(4)熱中症予防対策

　除染等作業は一般に保護具、保護衣など重装備での作業となり、夏季においては熱中症のリスクが高くなることから、作業開始前の体調のチェック、適切な休憩時間の確保と水分及び塩分の十分な補給などを行います。また、冷房を備え又は日陰などの涼しい休憩場所を設ける必要があります。（平成21年6月19日基発第0619001号参照。）

(5) 応急処置

　熱中症を疑った時には、死に直面した緊急事態であることをまず認識しなければなりません。重症の場合は救急隊を呼ぶことはもとより、現場ですぐに体を冷やし始めることが必要です。以下に、現場での応急処置の内容を示しました。

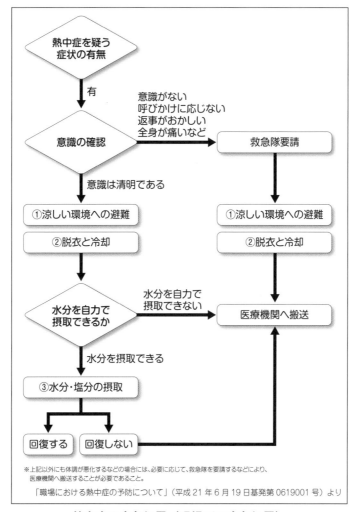

熱中症の応急処置（現場での応急処置）

　熱中症は急速に進行し重症化する病態です。熱中症の疑いのある人を医療機関に搬送する際には、医療機関到着時に熱中症を疑っての検査と治療が迅速に開始されるよう、その場に居あわせた最も状況のよくわかる人が医療機関まで付き添って発症時の状態などを伝えることが必要です。

　特に「暑い環境」で「いままで元気だった人」が突然「倒れた」といったような熱中症を強く疑わせる情報は、医療機関が熱中症の処置を即座に開始する大事な情報です。情報が十分伝わらない意識障害のある患者の場合、診断に手間どり、結果として熱中症に対する処置を迅速に行えなくなるおそれがあります。

第3章

除染等作業に使用する機械等の構造及び取扱いの方法に関する知識

··

この章で学ぶ主な事項：作業に使用する機械等の安全対策・構造・取扱いの方法等／

··

1　各作業における機械等に関する安全衛生対策

（1）　資格・教育が必要な機械等

　　除染等業務に使用する機械には、その操作・運転に際し危険を伴うため、労働安全衛生法により、就業制限業務として所定の資格（免許、技能講習）を必要とするものや、特別教育の規定が設けられているものがあり、これらの機械については、所定の資格等（免許、技能講習の修了、特別教育の修了）を満たしていない者に操作・運転をさせることができません。また、労働者（作業者）はそれらの資格等がないのに操作・運転してはいけません。

　　ただし、建設現場で建設機械の運転操作や、監理技術者や主任技術者として現場の施工管理を行うことのできる国家資格である建設機械施工技士の資格を有していると、建設機械にかかる技能講習の全部（又は一部）が免除されます。この資格は、1級と2級に分かれており、それらの資格を得るには、学科試験と実際の建設機械の操作を伴う実地試験に合格しなければなりません。

除染等業務における主な資格・教育が必要な業務の表

機械・業務等	資格・特別教育
地山の掘削作業主任者	地山の掘削及び土止め支保工作業主任者技能講習
土止め支保工作業主任者	
ずい道等の掘削等の作業主任者 （掘削、ずり積み、支保工及びロックボルト取付、コンクリート等の吹付け）	ずい道等の掘削等の作業主任者技能講習
ずい道等の覆工の作業主任者 （組立、移動、解体、これに伴うコンクリート打設）	ずい道等の覆工の作業主任者技能講習
ずい道等の掘削、覆工等の業務	ずい道等の掘削、覆工等の業務特別教育
採石のための掘削作業主任者	採石のための掘削作業主任者技能講習
高所作業車運転業務	高所作業車運転技能講習（作業床の高さが10メートル以上）
	高所作業者運転業務特別教育（作業床の高さが10メートル未満）
ショベルローダー フォークローダー	ショベルローダー等運転技能講習（最大荷重1トン以上）
	ショベルローダー等運転特別教育（最大荷重1トン未満）

車両系建設機械(整地・運搬・積込み用及び掘削用機械)運転業務 ・ブル・ドーザ ・トラクター・ショベル ・パワー・ショベル ・ドラグ・ショベル など	車両系建設機械(整地・運搬・積込み用及び掘削用機械)運転技能講習(機体重量が3トン以上)
	小型車両系建設機械(整地・運搬・積込み用及び掘削用)運転業務特別教育(機体重量が3トン未満)
車両系建設機械(基礎工事用)運転業務 ・くい打機 ・くい抜機 ・アース・ドリル ・リバース・サーキュレーション・ドリル ・せん孔機 ・アース・オーガー など	車両系建設機械(基礎工事用)運転業務技能講習(機体重量が3トン以上)
	小型車両系建設機械(基礎工事用)運転業務特別教育(機体重量が3トン未満、自走できるもの)
	基礎工事用建設機械運転業務特別教育(自走できるもの以外)
	車両系建設機械(基礎工事用)作業装置の操作業務特別教育(自走できるもの)
車両系建設機械(解体用)運転業務 ・ブレーカ ・鉄骨切断機 ・コンクリート圧砕機 ・解体用つかみ機 など	車両系建設機械(解体用)技能講習(機体重量が3トン以上)
	小型車両系建設機械(解体用)運転業務特別教育(機体重量が3トン未満)
不整地運搬車運転業務	不整地運搬車運転技能講習(最大積載量1トン以上)
	不整地運搬車運転業務特別教育(最大積載量1トン未満)
車両系建設機械(締固め用)運転業務(自走転圧ローラー)	ローラー運転業務特別教育
車両系建設機械(コンクリート打設用)作業装置操作業務	車両系建設機械(コンクリート打設用)作業装置操作業務特別教育
ボーリングマシン運転業務	ボーリングマシン運転業務特別教育
フォークリフト運転業務	フォークリフト運転技能講習(最大荷重1トン以上)
	フォークリフト運転業務特別教育(最大荷重1トン未満)
移動式クレーン運転業務	移動式クレーン運転士免許(つり上げ荷重が1トン以上) 小型移動式クレーン運転技能講習(つり上げ荷重が5トン未満)
玉掛け業務	玉掛け技能講習(つり上げ荷重が1トン以上)
	玉掛け業務特別教育(つり上げ荷重が1トン未満)
伐木等機械運転業務 ・フェラーバンチャ ・ハーベスタ ・プロセッサ など	伐木等機械運転業務特別教育(安全衛生特別教育規程第8条の2)
走行集材機械運転業務 ・フォワーダ ・スキッダ ・集材車　など	走行集材機械運転業務特別教育(安全衛生特別教育規程第8条の3)
機械集材装置運転業務	機械集材装置運転業務特別教育
簡易架線集材装置等運転業務 ・タワーヤーダ ・スイングヤーダ　など	簡易架線集材装置等運転業務特別教育(安全衛生特別教育規程第9条の2)
伐木等の業務(注)	伐木等業務特別教育(安全衛生特別教育規程第10条)
足場の組立て、解体または変更の作業に係る業務	足場の組立て等業務特別教育(安全衛生特別教育規程第22条)
ロープ高所作業の業務	ロープ高所作業業務特別教育(安全衛生特別教育規程第23条)
墜落制止用器具(フルハーネス型)を用いて行う作業の業務	墜落制止用器具を用いて行う作業業務特別教育(安全衛生特別教育規程第24条)

（注）令和2年8月1日より、従来の「チェーンソーを用いる伐木等の業務」に係る特別教育と統合されるとともに時間数が増加している。

　また、厚生労働省の通達により、特別教育に準ずる安全衛生教育が求められている機械の取扱作業があり、これらについては定められた安全衛生教育を受講させることとされています。

特別教育に準ずる安全衛生教育が必要な作業又は機械	通達
刈払機取扱作業	H12.2.16基発第66号(注)
チェーンソー以外の振動工具取扱作業	S58.5.20基発第258号(注)
林内作業車を使用する集材作業	H3.11.11基発第646号
造林作業の作業指揮者等	S60.3.18基発第141号(注)
自動車運転業務	H9.8.25基発第595号
携帯用丸のこ盤を使用する作業	H22.7.14基安発0714第1号

(注) 平成21年7月10日付け労働衛生課長事務連絡により、振動障害の予防関係の科目の内容に、日振動ばく露量A(8)等に基づく内容が盛り込まれていることに留意。

（2）　保護具の使用

　除染等業務における作業に当たって、「第2章　9　保護具の性能及び使用方法」で述べた内部被ばくや放射性物質による汚染防止のための保護具以外にも、適切な保護具を用いることが安全衛生対策上必要となる場合があります。その主なものを以下に示します。

作業／機械	保護具	備　考
高所作業	墜落制止用器具	足場等の墜落防止措置がない場合に必須
	保護帽（ヘルメット）	墜落時の衝撃から頭を保護
高圧洗浄機	保護メガネ（ゴーグル）	高圧水の直撃から眼を保護
	防水服	汚染水による汚染や高圧水の直撃から保護
刈払機	保護メガネ（ゴーグル）	刈刃により跳ね飛ばされた小石等の直撃から眼を保護
	保護帽（ヘルメット）	刈刃により跳ね飛ばされた小石等の直撃や転落時の衝撃から頭を保護
ブラスト作業（研磨剤の吹き付けによる研磨作業）	防じんマスク	内部被ばく防止のみならず、粉じん障害の防止（じん肺の予防）の観点からも必要
振動工具	防振手袋	振動障害の防止

（3）　機械の近くへの立入り禁止

　移動式クレーン、ブルドーザ等の車両系建設機械などに接触するおそれのある場所には、運転者・操作者以外の者は立ち入ってはいけません。

　また、刈払機についても、キックバックのおそれや小石等を跳ね飛ばすおそれがありますので、半径5メートル以内には立ち入ってはいけません。どうしても近寄る必要がある場合は、作業者にブザー等で合図し、エンジンが止まったことを確認した上で近寄ります。

　さらに、高圧洗浄作業においても、高圧水の直撃による災害が発生していることから、作業者以外の者はむやみに近づかないことが必要です。

(4)　機械の転倒、はさまれ・巻き込まれ防止

　　柔らかい土壌や勾配のある場所、路肩近くでの農業機械、林業機械、車両系建設機械の運転においては、機械の転倒に注意します。特にトラクターなどの農業機械は、重心が高いため転倒には十分注意する必要があります。

　　また、エンジンを止めずに詰まったものを取り除こうとして、はさまれ・巻き込まれによる災害も多く発生していますので、点検等の際は、必ずエンジンを止めるようにします。

(5)　振動工具の取扱い

　　チェーンソー、刈払機などの振動工具の取扱いについては、振動ばく露時間等を管理する必要があります。

(6)　機器や道具類の洗浄・清掃

■　除染作業に使用した機器や道具、衣類は、早い時期に洗浄・清掃しておいてください。

　　※　泥は、乾燥すると落ちにくくなります。

■　泥・草などを洗い落とす区画を決めておくと、再汚染や汚染拡大の抑制に有効です。

　　※　特に、大量の泥・土が付着する建設機械や車両の洗浄。
　　※　油汚れがあると、そこに汚染が残りやすいので注意してください。
　　※　効果的なのはスチーム洗浄ですが、ブラシと洗剤によるこすり洗いでも十分です。

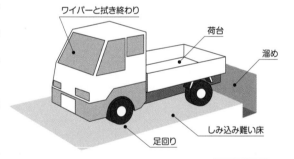

■　衣類の洗濯は、普通の方法でかまいません。

　　※　汚れがひどい場合には、別にして洗ってください。

■　十分にすすぎ、洗剤を良く落としてください。

　　※　汚れを落とす洗剤が残っていると、汚れも残っている場合があります。

(7)　その他の労働災害防止対策

　　厚生労働省の通達（平成26年10月20日付け基発1020第2号の別紙）により、除染等業務における主な安全確保対策として次の事項（一部改変）が示されていますので、これらに留意して作業を行うようにします。

1 墜落・転落災害の防止

屋根等に登って洗浄等の作業を行う場合は、次の措置を講ずること。

（1）高さが2m以上の箇所で作業を行う場合は、足場等の作業床を設置すること。（安衛則第518条第1項）

（2）作業床の設置が困難なときは、防網、要求性能墜落制止用器具の使用等墜落による危険防止措置を講ずること。（安衛則第518条第2項）

（3）高さが2m以上の作業床の端、開口部等には囲い、手すり、覆い等（以下「囲い等」という。）を設置すること。（安衛則第519条第1項）

（4）囲い等の設置が著しく困難なとき又は作業の必要上臨時に囲い等を取り外すときは、防網、要求性能墜落制止用器具の使用等墜落による危険防止措置を講ずること。（安衛則第519条第2項）

（5）高さが2m以上の箇所で作業を行う場合において、要求性能墜落制止用器具等を使用させるときは、要求性能墜落制止用器具等を安全に取り付けるための設備等を設けること。（安衛則第521条第1項）

（6）高さ又は深さが1.5mを超える箇所で作業を行う場合は、安全に昇降できる設備を設けること。（安衛則第526条第1項）

（7）物体の飛来・落下による危険を防止するため、労働者に保護帽を着用させること。（安衛則第539条）

（8）作業に当たっては、滑落等を防止するため滑り止め機能を有する安全靴及び手袋を労働者に使用させること。

2 車両系建設機械による災害の防止

車両系建設機械を使用して放射性物質により汚染された表土を除去する作業等を行う場合は、次の措置を講ずること。

（1）あらかじめ作業場所の地形、地質の状態等を調査し、その結果を踏まえ次の事項を含む作業計画を定め、これに基づき作業を行うこと。（安衛則第154条及び第155条）

　　ア　使用する車両系建設機械の種類及び能力

　　イ　車両系建設機械の運行経路

　　ウ　車両系建設機械による作業の方法

（2）路肩、傾斜地等で作業を行う場合は、路肩の崩壊防止、地盤の不動沈下の防止等転倒、転落の防止措置を講ずること。（安衛則第157条第1項）

（3）車両系建設機械と労働者が接触するおそれのある箇所に立入禁止措置を講ずるか、誘導員を配置して誘導させること。（安衛則第158条）

(4) ドラグショベルによる荷のつり上げ等車両系建設機械の主たる用途以外の用途に使用しないこと。この場合には、移動式クレーンやクレーン機能付きドラグショベルを用いること。（安衛則第164条）

(5) 車両系建設機械の運転については、その種類に応じ、技能講習を修了した者等必要な資格を有する者に運転させること。（安衛則第41条）

3 刈払機による災害の防止

刈払機を使用して放射性物質により汚染された草等を刈り払う場合は、次の措置を講ずること。

(1) あらかじめ作業手順を定め、作業員に徹底しておくこと。

(2) 作業に適した構造、強度を有する刈払機を選択すること。

(3) 作業開始前には、刈刃の損傷、変形の有無、緊急離脱装置、飛散防護装置の機能等の事項について刈払機を点検すること。

(4) 刈払機を使用して作業を行う場合は、保護帽、防じん眼鏡、防じんマスク、耳栓、袖の締まった長袖の上着、裾の締まった長ズボン、防振手袋、滑りにくい丈夫な履物を着用すること。

(5) 刈払機の操作者から5m以内を危険区域とし、この区域には他の者が立ち入らないようにすること。

(6) 刈払い場所を変えるため等で移動する場合は、原則としてエンジンを停止すること。

4 高圧洗浄作業に伴う災害の防止

高圧洗浄作業においては、高圧水の直撃による裂傷、出血性ショック等による災害発生の危険性があるため、作業に当たっては、次の措置を講ずること。

(1) 噴射ガン、高圧ホース等高圧洗浄機器の使用上の情報を確実に入手の上、安全装置の作動状況を確認すること。

(2) 作業中に部外者を立ち入らせないよう、作業中の表示を行うこと。

(3) 感電防止のため、絶縁状態の点検等安全措置を講ずること。

(4) 高圧水の噴射中、噴射ガンのレバーを針金、ひも、金具などで固定しないこと。

(5) 高圧水の噴射停止中であっても、噴射ガンの先を人の方向に向けないこと。

5 破砕、選別、圧縮、濃縮等を行う設備(破砕機等)、コンベヤーによる災害の防止(平成5年3月2日付け基発第123号第3の1の(2)のロ等)

事故由来廃棄物等を破砕機等およびコンベヤーで処分する場合は、次の措置を講ずること。

(1) 機械ごとに動力遮断装置を設けること。遮断装置は、容易に操作できるものであり、接触等により不意に機械が起動するおそれがないものとすること。(安衛則第103条)

(2) コンベヤーについては、接触予防装置、非常停止スイッチを設置するとともに、定期的に点検すること。(安衛則第151条の78、第151条の82)

(3) 爆発物および破裂物の入った容器等については、安全な作業方法により選別し、これらのものを破砕機等へ投入しないこと。

(4) 破砕機等およびコンベヤーの運転開始に当たっては、人員を点検し、破砕機の内部等に人がいないことを確認させること。

(5) 破砕機等およびコンベヤーの運転を中断し内部に入る場合には、機械の停止の確認を徹底させること。

(6) 破砕機等およびコンベヤーの点検、整備においては、必ず電源を切り、操作盤に点検、整備中である旨を明示させること。(安衛則第107条、第108条)

6 焼却作業に伴う災害の防止(平成5年3月2日付け基発第123号第3の1の(2)のハ)

焼却炉において事故由来廃棄物等を焼却する場合には、焼却灰による水蒸気爆発の危険性等があることから、作業に当たっては、次の措置を講ずること。

(1) 焼却炉の灰出しに当たっては、大量の焼却灰の落下による水蒸気爆発の発生を防止するための適当な措置を講ずること。

(2) 焼却炉内の補修、整備等の作業は適当に冷却した後でなければ行わせないこと。シュートに詰まったごみ、灰等の除去作業に直接労働者が従事するときは、炉を冷却する等の措置を講じ、水蒸気爆発の防止を図ること。

(3) ごみのかくはん等のため炉の扉を開ける場合には、労働者に保護面、保護帽、手袋、安全、呼吸用保護具等の保護具を使用させること。

(4) 炉の扉を開ける際は、まず細目に開け、破裂物の有無を確かめて開けさせること。この場合、当該作業については、炉の正面を避け側面の安全な位置で行わせること。

(5) 機械装置の下方または側方等の狭い場所で点検または整備等の作業を行う場合は、保護帽を着用させること。

7 危険性又は有害性等の調査等の実施

除染対象設備、機器等の危険性又は有害性に関する情報提供を受けた上で、建設物、設備、原材料、ガス、蒸気、粉じん等による、又は作業行動その他業務に起因する危険性又は有害性等を調査し、その結果に基づいて、労働者の危険又は健康障害を防止するため必要な措置を講ずること。

2　土壌等の除染等の業務に係る作業に使用する機械等の構造及び取扱いの方法

　本項目においては、具体的な作業ごとに、必要な工具や機械、それらを用いて行う具体的な作業について記載します。

　総論については、第2章の2に記載しておりますので、そちらも参照ください。また、本章の記載内容については、環境省作成の「除染関係ガイドライン」（平成25年5月第2版（平成30年3月追補）。http://josen.env.go.jp/material/index.html）第2編「除染等の措置に係るガイドライン」に準拠しているので、そちらも参照ください。

　以下、本項では、次の作業について詳細を記載しています。

■　建物等の工作物の除染等の措置（→（1））
- 　屋根等
- 　雨樋・側溝等
- 　外壁
- 　庭等
- 　柵・塀、ベンチや遊具等

■　道路の除染等の措置（→（2））
- 　道脇や側溝
- 　舗装面等
- 　未舗装の道路等

■　土壌の除染等の措置（→（3））
- 　校庭や園庭、公園の土壌
- 　農用地

■　草木・森林の除染等の措置（→（4））
- 　芝地
- 　街路樹など生活圏の樹木
- 　森林

※　**河床の堆積物の扱い**については、住民の被ばく線量への影響が限定的だと考えられること等から、定期的にモニタリングを行いつつ、他の除染作業が一定程度進展した後に実施を検討することが適当とされており、当面の作業は発生しません。

（1）　建物等の工作物の除染等の措置

①　用具類

除染用具	・除染対象や作業環境に応じて、除染等の措置及び除去土壌等の回収のために必要な用具類を用意します。 **【一般的な用具の例】** 　草刈り機、ハンドシャベル、草とり鎌、ホウキ、熊手、ちりとり、トング、シャベル、スコップ、レーキ、表土削り取り用の小型重機、ゴミ袋（可燃物用の袋、土砂用の麻袋（土のう袋））、集めた除去土壌等を現場保管する場所に運ぶための車両（トラック、リアカー等）、ハシゴ **【水洗浄を行う場合の用具の例】** 　ホース、シャワーノズル、高圧洗浄機（電源、水源を事前によく確認しておく）、ブラシ（デッキブラシ、車洗浄用ブラシ、高所用ブラシ等）、タワシ（亀の子、スチールウール製等））、水を押し流すもの（ホウキ、スクレーパーなど）、バケツ、洗剤、雑巾、キッチンペーパー **【金属面を洗浄する場合の用具の例】** 　ブラシ、サンドペーパー、布、剥離剤 **【木面を洗浄する場合の用具の例】** 　ブラシ、サンドペーパー、電動式サンダ、布、スチーム洗浄機、高圧水洗浄機、水を押し流すもの（ホウキ、スクレーパー等） **【高所作業用の場合の用具の例】** 　足場、移動式リフト、高所作業車 **【削り取りを行う場合の用具の例】** 　研磨機、削り取り用機器、飛散防止に必要な用具（集じん機、養生マット） **【土地表面の被覆を行う場合の用具の例】** 　自走転圧ローラー、転圧用ベニヤ板、散水器具

②　除染方法

■　建物等の工作物の効果的な除染を行うためには、放射線量への寄与の大きい比較的高い濃度で汚染された場所を中心に除染作業を実施する必要があります。例えば、家屋や公共的な建物の屋根（屋上）や雨樋、側溝等には、放射性セシウムを含む落葉、苔、泥等が付いていますので、これらを除去することにより、放射線量の低減が図られます。

■　除染の段階としては、まず、放射性セシウムが多く含まれている落葉等、手作業で比較的容易に除去できるものを取り除き、それでも除染効果が見られない場合、水での洗浄が可能な対象物については放水等による洗浄を行います。なお、洗浄等による排水による流出先への影響を極力避けるため、水による洗浄以外の方法で除去できる放射性物

質は可能な限りあらかじめ除去する等、工夫を行うものとします。

※各段階で空間線量率を測定し、1mの高さの位置（小学校以下及び特別支援学校の生徒が主に使用するところでは50cmの高さの位置）で0.23μSv/hを下回っていればそれ以上の除染は原則として行いません。

■　家屋や建物の除染作業で水を使用した場合など、放射性物質が庭等に移動する可能性を考慮し、除染作業は基本的に高所から低所の順序で行います。具体的には、屋根・屋上や雨樋、外壁、庭等の地面の順で、実施するのが効率的です。家屋の近傍に屋根よりも高い樹木がある場合は、最初に樹木の除染を行います。除染を行う際には、固着状態に応じて、手作業、拭き取り、あるいはタワシやブラシによる洗浄を適用します。

■　除染作業を行う際は、作業者と公衆の安全を確保するために必要な措置をとるとともに、除染に伴う飛散、流出などによる汚染の拡大を防ぐための措置を講じて、作業区域外への汚染の持ち出し、外部からの汚染の持ち込み、除染した区域の再汚染をできるだけ低く抑えることが必要です。

■　除去土壌等については、除去土壌とそれ以外の廃棄物にできるだけ分別するとともに、袋などの容器に入れるなどし、飛散防止のために必要な措置を取ります。これらを仮置場などに運搬・保管する際には放射線量の把握が必要になりますので、それを容易にするために、除去土壌等を入れた容器の表面（1cm離れた位置）の空間線量率を測定して記録しておきます。

③　**排水の処理**
■　除染に伴って排水が発生する場合、必要に応じて、排水の処理を行います。
　　放射性セシウムの多くは、土壌粒子に強く吸着した状態で存在しており、水にはほとんど溶出しないという特徴があるため、堆積物の除去、拭き取り等を行うことが効果的です。
　　除染実施区域（市町村が定める除染実施計画の対象となる区域）での除染においては、堆積物の除去等を行った場合は基本的に排水を処理する必要はありませんが、排水の濁りが多い場合や回収型の高圧水洗浄の排水等については基本的に排水の処理を行います。
　　屋根の雨樋等の除染後の排水について、屋根に雨樋がない場合や雨樋下が土壌になっている場合等、排水の流れる先が土壌であって、排水中の放射性物質が、下に存在する土壌でろ過することが可能と考えられる場合は、高所から低所への除染作業の基本に従

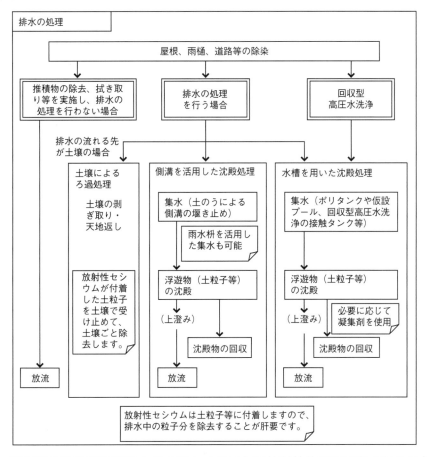

い、屋根等の除染後に当該土壌を除去することで放射性物質の回収を行うことができます。

　排水の流出先が側溝等の場合は、必要に応じて側溝等において土のう等による堰き止めにより集水し、粒子分の沈殿を行い、沈殿物を回収し、上澄みの水を放流します。上述のとおり放射性セシウムは排水中の粒子分に付着しているため上澄みには放射性物質はほとんど含まれません。

　また、その他除染に伴って生じた排水については、できる限り回収します。ポリタンクや仮設プールにより集水した排水や回収型高圧水洗浄で回収した排水については、粒子分の沈殿を行い、上澄みの水を放流し、沈殿物を回収します。粒子分の沈殿にあたっては、必要に応じて凝集沈殿させるための薬剤や粒子分の除去のためのフィルターを使用します。

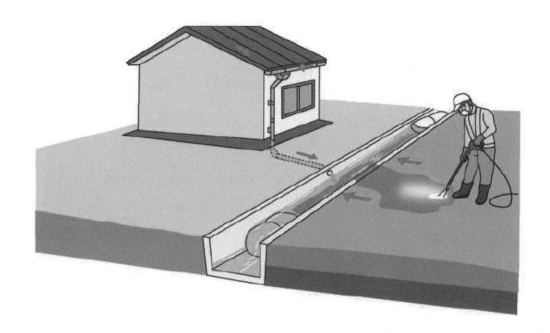

　以下、建物など工作物の屋根や屋上、雨樋、壁及び庭における除染の方法について示します。

（ア）屋根等の除染

○　除染のポイント

■　高所作業となる場合は、足場の設置や高所作業車の配置、あるいは親綱の設置と墜落制止用器具の使用等適切な安全対策を行います。

■　屋根等に落葉、コケ、泥等の堆積物がある場合は、これらに放射性セシウムが付着している可能性があります。このため、まず、取り除きやすい堆積物を、手作業や厚手の紙タオルでの汚れの拭取りや、水を散布した上でデッキブラシやタワシ等を用いたブラッシング洗浄を行うことによって除去します。この際作業者はゴム手袋や保護衣を着用します。

　特に屋根の重ね合わせ部や金属が腐食している部分、大きな屋根の屋上の排水口周りには堆積物が比較的多く付着しているため、念入りに洗浄します。

■　それでも除染の効果が見られない場合は、屋根材に放射性セシウムが付着していると考えられますが、降雨で流れ落ちなかった放射性セシウムは屋根材に固着しているため、拭き取りや高圧（例：

15MPa）の放水洗浄（以下「高圧水洗浄」）を行うことによって落とします。屋根等の表面の素材により高圧水洗浄による除染効果は異なりますので、まず部分的に洗浄を行って、除染効果があることを確認した上で全体の洗浄を行います。また、瓦の破損や通気口から洗浄水が家の中に入らないよう注意が必要です。

屋根の主要な汚染部位

燻瓦（土瓦）	表面密度*(cpm/20c㎡)	釉薬瓦（陶器瓦）	表面密度*(cpm/20c㎡)
通常の部位	200	通常の部位	300
○ 汚染部位	2,100	○ 汚染部位	3,000(写真右 杉の樹液等)

セメント瓦	表面密度*(cpm/20c㎡)	トタン	表面密度*(cpm/20c㎡)
通常の部位	全面汚染	通常の部位	600
○ 汚染部位	6,000	○ 汚染部位	5,400(写真左 杉の樹液等)

※表面密度：表面の測定値－ BG（バックグラウンド）の測定値

出典：国立研究開発法人日本原子力研究開発機構　福島研究開発部門「福島第一原子力発電所事故に係る避難区域等における除染実証業務報告書」分冊Ⅱ 付録 2
https://fukushima.jaea.go.jp/fukushima/result/entry02.html

■　高圧水洗浄等、水を用いた除染を行う場合、環境への二次汚染を防止するため、適切な排水対策を行います（p.76参照）。回収型の高圧水洗浄を用いることも放射性物質の拡散の防止に有効です。また、家屋、建物、農業用施設などの屋根の素材や構造等によっては破損する可能性もあるため、実施する場合は、専門業者の助言を受ける必要があります。

■　洗浄や高圧水洗浄によっても除染の効果が見られず、放射線量の低下に必要かつ効果的と認められる場合は、構造物の破損に配慮しつつ、コンクリート屋根や屋上については削り取りやブラスト除染の実施について検討します。ブラスト除染等を行う場合

は、粉じんが発生しますので、周囲への飛散を防止するための措置が必要です。

■　除染モデル実証事業の成果として、屋根の除染方法の比較が報告されていますので参考にしてください。

屋根の除染方法の比較

除染方法		高圧水洗浄	ブラシ掛け	拭き取り	剥離剤塗布
低減率	焼付鉄板	−	10%程度	10%程度	10%程度
	塗装鉄板	−	30%程度	5%程度	15%程度
	粘土瓦	−	50%程度	70%程度	30%程度
	セメント瓦	30%程度	5%程度	0%程度	30%程度
	スレート	10%程度	0%程度	25%程度	35%程度
除去物発生量		ほとんどなし	ほとんどなし	多少(ウエス)	多少(剥離剤)
二次汚染		飛沫が土壌に浸透あり	流末で水回収ほとんどなし	なし	なし
施工スピード			120㎡/日	120㎡/日	10㎡/日
適用条件		・周辺土壌の剥ぎ取りが必要	・洗浄水の回収処理が必要・瓦間浸水リスク	・ウエス洗浄水の処理が必要	
適用性		▲	○	○	▲

◎：強く推奨、○：推奨、△：目標除染率により推奨、▲：推奨されない

出典：国立研究開発法人日本原子力研究開発機構　福島研究開発部門「福島第一原子力発電所事故に係る避難区域等における除染実証業務報告書」分冊Ⅱ　付録２
https://fukushima.jaea.go.jp/fukushima/result/entry02.html

○　除染の具体的方法

屋根等の除染にあたって事前に必要な措置

区分		除染の方法と注意事項
安全対策		・高所作業となる場合は、足場の設置や高所作業車の配置、あるいは親綱の設置と墜落制止用器具の使用等適切な安全対策を行います。
飛散防止		・歩道や建物が隣接している場合は、水等の飛散防止のために養生を行います。 ・回収型の高圧水洗浄を用いることも放射性物質の拡散の防止に有効です。
排水経路の確保と排水の処理		・水を用いて洗浄する場合は、洗浄水が流れる経路を事前に確認し、排水経路は予め清掃して、スムーズな排水が行えるようにします。 ・排水の取扱いについては、p.76の「排水の処理」を参照してください。
堆積物の除去	手作業による除去	・落葉、コケ、泥等の堆積物を、ゴム手袋をはめた手やスコップ等で除去します。
	拭き取り	・水等によって湿らせた紙タオルや雑巾等を用いて、丁寧に拭き取ります。 ・拭き取り作業で用いる紙タオルや雑巾等は、折りたたんだ各面を使用します。ただし、一度除染(拭き取り)に使用した面には放射性セシウムが付着している可能性がありますので、直接手で触れないようにします。 ・汚染の状況に応じて一拭きごとに新しい面で拭き取るなど、汚染の再付着を防止する配慮を行います。 ・セメント瓦、つや無し粘土瓦、塗装鉄板等においては、屋根の素材や錆による影響により除染の効果が小さくなる場合があります。 ・錆が存在する場合には、拭き取り等により錆そのものを除去することが必要になります。
洗浄	ブラシ洗浄	・デッキブラシやタワシ等を用いて丁寧に洗浄します。 ・水を周囲に飛散させないよう、高所から低所へ向け洗浄します。 ・回転ブラシは、茅葺きや瓦の屋根には適さないので使用しません。
	高圧水洗浄	・高圧水洗浄による屋根等の破損等のおそれがないことを事前に確認します(専門業者の助言を受けることが推奨されます)。 ・水圧による土等の飛散を防ぐために、最初は低圧での洗浄を行い、洗浄水の流れや飛散状況を確認しつつ、徐々に圧力を上げて洗浄を行います。 ・除染効果を得るために、除染する場所に噴射口を近づけます。 ・屋根の重ね合わせ部や金属が腐食している部分、屋上の排水口周り等、堆積物が多く付着している部分は念入りに洗浄します。 ・表面がはがれるなど財物を損傷する可能性があることに注意を要します。

削り取り	ブラスト作業	・ショットブラスト機により研削材を表面にたたきつけて表面を均質に削り取ります。 ・粉じんが発生するため、周囲への飛散を防止するための養生等を行うとともに、粉じんを回収します。 ・ブラスト作業においては、研削材等が除染作業区域の外に出て行かないように養生します。また、使用後の研削材等は、付着した放射性物質を周辺にまき散らさない方法で回収します。
	削り取り	・削り取りを行う場合は、周囲への飛散を防止します。 （例：集じん機の使用、事前の散水、簡易ビニールハウスの設置等）

（イ）雨樋の除染

○ **除染のポイント**

■ 高所作業となる場合は、足場の設置や高所作業車の配置、あるいは親綱の設置と墜落制止用器具の使用等適切な安全対策を行います。

■ 雨樋や側溝や雨水枡といった集水・排水設備には、雨で屋根等から流れ落ちた放射性物質が付着した落葉や土などが溜（た）まっています。溜まった落葉等を除去し、その後、水を用いて洗浄することで、周囲の放射線量を減少させることができます。

■ 雨樋については、溜まっている落葉や土をトングやシャベル等を使って手作業ですくい取ります。また、呼び樋、竪樋、排水管の内面は、パイプクリーナや厚手の紙タオル等を使用して手作業で拭き取ります。

■ それでも除染の効果が十分に見られない場合は、水を用いた洗浄を行います。水を用いて洗浄した場合は、放射性物質を含む排水が発生します。洗浄等による排水による流出先への影響を極力避けるため、拭き取り等水による洗浄以外の方法で除去できる放射性物質は可能な限りあらかじめ除去する等、工夫を行うものとします。高圧水洗浄を行う場合は、雨樋を損傷する可能性があることに注意を要します。

○　除染の具体的方法

雨樋の除染にあたって事前に必要な措置

区分	除染の方法と注意事項
飛散防止	・歩道や建物が隣接している場合は、水等の飛散防止のために養生を行います。
排水経路の確保と排水の処理	・水を用いて洗浄する場合は、洗浄水が流れる経路を事前に確認し、排水経路は予め清掃して、スムーズな排水が行えるようにします。 ・水を使った洗浄を行う前に、雨樋の堆積物を除去します。 ・排水の取扱いについては、p.76の「排水の処理」を参照してください。 ・雨樋流末部が破損又は庭地に直接放流となっている箇所は高線量となる場合がありますので、庭等の除染を検討します。

雨樋の除染の方法と注意事項

区分		除染の方法と注意事項
堆積物の除去	手作業による除去	・落葉、コケ等の堆積物を、ゴム手袋をはめた手やスコップ等で除去します。
	拭取り	・水等によって湿らせた紙タオルや雑巾等を用いて、丁寧に拭き取ります。 ・拭取り作業で用いる紙タオルや雑巾等は、折りたたんだ各面を使用します。ただし、一度除染（拭取り）に使用した面には放射性セシウムが付着している可能性がありますので、直接手で触れないようにします。 ・汚染の状況に応じて一拭きごとに新しい面で拭き取るなど、汚染の再付着を防止する配慮を行います。 ・雨樋の堆積物に放射性物質が多く蓄積していることから、堆積物の除去は効果的です。
洗浄	ブラシ洗浄	・ブラシやタワシを用いて丁寧に洗浄します。 ・縦樋（特に屈曲部）への堆積が見落としがちとなるため、ワイヤブラシ等を活用して洗浄します。 ・水を周囲に飛散させないよう、高所から低所へ向け洗浄します。
	高圧水洗浄	・手が届かないような狭い場所等、拭き取り作業の実施が困難な部位を中心に、雨樋を壊さないように、高圧水洗浄機を用いて、原則として水圧5MPa以下、使用水量1mあたり2L程度の高圧水で洗浄します。 ・洗浄効果を得るために除染する場所に噴射口を近づける（20cm程度）とともに、適切な移動速度で洗浄します。 ・水を周囲に飛散させないよう、水勾配の上流から下流に向かって行います。

（ウ）外壁の除染（主に洗浄）

○ **除染のポイント**

■ 建物の外壁については、屋根や雨樋、庭等に比べて一般的に汚染の程度は小さいため、他の場所に比べて表面汚染密度が十分低い場合は除染を行う必要はありません。

■ 外壁を除染する場合は、再汚染を防ぐため、高い位置から低い位置の順で拭き取りや水を用いた洗浄を行います。なお、洗浄等による排水による流出先への影響を極力避けるため、水による洗浄以外の方法で除去できる放射性物質は可能な限りあらかじめ除去する等、工夫を行うものとします。

■ 高圧水洗浄については、外壁の素材や構造等によっては破損する可能性もあるため、実施する場合は、専門業者の助言を受ける必要があります。特に、木造の外壁には高圧水洗浄は適しません。

○　除染の具体的方法

外壁の除染にあたって事前に必要な措置

区分	除染の方法と注意事項
飛散防止	・歩道や建物が隣接している場合は、水等の飛散防止のために養生を行います。
排水経路の確保と排水の処理	・水を用いて洗浄する場合は、洗浄水が流れる経路を事前に確認し、排水経路は予め清掃して、スムーズな排水が行えるようにします。 ・排水の取扱いについては、p.76の「排水の処理」を参照してください。

外壁の除染の方法と注意事項

区分		除染の方法と注意事項
拭取り		・水等によって湿らせた紙タオルや雑巾等を用いて、丁寧に拭き取ります。 ・拭取り作業で用いる紙タオルや雑巾等は、折りたたんだ各面を使用します。ただし、一度除染（拭き取り）に使用した面には放射性セシウムが付着している可能性がありますので、直接手で触れないようにします。 ・汚染の状況に応じて一拭きごとに新しい面で拭き取るなど、汚染の再付着を防止する配慮を行います。
洗浄	ブラシ洗浄	・デッキブラシやタワシ等を用いて丁寧に洗浄します。 ・水を周囲に飛散させないよう、高所から低所へ向け洗浄します。
	高圧水洗浄	・水圧による土等の飛散を防ぐために、最初は低圧での洗浄を行い、洗浄水の流れや飛散状況を確認しつつ、徐々に圧力を上げて洗浄を行います。 ・洗浄効果を得るために除染する場所に噴射口を近づける（20cm程度）とともに、適切な移動速度で洗浄します。 ・壁がはがれるなど財物を損傷したり、屋内への漏水の可能性があることに注意します。

（エ）庭等の除染

○　除染のポイント

家屋の庭等では、放射性セシウムは落葉や庭木、ならびに土面の表層近くに付着しています。まず落葉を拾い、放射性物質の付着状況に応じて庭木の剪定（せんてい）を行います。事故後除草を行っていない場所は、必要に応じて下草等の除去を行いますが、地面を覆うように苔や下草が生えている場所では、立鎌等を用いて下草等を掻（か）き取る方法も有効です。

また、雨樋からの排水口、排水溝、雨水枡や、雨樋のない屋根の軒下の付近、樹木の根元等に放射性セシウムが比較的多く付着している可能性がありますので、それらの土壌等を手作業等により除去します。それでも除染効果が見られない場合、以下に示す方法で除染を行います。

■　土の庭等

土の庭等の場合、天地返し、表土の削り取りまたは土壌により覆うこと（以下「土地表面の被覆」）を検討します。

天地返しは、放射性セシウムを含む上層の土と放射性セシウムを含まない下層の土を入れ替えることによる土地表面を被覆する方法です。天地返しを行うことにより、土等による遮へいによる放射線量の低減や放射性セシウムの拡散の抑制が期待できます。また、表土を削り取るわけではないため、除去土壌が発生しないという利点があります。天地返しを行う際は、約10cmの表層土を底部に置き、約20cmの掘削した下層の土により被覆します。この際、表層土はまき散らさないようにしておくことや、下層から掘削した土と混ざらないようにしておく必要があります。広い範囲で行う場合は、適切にエリアを区切って実施します。

表土の削り取りを行う際は、除去土壌の発生量が過大にならないように、削り取る土壌の厚さを適切に選定することが重要です。具体的には、削り取りの対象とする土壌表面については、まず小さい面積（外部からの放射線の影響をなるべく受けずに土壌表面の空間線量率等を測定できる程度の面積）について、空間線量率等を測りながら表土を1〜2cm程度ずつ削り取り、削り取るべき厚さを決定することが推奨されます。なお、これまでの知見を踏まえれば、土壌表面の削り取りは最大5cm程度で十分な効果が得られるとされています。表土等を除去した場所では、必要に応じて、汚染のない土壌を用いて客土等を行います。

土地表面の被覆は、小型の重機を用いて放射性セシウムを含む上層の土を放射性セシウムを含まない土で覆う方法であり、遮へいによる放射線量の低減や放射性セシウムの拡散の抑制が期待できます。表土を除去するわけではないため、除去土壌が発生しないという利点があります。被覆を行う際は、被覆する厚さが過大にならないように、遮へいを目的とした被覆厚さを適切に選定することが重要です。

■　砂利・砕石の庭等

　砂利・砕石等の庭の場合、砂利・砕石を水槽に入れ、攪拌や高圧水洗浄により砂利・砕石の放射性物質を除去し、洗浄後に再敷設を行います。高圧水洗浄等を行った際の排水の取扱いについては、p.76の「排水の処理」を参照してください。

　洗浄を行っても十分に効果が見られないと考えられる場合においては、スコップ等を用いて砂利、砕石を均質に除去します。砂利、砕石を除去した場合は、必要に応じて従前と同じ種類の砂利、砕石を用いて、従前と同じ現況高さまで、おおむね従前と同じ締め固め度で被覆します。

　なお、砂利・砕石が敷かれた土地においては、時間経過により砂利・砕石の下の土壌に放射性物質が蓄積している可能性があり、砂利・砕石の除染またはその下の土の除染のどちらを行うべきか判断が必要な場合があります。その際、測定や試験施工等を適切に行い除染の方法を決定することが必要です。

■　芝の庭等

　芝の庭、下草が密生して生えている庭、サッチや枯葉・枯草の残渣があるような場所の除染方法については、「（４）②（ア）芝地の除染」を参照してください。

■　コンクリートやアスファルトにより舗装された庭、駐車場やたたき

　コンクリートやアスファルトにより舗装された庭、駐車場やたたきの除染方法については、「（２）道路の除染等の措置」に示します。

　家屋や建物の除染作業で水を使用した場合、屋根等にあった放射性物質が流れてくる可能性もあるので、庭や周辺の敷地等の除染作業は家屋や建物の後に実施するのが効率的です。

　庭等の除染にあたって事前に必要な措置及び具体的な除染方法と注意事項は、以下のとおりとします。

除染の具体的方法

庭等の除染にあたって必要な措置

区分	除染の方法と注意事項
飛散防止	・歩道や建物が隣接している場合は、粉じんの飛散防止のために養生を行います。

庭等の除染の方法と注意事項

区分		除染の方法と注意事項
ホットスポットの土壌等の天地返しまたは除去		・落葉、コケ、泥等の堆積物を、ゴム手袋をはめた手やスコップ等で除去します。 ・雨樋下等のホットスポットの土壌については、天地返しまたは除去を行います。実施にあたっては、汚染の深さに注意が必要です。 ・雨水枡等にたまっている土壌のようにその場で天地返しを行うことが困難な場合には当該雨水枡の近傍で天地返しを行うことを検討します。
下草等の除去		・天地返しや表土の削り取りに先立ち、作業の支障となる雑草を、肩掛け式草刈り機又は人力により、除草、刈払を行います。 ・草刈りにより、草によるベータ線の遮へい効果が減じ、低減率が低くなる場合があります。
土の庭等	天地返し	・表層土を10cm程度、均質に削り取り、ビニールシート等の上に仮置きをします。 ・下層土を20cm程度、均質に削り取り、表層土とは別の場所に仮置きをします。 ・表層土を敷均した後、その上に、下層土を敷均し、整地を行い、おおむね従前と同じ締固め度で元の高さに復元します。
	表土の削り取り	・鋤簾（ジョレン）等を用い、庭土の表土を均質に削り取りを行います。 ・植栽があることやグラウンドと比較して不陸があることから、除染作業の確実性が低くなる可能性があることに注意します。
	土地表面の被覆	・放射性セシウムを含まない土等で土地表面を被覆します。
砂利・砕石の庭等	砂利・砕石の高圧水洗浄	・砂利・砕石をスコップ等を用いて、水槽に入れ、高圧水洗浄等を行います。 ・水圧による土等の飛散を防止するために最初は低圧での洗浄を行い、洗浄水の流れや飛散状況を確認しつつ、徐々に圧力を上げて洗浄を行います。 ・排水の取扱いについては、p.76の「排水の処理」を参照してください。
	砂利・砕石の除去	・スコップ等により砂利・砕石を均質に除去します。 ・砂利・砕石を撤去した場合は、必要に応じて従前と同じ種類の砂利・砕石を用いて、従前と同じ現況高さまで、おおむね同じ締め固め度で被覆します。 ・砕石による被覆は空隙が大きいことから、適切な転圧により密度調整を行うことに注意します。

（オ）柵・塀、ベンチや遊具等の除染

○　除染のポイント

■　柵・塀、ベンチや遊具等の金属表面や木面については、ブラシや布等を用いた水拭きを行って拭き取ります。この際、表面に影響が出ないよう留意しながら、必要に応じて中性洗剤等を使用します。錆びている部分については、サンドペーパーで研磨して削り落とした後に布等で拭き取ることも効果的ですが、拭取りや研磨に使用する用具には放射性物質が付着する可能性がありますので、再汚染しないようにします。

■　拭き取りの難しい遊具等の接合部については、スチーム洗浄や高圧水洗浄（例：15MPa）、削り取りを行います。

■　洗浄等での排水による流出先への影響を極力避けるため、水による洗浄以外の方法で除去できる放射性物質は可能な限りあらかじめ除去しておく等の工夫を行うものとします。

■　庭の除染や、砂場の除染も実施する場合は、柵・塀、ベンチや遊具等の除染作業後に行うことが効率的です。

柵・塀、ベンチや遊具等の除染にあたって事前に必要な措置

区分	除染の方法と注意事項
飛散防止	・歩道や建物が隣接している場合は、水等の飛散防止のために養生を行います。
排水経路の確保と排水の処理	・水を用いて洗浄する場合は、洗浄水が流れる経路を事前に確認し、排水経路は予め清掃して、スムーズな排水が行えるようにします。 ・排水の取扱いについては、p. 76の「排水の処理」を参照してください。

柵・塀、ベンチや遊具等の除染の方法と注意事項

区分	除染の方法と注意事項
拭き取り	・拭き取り作業で用いる紙タオルや雑巾等は、折りたたんだ各面を使用します。ただし、一度除染（拭き取り）に使用した面には放射性セシウムが付着している可能性がありますので、直接手で触れないようにします。 ・汚染の状況に応じて一拭きごとに新しい面で拭き取るなど、汚染の再付着を防止する配慮を行います。 ・金属製遊具の錆は、サンドペーパーや金ブラシ等で落とした後で丁寧に拭き取ります。 ・紙タオルや雑巾で一度除染（拭き取り）に使用した面や、拭き取りに使用したブラシやウエス、サンドペーパーには放射性セシウムが付着している可能性がありますので、直接手で触れないようにします。
高圧水洗浄 （金属接合部）	・拭き取りの難しい遊具等の接合部は高圧水洗浄を行います。 ・水圧による土等の飛散を防ぐために、最初は低圧での洗浄を行い、洗浄水の流れや飛散状況を確認しつつ、徐々に圧力を上げて洗浄を行います。 ・洗浄効果を得るために除染する場所に噴射口を近づける（20cm程度）とともに、適切な移動速度で洗浄します。
スチーム洗浄	・木製遊具は、スチーム（蒸気）洗浄機を用いて洗浄します。
削り取り （木製遊具等）	・木製遊具は、電動工具等で木材表面を削り取ります。 ・木面等の削り取りを行う場合は、集じん機等を用いて、周囲への飛散を防止します。

(2)道路の除染等の措置

①　用具類

除染用具	・除染対象や作業環境に応じて、除染等の措置及び除去土壌等の回収のために必要な用具類を用意します。 **【一般的な例】** 　草刈り機、ハンドシャベル、草とり鎌、ホウキ、熊手、ちりとり、トング、シャベル、スコップ、レーキ、表土削り取り用の小型重機、ゴミ袋(可燃物用の袋、土砂用の麻袋(土のう袋))、集めた除去土壌等を現場保管する場所に運ぶための車両(トラック、リアカー、一輪車等)、高所作業車、ハシゴ(高所作業の場合)、路面清掃車 **【水洗浄の場合の例】** 　放水用のホース、高圧水洗浄機、排水性舗装機能回復車、ブラシ(デッキブラシ、車洗浄用ブラシ等)、水を押し流すもの(ホウキ、スクレーパなど)、バケツ、洗剤、雑巾、キッチンペーパー **【削り取りの場合の例】** 　ショットブラスト、表面切削機、振動ドリル、ニードルガン、研磨機、削り取り用機器、超高圧水洗浄機、飛散防止に必要な器具(集じん機、養生マット) **【表土の除去の場合の例】** 　バックホウ、ブルドーザ、油圧ショベル **【土地表面の被覆を行う場合の用具の例】** 　自走転圧ローラ、転圧用ベニヤ板、散水器具

②　除染方法

■　道路の効率的な除染を行うためには、放射線量への寄与の大きい比較的高い濃度で汚染された場所を中心に除染作業を実施する必要があります。例えば、道脇や側溝、縁石には、放射性セシウムを含む泥、草、落葉等の堆積物が溜まっていることが多いため、これらを除去することにより、放射線量の低減が図られます。

■　除染の段階としては、まず、手作業等で比較的容易に除去できる堆積物を取り除き、それでも除染効果が見られない場合は、高圧水洗浄（例：15MPa）や土地表面の被覆、あるいは削り取りを行います。

※各段階で、空間線量率を測定し、1mの高さの位置（幼児・低学年児童等の生活空間を考慮し小学校以下及び特定支援学校の生徒が主に使用する通学路等では50cmの高さの位置でも構いません）で0.23μSv/hを下回っていればそれ以上の除染は原則として行いません。

■　道路の除染作業で水を使用した場合など、放射性物質が道脇や側溝に移る可能性もあるため、水を使用する場合は、まず道脇や側溝の堆積物を取り除いてから、道路の洗浄

を行い、その後、道脇や側溝の洗浄を行うのが効率的です。除染を行う際には、固着状態に応じて、ブラシ洗浄、排水性舗装機能回復車、高圧水洗浄等を適用します。

■ 除去土壌等については適切に取り扱い、現場保管もしくは仮置場へ運搬します。現場保管や仮置場への運搬については環境省作成の「除染関係ガイドライン」第3編「除去土壌の収集・運搬に係るガイドライン」や第4編「除去土壌の保管に係るガイドライン」を参照ください。拭き取りや洗浄に使用した用具等にも放射性物質が付着している可能性がありますので、これらについても適切に管理する必要があります。

■ 除染作業を行う際は、作業者と公衆の安全を確保するために必要な措置をとるとともに、除染に伴う飛散、流出などによる汚染の拡大を防ぐための措置を講じて、作業区域外への汚染の持ち出し、外部からの汚染の持ち込み、除染した区域の再汚染をできるだけ低く抑えることが必要です。

■ 水を用いた洗浄を行う際には、水たまりができないようにすることや、周りの汚染していない壁などに飛び散らせないようにすることに加えて、洗浄後の排水経路を確認しておくことが重要です。また、水を用いて洗浄を行った場合は、放射性物質を含む排水が発生します。この場合は、洗浄等での排水による流出先への影響を極力避けるため、水による洗浄以外の方法で除去できる放射性物質は可能な限りあらかじめ除去しておく等の工夫を行うものとします。また、放射性物質の拡散の防止のために、必要に応じて土のうによる堰き止め等を行い、排水からの粒子分の除去を行う方法もあります。排水性舗装機能回復車、回収型の高圧水洗浄等を用いることも放射性物質の拡散の防止のために有効です。

■ 例えば、農業用水として用水路に流れることが懸念される場合には、事前に地域の農業関係者にも加わってもらい、用水路でのサンプリング等による確認を行うことが推奨されます。また、除染による地区外への影響を可能な限り小さくする観点から、市町村において、広範な地区が同じタイミングで除染に取り組むことを極力避けられるよう、全体スケジュールを調整してください。

■ 除去土壌等については、除去土壌とそれ以外の廃棄物にできるだけ分別するとともに、袋などの容器に入れるなどし、飛散防止のために必要な措置をとります。これらを仮置場などに運搬・保管する際には放射線量の把握が必要になりますので、それを容易にするために、除去土壌等を入れた容器の表面（1cm離れた位置）の空間線量率を測定して記録しておきます。

アスファルト舗装における放射性セシウムの深度分布

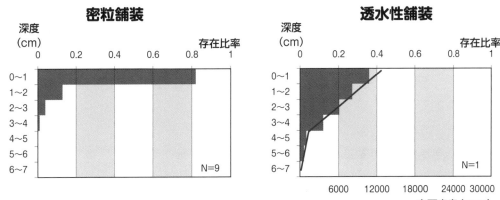

アスファルト舗装における深度分布に関する知見

▶ 表面からのコア抜き試料を対象に表面密度をもとに深度方向分布を評価した。

▶ 密粒度の舗装面では約2〜3mm程度に放射性セシウムのほとんどが存在する傾向があった。

▶ 多孔質な透水性舗装（試料数1個）では約5mm程度までにほとんどが存在する傾向があった。

存在比：地表面から7mmの区間の表面密度値（cpm）を積分した値を1として計算

出典：国立研究開発法人日本原子力研究開発機構　福島研究開発部門「福島第一原子力発電所事故に係る避難区域等における除染実証業務報告書」分冊Ⅱ 付録2
https://fukushima.jaea.go.jp/fukushima/result/entry02.html

■　除染モデル実証事業の成果として、汚染の深度分布が報告されていますので参考にしてください。

以下、比較的高い濃度で汚染された場所と考えられる道脇や側溝に加えて、舗装面や未舗装の道路における除染の方法について示します。

（ア）道脇や側溝の除染（草刈り又は汚泥、落葉等の除去、洗浄）

○　除染のポイント

■　雨水がたまりやすい場所、植物の根元、コケが生えている場所等を対象に、道脇の落葉、泥、土等の回収、草刈り等を行い、堆積物を除去した後、水を用いてデッキブラシやタワシ等での洗浄を行います。

■　側溝については、厚いコンクリート蓋が敷設してあるものや暗渠（あんきょ）については、空間線量に影響しない場合は、堆積物を除去する必要はありません。なお、蓋がついている側溝で、流出等により空間線量に影響することが考えられる場合には、堆積物が排水とともに流出、拡散しないよう、下流で堰き止めるなどの措置を行った上で、高圧水洗浄等による除染の実施を検討します。

■ 洗浄作業後、測定点で空間線量率等を測定して、排水の流出先となる場所に汚染の拡大がないことや除染の効果を確認します。

（イ）舗装面等の除染（主に洗浄）

○ **除染のポイント**

■ 事前に道路表面のゴミ等（落葉、コケ、草、泥、土等）を手作業等により除去した後、アスファルトの継ぎ目やひび割れの部分をブラッシングします。縁石、ガードレールや歩道橋等については、ブラシ等や中性洗剤を用いた洗浄や高圧水洗浄（例：15MPa）を行います。特に、継ぎ目やひび割れ部分の除染には高圧水洗浄が効果的です。

■ 洗浄作業後、作業前と同じ測定点で空間線量率等を測定して、排水の流出先となる場所に汚染の拡大がないことや除染の効果を確認します。

■ 高圧水洗浄を行っても放射性セシウムの除去が困難な場合は、ブラスト作業や超高圧水洗浄により道路等の舗装面を削り取ることによって、洗浄作業等で除去できなかった舗装面の目地やくぼみ中の放射性セシウムを除去することができるため、放射線量の低減が期待されますが、他の除染方法に比べてコストも高く、作業も大がかりとなり、大量のアスファルトやコンクリートが除去土壌等として発生します。したがって、舗装面の削り取りは、市街地や居住地に隣接している道路であって、他の除染方法では放射線量が十分に低減できない場合についてのみ、実施を検討することが推奨されます。実施する際は、粉じんの飛散を抑えるための措置が必要です。

■ 除染モデル実証事業の成果として、舗装の除染方法の比較結果が報告されていますので参考にしてください。

アスファルト舗装除染方法の比較

除染方法	機能回復車	高圧水洗浄 (10-20Mpa)	超高圧水洗浄 (240Mpa)	ショットブラスト	TS切削機
低減率	0-60%	2-50%	40-90% （圧力、回数）	60-95% （投射密度、回数 による）	95%以上
除去物発生量 （余掘り）	ほとんど無し	ほとんど無し	ストレートアス ファルト汚泥	切削屑 30袋/ha程度	5mm以下の薄削 は困難 60袋/ha程度
二次汚染	洗浄水回収 ほとんど無し	流末処理 多少あり	洗浄水回収 ほとんど無し	多少あり	多少あり
施工スピード	2500㎡/日	300㎡/日	300㎡/日	300-800㎡/日	1000㎡/日
適用条件	・歪曲・損傷のな い平滑な道路	・損傷のない道路 ・側溝蓋も洗浄可	・損傷のない道路 ・側溝蓋も洗浄可	・乾燥した道路 ・歪曲・損傷のな い道路	・乾燥した道路 ・歪曲・損傷のな い道路
適用性	△	△	◎	○	○

◎：強く推奨、○推奨、△目標除染率により推奨、▲推奨されない

出典：国立研究開発法人日本原子力研究開発機構　福島研究開発部門「福島第一原子力発電所事故に係る避難区域
　等における除染実証業務報告書」分冊Ⅱ　付録２
https://fukushima.jaea.go.jp/fukushima/result/entry02.html

○　除染の具体的方法

舗装面等の除染にあたって事前に必要な措置

区分	除染の方法と注意事項
安全管理	・除染作業時に通行止めができない場合は、交通誘導員等を配置するなど、十分な安全管理を行います。
飛散防止	・水を利用する除染作業を行う場合は、洗浄水の飛散防止措置を行います。
排水経路の確保 と排水の処理	・水を使った洗浄を行う前に、道路や道脇、側溝の堆積物を除去します。 ・水を用いて洗浄する場合は、洗浄水が流れる経路を事前に確認し、排水経路は予め清掃して、スムーズな排水が行えるようにします。 ・排水の取扱いについては、p.76の「排水の処理」を参照してください。

○　舗装面等の除染の方法と注意事項

区分		除染の方法と注意事項
堆積物の除去	手作業等による除去	・落葉、コケ、泥等の堆積物を、ゴム手袋をはめた手やスコップ、路面清掃車等で除去します。
洗浄	ブラシ洗浄	・水を周囲に飛散させないよう、高所から低所へ向け洗浄します。 ・排水性舗装機能回復車については、地震等の影響で歪曲や損耗が生じた路面においては洗浄や排水回収の能力が低下することがあることに注意します。
洗浄	高圧水洗浄	・水圧による土等の飛散を防ぐために、最初は低圧での洗浄を行い、洗浄水の流れや飛散状況を確認しつつ、徐々に圧力を上げて洗浄を行います。 ・洗浄水を回収する回収型の高圧水洗浄も有効です。 ・除染効果を得るために、除染する場所に噴射口を近づけます。 ・除染範囲が広い場合、地点によって作業方法（ノズルの地上高さ、面積あたりの作業時間等）にばらつきが生じないように注意します。
削り取り等	ブラスト作業	・ショットブラスト機により研削材を表面にたたきつけて表面を均質に削り取ります。 ・粉じんが発生するため、周囲への飛散を防止するための養生等を行うとともに、粉じんを回収します。 ・ブラスト作業においては、研削材等が除染作業区域の外に出て行かないように養生します。また、使用後の研削材等は、付着した放射性物質を周辺にまき散らさない方法で回収します。 ・インターロッキングの削り取りを行う場合は、ブロックの隙間に切削くずや放射性物質が残る場合があることに注意します。
削り取り等	超高圧水洗浄	・150MPa 以上の超高圧水洗浄機（洗浄水回収型）を用いて、舗装面を削り取ります。 ・強力吸引車により発生した削り取りくずを回収します。
削り取り等	削り取り	・舗装面を表面切削機等を用いて、表面を削り取ります。 ・削り取りを行う場合は、周囲への飛散を防止します。 （例：集じん機の使用、事前の散水、簡易ビニールハウスの設置等）

（ウ）未舗装の道路等の除染（主に草刈り、汚泥等の除去、土壌により覆うこと、表土の削り取り）

○　除染のポイント

■　未舗装の道路表面やのり面等については、まず、道路等の表面のゴミ、落葉、コケ、草、泥、土等を手作業により除去します。それでも除染効果が得られない場合、放射性セシウムは表層近くに付着していますので、重機等を用いた上下層の土の入れ替え（天地返し）や表土の削り取り、あるいは土地表面の被覆によって放射線量の低減が期待できます。ただし、天地返しや表土の削り取り、土地表面の被覆は他の除染方法に比べてコストも高く、作業も大がかりとなります。したがって、市街地や居住地に隣接している道路であって、他の除染方法では放射線量が十分に低減できない場合についてのみ、実施を検討することが推奨されます。

■　天地返しは放射性セシウムを含む上層の土と、放射性セシウムを含まない下層の土を入れ替えることによる土地表面を被覆する方法です。天地返しを行うことにより、土等による遮へいによる放射線量の低減や放射性セシウムの拡散の抑制が期待できます。また、表土を削り取るわけではないため、除去土壌が発生しないという利点があります。天地返しを行う際は、約10cmの表層土を底部に置き、約20cmの掘削した下層の土により被覆します。この際、表層土はまき散らさないようにしておくことや、下層から掘削した土と混ざらないようにしておく必要があります。広い範囲で行う場合は、適切にエリアを区切って実施します。

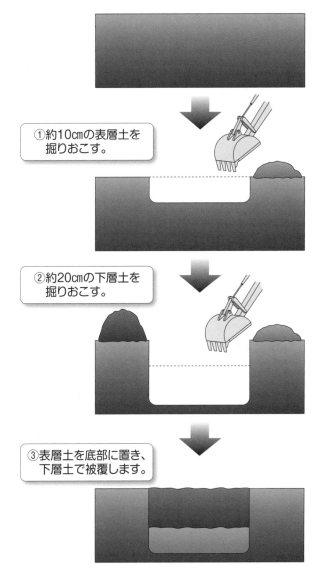

①約10cmの表層土を掘りおこす。

②約20cmの下層土を掘りおこす。

③表層土を底部に置き、下層土で被覆します。

■　表土を削り取る際は、除去土壌等の発生量が過大にならないように、削り取る土壌の厚さを適切に選定することが重要です。そのためには、事前に空間線量率等を測定し、特に汚染密度が高くなっている深さを把握することが重要です。具体的には、削り取りの対象とする土壌表面について、まず小さい面積（外部からの放射線の影響をなるべく受けずに土壌表面の空間線量率等を測定できる程度の面積）について、空間線量率等を測りながら表土を1〜2cm程度ずつ削り取り、削り取るべき厚さを決定することが推奨されます。また、削り取るべき厚さが薄い場合は、砂質土やシルト、粘土などの表土の種類に応じて、比較的簡単に削り取り厚さを制限できる固化剤を用いた方法も有効です。表土等を除去した場所では、必要に応じて、汚染のない土壌を用いて客土等を行います（3つ下の項目参照）。

■　一方、土地表面の被覆は、放射性セシウムを含む上層の土を放射性セシウムを含まない土で覆う方法であり、遮へいによる放射線量の低減や放射性セシウムの拡散の抑制が期待できます。表土を除去するわけではないため、除去土壌が発生しないという利点があります。被覆を行う際は、被覆する厚さが過大にならないように、遮へいを目的とした被覆厚さを適切に選定することが重要です。

■　市街地や居住地に隣接している未舗装の道路の面積は比較的少ないことが予想され、土地表面の被覆よりも削り取りの方が効率的である場合もありますので、いずれかの方法を採用する際は、両者のコストや予想される除去土壌等の発生量を考慮して最適な方を選択します。

■　表土を除去した場合は、必要に応じて表土を除去した部分に客土、圧密して、作業前の状態に回復します。客土や圧密を行う際は、斜面の崩落などに注意します。

■　砂利・砕石の道路等
　　砂利・砕石等の道路の場合、砂利・砕石を水槽に入れ、攪拌や高圧水洗浄により砂利・砕石の放射性物質を除去し、洗浄後に再敷設を行います。高圧水洗浄等を行った際の排水の取扱いについては、p.76の「排水の処理」を参照してください。
　　洗浄を行っても十分に効果が見られないと考えられる場合においては、バックホウ等を用いて砂利、砕石を均質に除去します。砂利、砕石を除去した場合は、必要に応じて従前と同じ種類の砂利、砕石を用いて、従前と同じ現況高さまで、おおむね従前と同じ締め固め度で被覆します。
　　なお、砂利・砕石が敷かれた道路においては、時間経過により砂利・砕石の下の土壌に放射性物質が蓄積している可能性があり、砂利・砕石の除染またはその下の土の除染

のどちらを行うべきか判断が必要な場合があります。その際、測定や試験施工等を適切に行い除染の方法を決定することが必要です。

■　道路ののり面

　道路ののり面の除染については、汚染の状況に加え、除染後ののり面の安全性や利用の実態等を勘案して、除染実施の判断を行います。特に、表土除去にあたっては、のり面の性状（勾配、土質・岩質）及び植生の有無を考慮する必要があります。まず、のり面保護として植生工を施している場合は、先に植物等の除去や保護構造物の除染を行った結果として、効果が得られない場合に表土の除去を行うこととします。具体的には、スコップ等を用いて手作業で回収する方法、バックホウ等の重機を用いる方法、エア吸引パイプ等の専用の装置で回収する方法等があります。表土除去を行う場合は、上部より着手し、下方へ進めます。のり面の表土除去は、1回で施工可能な範囲の表土を除去し、その都度回収しますが、除去作業に伴い土壌が下方に落下することが想定されますので、土壌の流出を防ぐために必要な措置を講じてから実施します。表土を除去する際は粉じんが発生しますので、水の散布による飛散の防止が必要です。

○　除染の具体的方法

未舗装の道路等の除染にあたって事前に必要な措置

区分	除染の方法と注意事項
飛散防止	・乾燥した土壌について表土削り取りを行う場合等、事前に固化剤を散布し土壌の表面を固化させることにより、土ぼこりの飛散防止を図ることができます。

未舗装の道路等の除染の方法と注意事項

区分		除染の方法と注意事項
堆積物の除去	手作業等による除去	・落葉、コケ、泥等の堆積物の土壌等を、ゴム手袋をはめた手やスコップ等で除去します。

土の道路等	天地返し	・表層土を10cm程度、均質に削り取り、ビニールシート等の上に仮置きをします。 ・下層土を20cm程度、均質に削り取り、表層土とは別の場所に仮置きをします。 ・表層土を敷均した後、その上に、下層土を敷均し、整地を行い、おおむね従前と同じ締固め度で元の高さに復元します。	
	表土の削り取り	・バックホウ等により表土を均質に削り取ります。 ・削り取りを行う場合は、周囲への飛散を防止します。 　（例：集じん機の使用、事前の散水、簡易ビニールハウスの設置等）	
	土地表面の被覆	・放射性セシウムを含まない土で土地表面を被覆します。	
砂利・砕石の道路等	砂利・砕石の高圧水洗浄	・砂利・砕石をバックホウ等を用いて集積し、水槽に入れ、高圧水洗浄等を行います。 ・水圧による土等の飛散を防止するために最初は低圧での洗浄を行い、洗浄水の流れや飛散状況を確認しつつ、徐々に圧力を上げて洗浄を行います。 ・排水の取扱いについては、p. 76の「排水の処理」を参照してください。	
	砂利・砕石の除去	・バックホウ等により砂利・砕石を均質に除去します。 ・砂利・砕石を撤去した場合は、必要に応じて従前と同じ種類の砂利・砕石を用いて、従前と同じ現況高さまで、おおむね同じ締固め度で被覆します。 ・砕石による被覆は空隙が大きいことから、適切な転圧により密度調整を行うことに注意します。	
道路ののり面	下草等の除去	・肩掛け式草刈り機または人力により、除草、刈払を行います。	
	表土の削り取り	・人力またはバックホウ等により表土を均質に削り取ります。 ・削り取りを行う場合は、周囲への飛散を防止します。 　（例：集じん機の使用、事前の散水、簡易ビニールハウスの設置等）	

(3)土壌の除染等の措置

①　用具類

除染用具	・除染対象や作業環境に応じて、除染等の措置及び除去土壌等の回収のために必要な用具類を用意します。 **【一般的な例】** 　草刈り機、ハンドシャベル、草とり鎌、ホウキ、熊手、ちりとり、トング、シャベル、スコップ、レーキ、表土削り取り用の小型重機、ゴミ袋（可燃物用の袋、土砂用の麻袋（土のう袋）、フレキシブルコンテナ）、集めた除去土壌等を現場保管又は仮置場に運ぶための車両（トラック、リアカー等）、高所作業車、ハシゴ（高所作業の場合）） **【水洗浄の場合の例】** 　放水用のホース **【表土の除去の場合の例】** 　ブルドーザ、油圧シャベル **【土地表面の被覆を行う場合の用具の例】** 　自走転圧ローラ、転圧用ベニヤ板、散水器具
農用地における除染用具	・農用地における除染及び除去土壌等を回収するために必要な用具類を用意します。 **【表土削り取りの用具の例】** 　表土削り取り、反転耕・深耕に必要な機器（ブルドーザ、油圧ショベル、トラクタ、バーチカルハロー等アタッチメント、リアブレード、フロントローダ）、バックホウ、グレーダ、クレーン、バキュームカー、草刈り機、高圧水洗浄機、削り機、ハンマーナイフモア、フレキシブルコンテナ **【水による攪拌の用具の例】** 　トラクタ、バーチカルハロー等アタッチメント、排水ポンプ、バックホウ、クレーン、草刈り機、遮水シート、フレキシブルコンテナ **【反転耕・深耕の用具の例】** 　トラクタ、深耕プラウ、深耕ロータリ、草刈り機

② 除染方法

■ 効率的な除染を行うためには、放射線量への寄
与の大きい比較的高い濃度で汚染された場所を中
心に除染作業を実施する必要があります。

■ それでも除染効果が見られない場合は、土地表
面の被覆、あるいは削り取りを行います。

■ 農用地以外の土壌については、各段階で、放射線量を測定し、1mの高さの位置（学校
の校庭等については、幼児・低学年児童等の生活空間を配慮し測定点から50cmの高さ
の位置でも構いません）での放射線量が0.23μSv/hを下回っていればそれ以上の除染
は行いません。

■ 除染作業を行う際は、作業者と公衆の安全を確保するために必要な措置をとるととも
に、除染に伴う飛散、流出などによる汚染の拡大を防ぐための措置を講じて、作業区域
外への汚染の持ち出し、外部からの汚染の持ち込み、除染した区域の再汚染をできるだ
け低く抑えることが必要です。

■ 除染による地区外への影響を可能な限り小さくする観点から、市町村において、広範
な地区が同じタイミングで除染に取り組むことを極力避けられるよう、全体スケジュー
ルを調整して下さい。

■ 除去土壌等については、除去土壌とそれ以外の廃棄物にできるだけ分別するとともに、袋などの容器に入れるなどし、飛散防止のために必要な措置をとります。これらを
仮置場などに運搬・保管する際には放射線量の把握が必要になりますので、それを容易
にするために、除去土壌等を入れた容器の表面（1cm離れた位置）の空間線量率を測定
して記録しておきます。

■ 除染モデル実証事業の成果として、土壌におけるセシウムの深度分布に関する知見が
報告されていますので参考にしてください。

放射性セシウムの深度方向分布

土壌における深度分布に関する知見

▶除染モデル実証事業における測定経験では、ほとんどの測定地点において地表面から約5cm程度の範囲に放射性セシウムの80%以上が存在する傾向があった。

▶放射性セシウムの濃度（Bq/kg）と分布は、測定箇所（汚染レベル）、土壌の状態等によって個々に異なっていた。

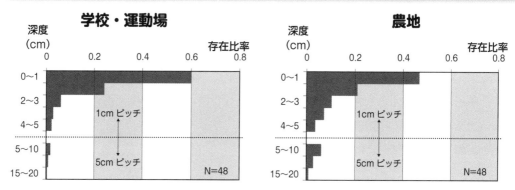

存在比：地表面から20cmの区間の放射能濃度分析値（Bq/kg）を積分した値を1として計算

出典：国立研究開発法人日本原子力研究開発機構　福島研究開発部門「福島第一原子力発電所事故に係る避難区
域等における除染実証業務報告書」分冊Ⅱ 付録2
https://fukushima.jaea.go.jp/fukushima/result/entry02.html

以下、校庭や園庭、公園の土壌及び農用地における除染の方法について示します。

（ア）校庭や園庭、公園の土壌の除染

○　除染のポイント

■　校庭や園庭、公園の土壌では、放射性セシウムは土面の表層近くに付着しています。特に、雨樋からの排水口の付近や樹木の根元等は部分的に線量が高くなっている可能性がありますので、まず、こうした場所の土壌を手作業等により除去します。樹木の根元の土壌の除染方法については（4）の②の（イ）を参照ください。

■　それでも除染効果が見られない場合は、重機等を用いた上下層の土の入れ替え（天地返し）や表土の削り取り、あるいは土地表面の被覆を行います。

■　天地返しは放射性セシウムを含む上層の土と、放射性セシウムを含まない下層の土を入れ替えることによる土地表面を被覆する方法です。天地返しを行うことにより、土等による遮へいによる放射線量の低減や放射性セシウムの拡散の抑制が期待できます。また、表土を削り取るわけではないため、除去土壌が発生しないという利点があります。天地返しを行う際は、約10cmの表層土を底部に置き、約20cmの掘削した下層の土により被覆します。この際、表層土はまき散らさないようにしておくことや、下層から掘

削した土と混ざらないようにしておく必要があります。広い範囲で行う場合は、適切に
エリアを区切って実施します。

■　表土の削り取りを行う際は、除去土壌等の発生量が過大にならないように、削り取る
土壌の厚さを適切に選定することが重要です。具体的には、削り取りの対象とする土壌
表面については、まず小さい面積（外部からの放射線の影響をなるべく受けずに土壌表
面の空間線量率等を測定できる程度の面積）について、空間線量率等を測りながら表
土を1～2cm程度ずつ削り取り、削り取るべき厚さを決定することが推奨されます。な
お、これまでの知見を踏まえれば、土壌表面の削り取りは最大5cm程度で十分な効果が
得られると考えられます。また、削り取るべき厚さが薄い場合は、砂質土やシルト、粘
土などの表土の種類に応じて、比較的簡単に削り取り厚さを制限できる固化剤を用いた
方法も有効です。

■　ただし、公園の砂場については、子ども
が直接触れる場所であり掘り返しも想定さ
れ、かつ面積が比較的小さいことから、表
層から10～20cmの層をスコップ等で除去
してから、必要に応じて、汚染の無い砂で
表面を被覆し、作業前の状態に戻します。
削り取りを行う際は、水などを散布して土
壌の再浮遊や粉じんの飛散を防止します。

■　表土等を除去した場所では、必要に応じて、汚染のない土壌を用いて客土等を行います。

■　土地表面の被覆は、放射性セシウムを含む上層の土を放射性セシウムを含まない土で
覆う方法であり、遮へいによる放射線量の低減や放射性セシウムの拡散の抑制が期待で
きます。表土を除去するわけではないため、除去土壌が発生しないという利点がありま
す。被覆を行う際は、被覆する厚さが過大にならないように、遮へいを目的とした被覆
厚さを適切に選定することが重要です。

■　テニスコート等の人工芝については、人工芝の充塡材（目砂等）の除去を行います。
　　例えば、充塡材を吸引・除去できる機械を取り付けたトラクタ等を走行させ、人工芝
に散布されている充塡材（目砂等）を吸引します。

■　除染対象が広域にわたる場合は、除染作業後の再汚染などが起こらないように、連携をとり日程を合わせて一斉に行います。

○　**除染の具体的方法**

校庭や園庭、公園の土壌の除染にあたって事前に必要な措置

区分	除染の方法と注意事項
飛散防止	・乾燥した土壌について表土削り取りを行う場合等、事前に固化剤を散布し土壌の表面を固化させることにより、土ぼこりの飛散防止を図ることができます。

校庭や園庭、公園の土壌の除染の方法と注意事項

区分	除染の方法と注意事項
堆積物の除去	・落葉、コケ、泥等の堆積物を、ゴム手袋をはめた手やスコップ等で除去します。
天地返し	・表層土を10cm程度、均質に削り取り、ビニールシート等の上に仮置きをします。 ・下層土を20cm程度、均質に削り取り、表層土とは別の場所に仮置きをします。 ・表層土を敷均した後、その上に、下層土を敷均し、整地を行い、おおむね従前と同じ締固め度で元の高さに復元します。
表土の削り取り	・バックホウ等により表土を均質に削り取ります。 ・あらかじめ石灰を散布することによって、表土の取り残しの確認を行うことができます。 ・表面切削機やハンマーナイフを用いた削り取りは、広い場所においては効果的な方法です。 ・削り取りを行う場合は、周囲への飛散を防止します。 （例：集じん機の使用、事前の散水、簡易ビニールハウスの設置等）
土地表面の被覆	・放射性セシウムを含まない土等で土地表面を被覆します。 ・砕石による被覆は空隙が大きいことから、適切な転圧により密度調整を行うことに注意します。
人工芝の充填材の除去	・充填材を吸引・除去できる機械により、人工芝等の充填材の抜き取りを行います。

（イ）農用地の除染

○　除染のポイント

■　農用地土壌は、農業者の永年の営農活動を通じて醸成されてきたものであり、また、生態系の維持など多様な側面も持っていることなどの特色を有しています。したがって、農用地の除染にあたっては、周辺住民に与える放射線量を低減することに加えて、農業生産を再開できる条件を回復し、再び安全な農作物を提供できるように、土壌中の放射性物質の濃度を低減することが重要です。このため、農用地の除染においては、表土削り取りや反転耕等により除染を行った後の農用地は、肥料成分や有機質が失われ、透水性等の物理性も悪化することが予想されることから、除染後の農用地については、土壌分析・診断を行った上で、客土、肥料、有機質資材、土壌改良資材の施用等を必要な量行うこと等、農業生産を再開できる条件を回復させるよう配慮が必要です。

■　原子力発電所の事故後平成23年3月中旬以降に耕起されていない農用地では、降下した放射性セシウムの大部分は、未だ多くが農用地の表面に留まっているため、事故以降に耕起されていない農用地と、耕起によって作土層が攪拌された農用地では、放射性セシウム濃度が同じでも、表土がそのままとなっている前者の方が空間線量率として高い値を示すことになります。このように、農用地の除染作業を行うにあたっては、現況地目や汚染物質の濃度に加えて、これまでの耕起の有無に応じて適切な方法を採ることが必要です。

■　耕起されていないところでは、除草した後、放射性セシウムが留まっている表層部分の土壌を削り取るのが適当ですが、土壌中の放射性セシウム濃度、現況地目、土壌の条件等を考慮すれば、表土削り取りに加えて、水による土壌攪拌・除去や反転耕の手法を選択することも可能です。表土削り取りの場合は、除去物としての土壌が大量に発生しますので、あらかじめ発生見込み量を計算し、仮置場等の確保の見通しを立ててから、作業を開始することが推奨されます。

■　土壌中の放射性セシウム濃度が5,000Bq/kg以下の農用地では、除去物（土壌）が発生しない反転耕を実施することが可能であり、土壌中の放射性セシウム濃度が5,000Bq/kgを超えている農用地では、表土削り取り、水による土壌攪拌・除去又は反転耕を実施することが適当です。このうち、反転耕は、放射性セシウムを下層に移動させることになりますので、地下水を通じて農用地外に放射性セシウムが移行する可能性もあるため、事前に地下水位を測定し、その深さに留意して反転耕を行うようにしてください。また、反転深度が深いほど、地表面の放射線量が低下しますが、耕盤を壊すおそれがありますので、特に水田においては、耕盤が壊れた場合は作り直す必要があります。

■　他方、すでに耕起されているところでは、放射性セシウムは耕起によって作土層全体に攪拌されていると考えられますので、この場合は、反転耕又は深耕等を行います。例えば、作土層が15cmの農用地では、30cmの深耕を行うことで表面から15cmの範囲内に分布していた放射性物質が表面から30cmの範囲内に希釈されるため、作土層の放射性セシウム濃度の低減及び放射線量の低減が期待できます。

■　農業用用排水路等については、次の①～③の内容をすべて満たすものについて、除染等の措置を行うことが考えられます。
　　①例年、農家や管理者により通水断面・通水量の確保のため、主に人の手により泥上げが行われている水田近傍の水路の土壌を除去するものであること
　　②事故の影響により例年どおり泥上げができなかった地域であること
　　③農閑期等、一定期間、当該水路に水がないこと等により水による遮へい効果が望めず、周囲の空間線量率に寄与することが明らかであるもの

■　果樹、茶園等永年性の農作物が栽培されているところでは、樹体を傷つけない範囲での表土の削り取りは有効と考えられますが、反転耕や深耕では根を損傷するおそれがあるほか、根圏が下層まで分布しているため、適切ではありません。こうした農用地の除染にあたっては、果樹については粗皮削り（古くなった樹皮を削り取ること）や樹皮の洗浄及び剪定を行うとともに、茶樹については剪枝（茶の摘採後に深刈り、中切り、台切り等を行い、古い葉や枝を除くこと）等を行い、放射線量の低減や生産物に含まれる放射性セシウム濃度をできるだけ低減するようにします。

■　これらの対策を実施しても効果が不十分な場合には、表土の全面的削り取り等を検討します。

■　さらに、畦畔や法面の草取り等や農用地周辺の水路の汚泥の除去等についても必要に応じて実施します。

農地土壌除染技術適用の考え方

当面、5,000Bq/kg以上の農地をそれ未満に下げることを目標とする（水田：6,300ha、畑：2,000haと推計）(注)●は廃棄土壌が出る手法、○は出ない手法。

土壌の放射性 セシウム濃度	畑		水田	
～5,000Bq/kg	農作物への移行を可能な限り低減する観点から、また、空間線量率を下げる観点から、必要に応じて○反転耕、○移行低減栽培技術を適用。			
5,000Bq/kg～ 10,000Bq/kg	地下水位		土壌診断・地下水位	
	低い場合 （数値は検討） ●表土削り取り ○反転耕	高い場合 （数値は検討） ●表土削り取り	低地土 ●表土削り取り ●水による土壌撹拌・除去 ○反転耕 （耕盤が壊れる）	低地土以外 ●表土削り取り ●水による土壌撹拌・除去 （低地土より効果低） ○反転耕 （耕盤が壊れる） （地下水位が低い場合のみ適用）
10,000Bq/kg～ 25,000Bq/kg	●表土削り取り		●表土削り取り	
25,000Bq/kg～	●表土削り取り 5cm以上の厚さで削りとり。 ただし、高線量下での作業技術の検討が必要。 （例えば土ぼこりの飛散防止のための固化剤の使用）		●表土削り取り 5cm以上の厚さで削り取り。 ただし、高線量下での作業技術の検討が必要。 （例えば土ぼこりの飛散防止のための固化剤の使用）	

（出典：農林水産技術会議「農地土壌の放射性物質除去技術（除染技術）について」別添3
https://www.affrc.maff.go.jp/docs/press/110914.html

農地関係　実証した除染技術の成果の概要

技術の項		これまでに得られた結果の概要
表土の削り取り	1)基本的な削り取り 　農業機械等で表土を薄く削り取る手法。	・約4cmの削り取りにより、土壌の放射性セシウム濃度は、10,370Bq/kg→2,599Bq/kgに低減（75%減）。 ・圃場地表面の空間線量率は、7.14μSv/hから3.39μSv/hへ低減。 ・廃棄土壌量は、約40㎥（40トン）/10a。 ・削り取りまでにかかる作業時間は、55分～70分/10a程度。
	2)固化剤を用いた削り取り 　土を固める薬剤により土壌表層を固化させて削り取る手法。	・マグネシウム系固化剤を用いた実証試験では、溶液の浸透により地表から2cm程度の表層土壌が7～10日で固化。 ・3.0cmの削り取りで、土壌の放射性セシウム濃度は、9,616Bq/kg→1,721Bq/kgに低減（82%減）。 ・圃場地表面の空間線量率は、7.76μSv/hから3.57μSv/hへ低減。 ・廃棄土壌量は30㎥/10a。
	3)芝・牧草のはぎ取り 　農地の牧草や草ごと土を専用の機械で削り取る手法。	・3cmの削り取りで、土壌の放射性セシウム濃度は、13,600Bq/kg→327Bq/kg（低減率97%）。 ・草も含む排土量は約40トン/10a。 ・作業時間は、はぎ取りまでで250分/10a。

（出典：農林水産技術会議「農地土壌の放射性物質除去技術（除染技術）について」別添2（一部略）
https://www.affrc.maff.go.jp/docs/press/110914.html

○　除染の具体的方法

農用地の除染にあたって事前に必要な措置

区分	除染の方法と注意事項
飛散防止	・乾燥した土壌について表土削り取りを行う場合等、事前に固化剤を散布し土壌の表面を固化させることにより、土ぼこりの飛散防止を図ることができます。

農用地の除染の方法と注意事項

区分		除染の方法と注意事項
未耕起	表土の削り取り	・バックホウ等により表土の削り取りを行います。 ・あらかじめ石灰を散布すること等によって、表土の取り残しの確認を行うことができます。
	水による土壌攪拌・除去	・表層土壌を攪拌（浅代かき）した後、細かい土粒子が浮遊している濁水をポンプにより強制排水し、ビニールシートで覆った沈砂池等において固液分離を行い、土粒子を回収します。
	反転耕	・プラウを使用し、汚染された表層の土を下層に、下層の汚染のない土壌を表層に置くように土壌を反転させます。 ・反転耕の耕深は30cmを基本とします。ただし、礫が含まれる層等、作土として不適切な土壌が上に来る場合は、十分な除染効果が得られることを確認した上で、耕深を浅く設定します。 ・必要に応じて事前に地下水位を測定し、その深さに留意して実施します。 ・気温が低く表土が凍結している場合は、小型のトラクターでは攪拌できないことがあることに注意します。
耕起済	反転耕	（同上）
	深耕	・深耕用ロータリティラを使用して、ほ場を2回程度深く耕します。深耕の耕深は30cm程度を基本とします。
水利施設	堆積物の除去	・農業用用排水路等に堆積している泥等をスコップ等を用いて除去します。

(4)草木・森林の除染等の措置

① 用具類

除染用具	・除染対象や作業環境に応じて、除染等の措置及び除去土壌等の回収のために必要な用具類を用意します。 **【一般的な用具の例】** 　草刈り機、ハンドシャベル、草とり鎌、ホウキ、熊手、ちりとり、トング、シャベル、スコップ、レーキ、表土削り取り用の小型重機、ゴミ袋(可燃物用の袋、土砂用の麻袋(土のう袋))、集めた除去土壌等を現場保管する場所に運ぶための車両(トラック、リアカー等) **【樹木を剪定する場合の用具の例】** 　ナタ、枝打ち機、チェーンソー、脚立、移動式リフト、のこぎり **【森林からの流出防止対策工を行う場合の資材・用具の例】** 　杭木、横木、丸太、鉄線、土のう等

② 除染方法

(ア) 芝地の除染

○ 除染のポイント

■　芝地では、原発事故当初とは異なり、降雨の影響等の結果、現在の芝地の表面は放射性物質が減少している可能性があります。そのため、芝地については、放射性セシウムの付着状況に応じて、除染の必要性を判断してください。一方で、家や建物に近い芝生は、流れ落ちた雨水が集積している可能性があります。降雨等による汚染状況の変化も十分に考慮して適切な除染を行うことが必要となります。

■　その際、芝生の再生が可能な方法の適用を検討することが重要です。具体的には、除去土壌等の発生量を抑えることができ、芝生の再生という観点からも、枯れた芝草や刈りかすの堆積層を除去する「深刈り」による除草方法が推奨されます。深刈りは芝草の葉とサッチ層を除去する工法であり、芝草の地下匍匐茎(ちかほふくけい)や根を残すことで、除染を実施しつつ新芽の発芽を促し、芝生の再生を図ります。放射線量が高い場所で、深刈りの試験施工等により、除染の効果が得られないことが明らかな場合は、芝草を根こそぎ除去します。

■　各段階で、空間線量率を測定し、1mの高さの位置(幼児・低学年児童等の生活空間を配慮し、小学校以下及び、特別支援学校の生徒が主に使用する芝生などでは測定点から50cmの高さの位置でも構いません)での放射線量が0.23μSv/hを下回っていればそれ

以上の除染は行いません。

■　除草する際は粉じんが発生しますので、吸入を防止するための装備が必要です。

■　除染対象が広域にわたる場合は、除染作業後の再汚染などが起こらないように、連携をとり日程を合わせて一斉に行います。

■　芝刈りや表土等の除去後、測定点の空間線量率等を測定し、除染の効果を確認します。

■　そのほか、除去土壌等の発生量は膨大になることが想定され、土壌等の除染等の措置を実施する際、削り取る土壌の厚さを必要最小限にする等、できるだけ除去土壌等の発生量の抑制に配慮することが、除染等の措置等を迅速かつ効率的に進めるために必要です。

○　**除染の具体的方法**
芝地の除染にあたって事前に必要な措置

区分	除染の方法と注意事項
飛散防止	・歩道や建物が隣接している場合は、粉じんの飛散防止のために養生を行います。

芝地の除染の方法と注意事項

区分	除染の方法と注意事項
深刈り	・大型芝刈り機が入れる場合、大型芝刈り機により深刈りをします（芝の回復が可能な程度の約3cm の薄い切削）。 ・大型芝刈り機が入れない場合、ハンドガイド式芝刈り機（ソッドカッター等）を用いて芝の深刈りをします。
芝生の除去	・バックホウのバケットを平爪にし、草、芝を剥ぎ取ります（5cm程度）。

■　深刈りによる除染について（匍匐茎が発達している芝）
　芝生の構造は上部から順に、芝草の葉、サッチ層、土壌（芝草の茎、根を含む）となっています。サッチ層とは枯れた芝草や刈りかすと土壌が混ざった層であり、放射性セシウムの大部分はこの層に吸着していると思われます。
　深刈りは芝草の葉とサッチ層を除去する工法であり、芝草の地下匍匐茎（ちかほふくけい）や根を温存することで、除染を実施しつつ新芽の発芽を促し、芝生の再生を図ります。

具体的作業としては、2〜3cm程度の深さ（※）まで芝生を刈り込み、地表面に堆積しているサッチや枯葉の残渣を除去します。

　なお、深刈りによってどれだけ除染できるかは作業の精度にもよります。作業を丁寧に行わないとサッチ層の土壌粒子が剥落して回収しきれないため、十分な除染ができないおそれがあります。

　また、実施時期によっては芝の再生に影響を与えますので、必要に応じて専門家の意見を聞いて下さい。

※刈り込みの深さは、グランドライン（芝草の葉を手等で押して寝かせた時の上端位置）からの深さであり、葉が立っている時の上端位置からの深さではありません。

（イ）街路樹など生活圏の樹木の除染

○　除染のポイント

■　原発事故当初とは異なり、降雨の影響や落葉の結果、現在の街路の表面は放射性物質が減少している可能性があります。そのため、放射性セシウムの付着状況に応じて、街路樹の除染の必要性を判断してください。

■　公園や庭などの生活圏の樹木や街路樹については、周辺地表面の落葉等の堆積有機物の除去、樹木の洗浄、剪定等によって、付着した放射性セシウムを除去して、放射線量を低減することができます。

■　まず、樹木の近辺の地表面にある落葉の除去や除草を行います。

■　それでも除染効果が見られない場合は、手作業または小型の重機を使用して表層の土壌を5cm程度の深さで除去します。この際、根茎を傷めないように注意します。また除去土壌等の発生量を過度に増やさないために、深く掘りすぎないよう注意します。表層の土壌を除去した部分は、適宜、わら等の有機物で覆うなどの措置を施します。また、斜地においては土砂等の流出及び斜面の崩落の防止に留意します。

■　落葉の除去や除草による除染効果が見られず枝等が汚染されていると考えられる場合には、枝等の剪定を行う方法もあります。

■　伐採については、廃棄物の発生量が多くなりますので、樹木の役割や、多くの人が立ち入る場所か否か、他の方法で除染効果が期待できないかといったことを考慮したうえで実施を検討します。

■　低木や植木のような小さな木については高圧水洗浄で除染することも可能です。

■　各段階で、放射線量を測定し、1mの高さの位置（幼児・低学年児童等の生活空間を配慮し、小学校以下及び特別支援学校の生徒が使用する施設等では測定点から50cmの高さの位置でも構いません）での放射線量が0.23μSv/hを下回っていればそれ以上の除染は行いません。

○　除染の具体的方法

街路樹等の生活圏の樹木の除染にあたって事前に必要な措置

区分	除染の方法と注意事項
飛散防止	・歩道や建物が隣接している場合は、粉じんの飛散防止のために養生を行います。

街路樹等の生活圏の樹木の除染の方法と注意事項

区分	除染の方法と注意事項
堆積物の除去	・落葉、コケ、泥等の堆積物を、ゴム手袋をはめた手やスコップ等で除去します。
表土の削り取り	・溜まっている落葉や土をシャベルや熊手等を使ってすくい取ります。
枝等の撤去	・樹木の種類と枝払い時期に応じて、樹木の育成に著しい影響が生じない範囲で、剪定機や枝切りばさみにより街路樹の枝払いや刈り込みを行います。

（ウ）森林の除染

○　除染のポイント

■　住居等の近隣の森林については、森林周辺の居住者の生活環境における放射線量を低減する観点から、除染実証実験や空間線量率低減シミュレーション等に基づく知見を踏

まえて、林縁から20m程度の範囲をめやすに、落葉等の堆積有機物の除去後の放射線量の低減状況を確認しつつ、除染の範囲を決定した上で落葉等の堆積有機物の除去等を実施します。

■　福島第一原子力発電所事故に伴う放射性セシウムの放出が、震災発生時の平成23年3月に集中したことから、その時点で樹木に葉がなかった落葉広葉樹林については、多くの放射性物質が林床へ降下し、当初は主に落葉等の堆積有機物に存在しましたが、現在では土壌表層にも存在している傾向にあります。また、スギやヒノキ等の常緑針葉樹林においても、時間の経過に伴い降雨や落葉等により放射性物質が林床へ移動し、落葉広葉樹林と同様の傾向が見られる箇所が存在しています。

■　したがって、森林周辺の居住者の生活環境における放射線量を低減するためには、まずは落葉等の堆積有機物を除去することが効果的と考えられます。その際、落葉等の堆積有機物の除去の範囲については、林縁から5〜10mの除染が特に効果的との知見も踏まえ、以下に示す試験施工等により効果的な範囲を決定します。

■　落葉等の堆積有機物の除去後においても、生活環境における放射線量の低減効果が得られない場合は、必要に応じて林縁から5mをめやすに竹箒等を使用して堆積有機物残渣の除去を実施します。その際、土砂流出防止の観点から草木の根が露出しすぎないように注意します。

■　森林除染の実施にあたっては、必要に応じ対象となるエリアの代表的な箇所で試験施工を実施すること等により、除染の範囲を決定することが推奨されます。試験施工にあたっては、まずは林縁から約20mまでの範囲において、落葉等の堆積有機物の除去を、5mごとをめやすに段階的に実施し、生活環境における放射線量の低減状況を確認します。また、落葉等の堆積有機物の除去後においても除染効果が得られない場合には、堆積有機物残渣の除染を林縁から5mをめやすに実施し、その効果を確認します。

■　試験施工等により確認した結果に基づき、生活環境の空間線量の低減に有効な範囲（線量の低減率が前の区画と比べて相当程度少なくなった場合は、その一つ前の区画までの範囲）で、必要性や除去土壌等の発生量を勘案し除染の範囲及び除染方法を決定します。

■　一般には、林縁から20m以上を除染することの空間線量率の低減効果は極めて限定的ですが、三方を森林に囲まれた居住地であって、面的な除染が終了した後も、当該居

住地の線量が周辺の平均的な線量より高く、林縁から20ｍ以遠の森林の除染が効果的な場合は、これを実施します。

■　なお、落葉等の堆積有機物及びその残渣を除去することは、土砂災害防止・土壌保全などの森林機能の損失や、土砂流出による放射性セシウムの再拡散のリスクを高めることにもつながるものであるため、必要に応じて専門家の意見を聞いてください。

森林除染の効果

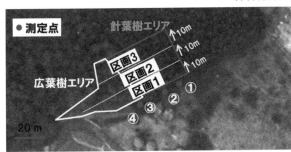

森林の奥行き方向の除染広さに対する森林入口付近の空間線量率（1ｍ）の推移

領域	測定点No	除染前	区画1除染後			区画2まで除染後		区画3まで除染後	
			除草・落ち葉かき*1	リター層除去	入口付近枝打	除草・落ち葉かき	リター層除去	除草・落ち葉かき	リター層除去
針葉樹エリア入口	①	2.6	2.2	1.4	1.3	1.2	1.3	1.3	1.2
	②	2.5	2.3	1.6	1.4	1.5	1.4	1.2	1.3
広葉樹エリア入口	③	2.4	1.7	1.4	—*2	1.5	1.4	1.4	1.6
	④	2.7	2.3	2.0		2.2	2.2	1.5	1.9

＊1 区画1除草・落葉掻きの線量率は、地表面1cmで測定。1m高さでの値は概ねこの0.8倍程度　　　（μSV/h）
＊2 広葉樹は全て落葉しており枝打ちは実施していない。
出典：国立研究開発法人日本原子力研究開発機構　福島研究開発部門「福島第一原子力発電所事故に係る避難区域等における除染実証業務報告書」分冊Ⅱ　付録2
https://fukushima.jaea.go.jp/fukushima/result/entry02.html

○　除染の具体的方法

森林の除染にあたって事前に必要な措置

区分	除染の方法と注意事項
飛散防止	・歩道や建物が隣接している場合は、粉じんの飛散防止のために養生を行います。
刈払い	・雑草、灌木等を、チェーンソー、肩掛け式草刈機等により刈払を行います。

○　森林の除染の方法と注意事項

区分	除染の方法と注意事項
堆積有機物の除去	・落葉等の堆積有機物を、熊手等で除去します。 ・除去作業で発生する浮遊粒子を吸入しないようにマスクを着用します。
堆積有機物残さの除去	・堆積有機物を除去した後、生活環境における放射線量の低減効果が得られない場合、その残渣を竹箒等で除去します。 ・除去作業で発生する浮遊粒子を吸入しないようにマスクを着用します。
枝葉の除去 （常緑針葉樹林に限る。）	・生活環境における放射線量に対する林縁部の立木からの寄与度が高いと考えられる場合、樹木の生育に著しい影響が生じない範囲で、林縁部の立木の枝葉の剪定や枝打ちを行い、切り落とした枝葉を回収します。 ・林縁部の最も縁の部分は、一般的に着葉量が多く、比較的放射性物質が付着している可能性があることから、樹冠の長さの半分程度までをめやすに枝葉の除去を行います。 ・除去作業で発生する浮遊粒子を吸入しないようにマスクを着用します。
土砂流出防止対策	・林縁部など適切な箇所に土のうや板柵等を設置すること等により、土砂の流出を防ぎます。 ・除染実施後の宅地等における事後モニタリングの結果等において、堆積有機物や林床植生などによる土壌の被覆率が低く、勾配が急でかつ汚染度の高い森林から経年的に土壌等が流出した影響と考えられる再汚染により、林縁において除染の効果が維持されていない箇所が確認された場合には、必要な除染を行うとともに、現場の状況に応じて、土壌の流出防止に効果がある箇所への対策工（木柵工や土のう筋工など）の実施等により、土砂の流出を防ぎます。

3　土工等で使用する機械等の概要

　一般の土工作業で汎用的に用いられている建設機械を用途別に記載します。ただし、複数の用途で使用される機械もあること、また、ここに記載されていない機械も工事内容に応じて使われる場合があることを付記しておきます。

（1）掘削用機械

① 油圧ショベル

　機械前面に装備されたブーム、アーム、バケットからなる油圧式のマニピュレータを操作して地盤の掘削を行う最も一般的な機械。機械本体より低い位置の地盤の掘削作業を得意とするが、斜面の掘削や運搬機械への積込み作業に利用されることも多い。バケットの先端を地面に押しつけながら、ブーム、アームを操作してそれを手前に引くことにより掘削作業を行う油圧ショベルをバックホウ、逆に遠方に押し出すことにより掘削を行うショベルをフロントショベルといいます。

　先端のバケットをその他の工具（アタッチメント）に取り替えて、法面の整形作業や岩塊の小割作業に利用されることもあります。

② クラムシェル

　油圧ショベルのアタッチメントをカニの爪のように両側から挟み込むタイプのクラムシェル・バケットに取り替えた掘削機械。土を掴み取ることができるため、深い穴の掘削や、柔らかい泥土の掘削、水底の土砂の掘削、深い位置からの土砂の運出し等に用いられます。アームの部分が油圧で伸縮する機構を備え、より深い作業を行うことができる機械もあります。

（2）掘削・運搬・整地用機械

① ブルドーザ

　履帯式のトラクタの前面に装備された排土板で、地表面付近の土の掘削、集土、整地、山積みされた土砂の敷均しなどの作業を行う機械。後部にリッパと呼ばれる鋼製爪形状の掘削装置を取り付け、岩盤を掘り起こす作業に使用されることもあります。

② スクレーパ

　地盤の掘削・積込み・運搬・敷均しの一連の作業を1台で行うことのできる機械。本体部は、下部に掘削刃を装着した金属製の大きな容器で、掘削刃を地表面に押しつけながら表面付近の地盤をはぎ取るように掘削し、掘削した土を同時に本体に取り込んでいきます。取り込んだ土を、別の場所までそのまま運搬し、所定の場所で土を押し出すように敷きならしていく。ブルドーザに牽引されて作業を行うものと、走行部が取り付けられた自走式のものがあり、後者は、モータースクレーパと呼ばれます。

③ モーターグレーダ

　路面や地表などを平滑に切削、整形する際に用いられる車輪式の建設機械。切削を行うブレードが本体中央部に配置され、その高さ、傾斜角を制御することにより任意の地盤形状に整形を行うことができます。

（3）積み込み機械
① ホイールローダ

　車輪式のトラクタに大型バケットを取り付けた機械。すくい上げる形で土砂をバケットに取り込み、ダンプトラック等の運搬機械に積み込むことができます。機動性が高く、また一度に大量の土砂を積み込むことができるため施工効率が高く、多くの現場で主要な積み込み機械として採用されています。

② クローラローダ

　履帯式のトラクタに大型のバケットを装備した機械。ホイールローダと同様にすくい上げる形で大量の土砂をバケットに取り込み、運搬機械等に積み込む。車輪式に比べ機動性には劣るが、不整地での作業に適します。

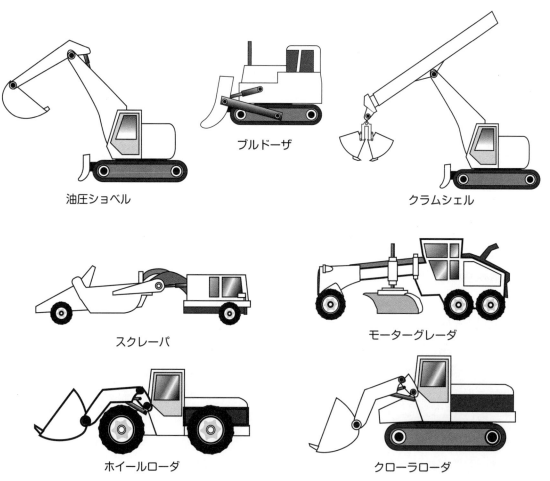

油圧ショベル　　ブルドーザ　　クラムシェル

スクレーパ　　モーターグレーダ

ホイールローダ　　クローラローダ

（4）運搬機械

① ダンプトラック

　　土砂運搬用の代表的な建設機械で、後部の荷台を傾けて土砂を一気に荷下ろしする装置を備えている車両。大規模な現場用にタイヤなどの足回りが強化され大量の土砂を運ぶことができるダンプトラックを重ダンプトラックといいます。近年の土工現場では、運転席のある前部と荷台のある後部が分かれていて、ジョイント部に屈曲機構を取り入れることにより、転回性や不整地走行機能を高めたアーティキュレート式ダンプトラックも用いられるようになってきました。

② 不整地運搬車

　　ダンプトラックの足回りを履帯に変え、不整地や軟弱地盤上での走行性を高めた土砂運搬用車両。登坂性能も高いため、山岳部における土砂運搬にも利用されます。

（5）締固め用機械

① 振動ローラ

　　鋼製のドラムの中で偏心錘が回転することにより生じる周期的な振動力とドラムの自重で土を効率的に締め固めていく機械。前後輪とも鋼製ドラムの機種と前輪が鋼製ドラムで後輪はタイヤ式の機種があります。砂、礫、ロック材などの粗粒材の締固めに適しているが、シルト系の土の締固めにも使われます。施工では、30cm〜60cm程度の厚さに撒き出された土の上を振動ローラで繰り返し走行し、土を締め固めます（この作業を転圧といいます）。

② タイヤローラ

　　空気圧ゴムタイヤを多数並べ、その接地圧とタイヤのこね返し（ニーディング）効果により土を締め固めるローラ。タイヤは前後軸に並列、かつ前後タイヤ間の各隙間を互いに補間するように配列されていて、地盤全面に車両の荷重が作用するようになっており、粘性土など細粒分を含む土の締固めに利用されることが多い。

③ 小型締固め機械

　　上下水道用の管路などの埋め戻し作業、土留め擁壁の裏込め部や橋台と盛土の接合部などの構造物周りの狭いエリアの土を締め固める場合には、プレートコンパクタやランマ等の小型締固め機械が使用されます。このうちプレートコンパクタは、鋼製の底板の上に起振機を取り付けた小型の機械で、鋼板を振動で地盤に押しつけて土を締め固めるとともに、その反力でわずかに飛び上がり、その間に前後進することができます。これに対し、ランマはエンジンの回転をピストンの上下運動に変え、バネを介して衝撃的に底板に衝撃荷重を加えるが、その際の反力で機械本体は地盤から大きく跳ね上がり、落下の際の衝突でさらに土を強く締め固めることができます。

ダンプトラック

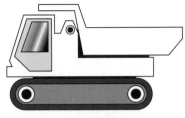

不整地運搬車

タイヤローラ

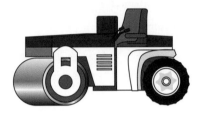

振動ローラ

小型締固機械（プレートコンパクタ）

小型締固機械（ランマ）

4　特定汚染土壌等取扱に該当する可能性のある作業に使用する主な農業機械の概要

　一般の農作業で汎用的に用いられている農業機械を用途別に記載します。ただし、複数の用途で使用される機械もあること、また、ここに記載されていない機械も農作業に応じて使われる場合があることを付記しておきます。

（1）米
① トラクタ
　車体の後ろに作業機を付けて耕うん、整地、うね立て、運搬など様々な農作業を行う機械。車輪が４つある乗用型と車輪が２つの歩行型があります。
② 田植機
　水稲の苗を水田に移植（田植え）する機械。機械にセットしたマット状の苗を植え付け、爪でかき取り水田に植え付けます。
③ コンバイン
　穀物の収穫・脱穀・選別をする機械。機体前方の刈刃で稲株を刈取り、チェーンで脱穀部に送り脱穀、選別して機体内のタンクに収納します。

（2）露地野菜
① トラクタ
　車体の後ろに作業機を付けて耕うん、整地、うね立て、運搬など様々な農作業を行う機械。車輪が４つある乗用型と車輪が２つの歩行型があります。
② 移植機
　キャベツ、はくさい、レタス、たばこなどの苗をほ場に一定間隔で植え付ける機械。使用する苗には、裸苗、ポット苗、セル成型等があり、苗供給を人が行う半自動型と機械が全て行う全自動型があります。
③ 管理機
　土寄せ装置でうね栽培作物の倒伏防止、うね間の除草等を行う機械。乗用型トラクタに取り付けて３～５うね同時に処理するものと歩行型トラクタに取り付けて行うものがあります。

（3）果樹
① トレンチャ
　果樹園の深層施肥溝掘り、根菜類の堀取り、植え溝、排水溝掘りを行う機械。チェーンに多数の刃をハシゴ状に取り付けたラダー型、刃を円板の周辺に取り付けたロータリ型、

縦軸回転式のらせん刃で発削を行うスクリュウ型があります。

② 草刈り機

　　果樹園内の作業道や果樹のまわりの雑草を防除するための機械。刈取りを縦軸回転軸に2、4枚の板状の刃で行うロータリ式、横軸回転軸に30〜60枚取り付けた揺動刃で行うフレール式、往復動する刈刃と受刃で切断する往復動動式があります。

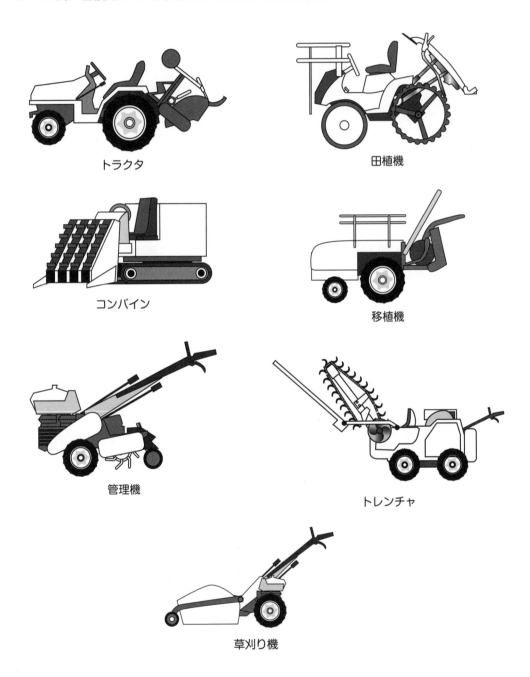

トラクタ

田植機

コンバイン

移植機

管理機

トレンチャ

草刈り機

5 営林で使用する機械等の概要

　一般の営林作業で汎用的に用いられている林業用機械を用途別に記載します。ただし、複数の用途で使用される機械もあること、また、ここに記載されていない機械も作業に応じて使われる場合があることを付記しておきます。

（1）集材に使用する機械

①ハーベスタ

　伐採、枝払い、玉切り（材を一定の長さに切りそろえること）の各作業と玉切りした材の集積作業を一貫して行う自走式機械。

②フェラーバンチャ

　立木を伐倒し、それをつかんだまま、搬出に便利な場所へ集材できる自走式機械。

③プロセッサ

　伐採木の枝払い、玉切りと玉切りした丸太の集積作業を一貫して行う自走式機械。

④フォワーダ

　玉切りした材をグラップルを用いて荷台に積載し、運ぶ集材専用の自走式機械。

⑤スキッダ

　装備したグラップル（油圧シリンダーによって動く一対の爪）により、伐倒木を集材する集材専用の自走式機械。

⑥スイングヤーダ

　建設用ベースマシンに集材用ウィンチを搭載し、旋回可能なブームを装備する集材機。

⑦タワーヤーダ

　架線集材に必要な元柱の代わりとなる人工支柱を装備した移動可能な集材機。

（2）その他の機械等

①チェーンソー

　刃をつけたチェーンを小形の原動機で駆動し、木材を鋸断する可搬式の機械。

②刈払機

　造林機械の一種で、地ごしらえ、下刈作業に用いられる可搬式機械。作業時に刈払機を携帯する形式によって、肩掛式、背負式、手持式に分けられます。

③機械集材装置

　集材機、架線、搬器、支柱及びこれらに付属する物により構成され、動力を用いて原木又は薪炭材を巻上げ、かつ空中において運搬する設備。

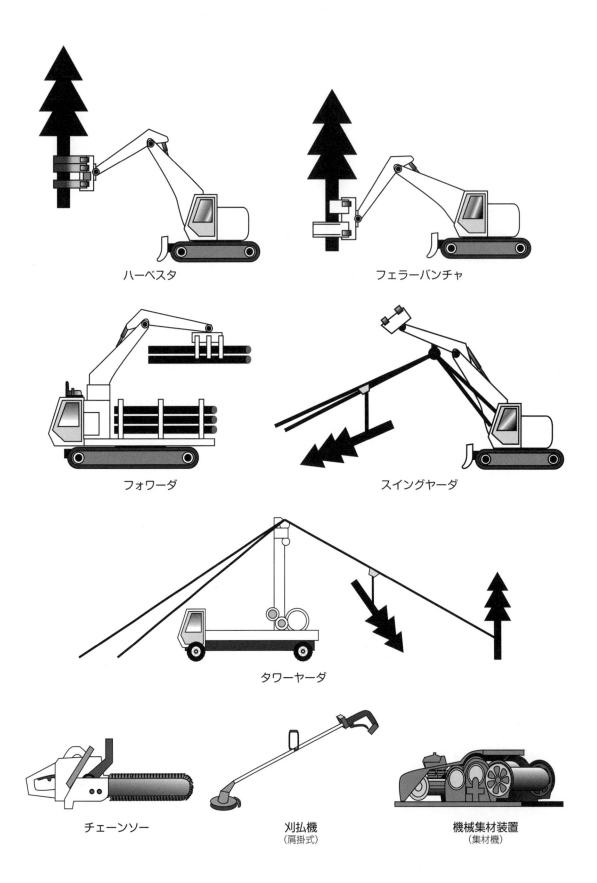

ハーベスタ

フェラーバンチャ

フォワーダ

スイングヤーダ

タワーヤーダ

チェーンソー

刈払機
（肩掛式）

機械集材装置
（集材機）

6　除去土壌の収集等の業務に係る作業に使用する機械等の構造及び取扱いの方法

　本項目においては、具体的な作業ごとに、必要な工具や機械、それらを用いて行う具体的な作業について記載します。

　総論については、第2章の4に記載していますので、そちらも参照してください。また、本章の記載内容については、環境省作成の「除染関係ガイドライン」第3編「除去土壌の収集・運搬に係るガイドライン」や第4編「除去土壌の保管に係るガイドライン」に準拠しているので、そちらも参照してください。

　以下、本項目では、次の作業について詳細を記載しています。

■　除去土壌の収集・運搬（→（1））

■　除去土壌の保管（→（2））

（1）　除去土壌の収集・運搬
①　飛散・流出・漏れ出し防止

■　放射性物質の飛散については、除去土壌を土のう袋や大型土のう、フレキシブルコンテナ、ドラム缶などの容器（以下「容器」と呼びます）に入れることや、シート等によって梱包すること、もしくは有蓋車で運搬することにより防止することができます。水分を多く含んでいる除去土壌の場合は、流出や漏れ出しを防止するために、可能な範囲で水切りを行い、水を通さない容器を用いない場合は、防水性のシートを敷く等必要な措置を講じてから運搬します。また、収集・運搬中に除去土壌に雨水が浸入することを防止するため、水を通さない容器を用いない場合は、遮水シートで覆う等必要な措置を講じることも必要です。

■　容器に入れた除去土壌を運搬車に積込む際や荷下ろしする際は、除去土壌が外部に飛散・流出しないようにします。ただし、万が一積み込みや荷下ろし、運搬中の転倒や転落による流出があった場合には、人が近づかないように縄張りするなどしてから、速やかに事業所等に連絡するとともに、流出した除去土壌を回収して除染を行う必要がありますので、回収のための器具、装置等も携行します。また、車両火災に備えての消火器の携行も必要です。

■　除去土壌を運搬車に積み込む時にはできるだけ運搬車の表面に除去土壌が付着しないよう心がけます。除去土壌を現場保管している場所や仮置き場から運搬車が出発する際には、あらかじめ決めておいた洗車場所で、運搬車の表面やタイヤなどを洗浄します。

土のう　　　　シート　　　フレキシブルコンテナ　　　ドラム缶

②　遮へい

■　放射線の強さは放射性物質の濃度や量によって変わります。除去土壌等を比較的大きめの運搬車に積載する場合、運搬車から1m離れた位置での最大の空間線量率は、Cs-134及びCs-137（以下「放射性セシウム」）の濃度別に、次の表のとおりとなります。

運搬車から1mの地点における空間線量率の試算例

	平均放射能濃度（Bq/kg）						車両運搬規則における車両から1m離れた位置での最大線量当量率
	3千	8千	3万	15万	50万	100万	
空間線量率（μSv/h）	0.27	0.72	2.7	13	44	89	100

出典：環境省「除染関係ガイドライン　平成25年5月第2版（平成30年3月追補）」第3編p.3-9

■　運搬中に適切な遮へいが行われているかどうかの基準として、放射性同位元素等車両運搬規則（昭和52年11月17日運輸省令第33号）及び核燃料物質等車両運搬規則（昭和53年12月28日運輸省令第72号）では、運搬車の表面から1m離れた位置での最大の空間線量率が100μSv/hを超えないこととされています。この基準は、公衆の防護の観点においても妥当と考えられますので、除去土壌を運搬するに当たっては、除去土壌を積載した運搬車の表面から1m離れた位置での最大の線量率が100μSv/hを超えないことを確認します。これを超えている場合は、遮へい措置を行う、あるいは運搬する除去土壌の量を減らすなどの措置を行います。運搬に用いる車両については関係法令を遵守する必要がありますので、遮へいを行うための運搬車の改造等を行う際には、最寄りの運輸局等に適宜相談してください。

■　ただし、仮に、放射性セシウムの濃度が高い（100万Bq/kg程度）除去土壌を比較的大きめの運搬車に積載した場合であっても、運搬車から1m離れた位置での最大の線量率は0.1mSv/hを下回りますので、年間の線量が200mSvを超えないような地域での除染に伴って発生した除去土壌を運搬するにあたっては、運搬車についての線量率を測定する必要はありません。

荷台、コンテナなどの表面から1m離れた位置での最大の線量率が0.1mSv/hを超えないこと。

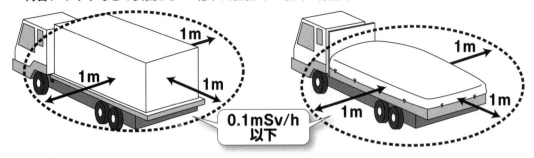

■　以上の基準は公衆の防護の観点等から定められたものであり、労働者の被ばくを抑えるための基準ではありません。運転業務に従事する労働者の被ばくをできるだけ抑えるため、運転台方向の線量率低減に努める必要があるとともに、作業時間の管理等によって被ばく限度を超えないようにしなければなりません。

③　その他
■　除去土壌を収集し運搬車で運搬する際は道路交通法等の関係法令を守る。爆発性のものや引火性のものといった危険物を一緒に積載することはできません。危険物ではなくても、除去土壌以外の土壌などが混合されると、運搬先の保管施設で管理すべき除去土壌が不明確になってしまいますので、除去土壌以外のものを一緒に積載する場合は、容易に区分できるようにし、混合することのないようにします。また、除去土壌を確実に運搬先へ運ぶために、除去土壌の積み込みや荷下ろしは運搬者または運搬者が指示した作業者が行います。

■　除去土壌の運搬中には、人がむやみに近づき被ばくすることを防止するために、運搬車の車体の外側に、除去土壌の収集又は運搬の用に供する運搬車である旨、収集又は運搬を行う者の氏名又は名称を記した標識を、容易に剥がれない方法で見やすい箇所につけておくことが求められます。

■　運搬車には、委託契約書の写し、収集又は運搬を行う者の氏名や除去土壌の数量、収集又は運搬を開始した年月日、運搬先の場所の名称、取り扱いの際に注意すべき事項や事故時における応急の措置に関する事項等を備え付けておく必要があります。

■　このほか、人の健康又は生活環境に係る被害が生じないように、運搬ルートの設定に当たっては、可能な限り住宅街、商店街、通学路、狭い道路を避ける等、地域住民に対する影響を低減するよう努めるほか、混雑した時間帯や通学通園時間を避けて収集・運搬を行うよう努めて下さい。また、積み込みに当たっては、低騒音型の重機等を選択し、騒音や振動を低減するよう努めてください。

④　具体的に行う内容

飛散・流出・漏れ出しの防止	・収集・運搬する除去土壌は、土のう袋やフレキシブルコンテナ等の袋、または蓋つきのドラム缶等の容器に入れるか、シート等で梱包します。ただし、有蓋車で運搬する場合は特段の措置は不要です。 ・大きめの石等、尖ったものが含まれる場合は、内袋付きにするなど、容器が破れないようにします。 ・水分を多く含んでいる除去土壌は、可能な範囲で水切りを行い、水を通さない容器を用いるか、あるいは防水性のシートを敷くなどの措置を講じてから運搬します。 ・収集・運搬中に除去土壌に雨水が浸入することを防止するため、水を通さない容器を用いない場合は、防水性のシートで覆うなど必要な措置を講じることが必要です。ただし、有蓋車等、除去土壌へ雨水が浸入することを防止するため必要な措置が講じられている運搬車を用いる場合は、この限りではありません。 ・容器に裂け目、亀裂やひびが入っていないか目視で点検し、万一の転倒や転落、火災の際に容易に中身が飛び出さないように、土のう袋やフレキシブルコンテナ等はしっかり口を閉じます。ドラム缶等はロックできる構造のものを用います。 ・除染現場に運搬前の除去土壌を一時的に置く場合には、次のように行います。 イ　自治体が作成しているハザードマップ等から、浸水等注意エリアを設定すること ロ　浸水等注意エリアを工事関係者に周知すること ハ　浸水等注意エリアではできる限り運搬前の除去土壌を一時的に置かないこと ニ　浸水等注意エリアで運搬前の除去土壌を一時的に置く場合、現場保管の措置及び仮置場への搬出を優先的に行うなど一時置きの期間をできる限り短くすること ホ　除染現場に置いてある運搬前の除去土壌の数量を常に把握しておくこと。 ・公道上を運搬する場合、除去土壌を現場保管している場所や仮置場から運搬車が出発する際に運搬車に土壌が付着している場合には、洗車場所で運搬車の表面やタイヤなどを洗浄します。水を使って洗浄する場合は、洗浄水が流れる経路を事前に確認し、排水経路は予め清掃して、スムーズな排水が行えるようにします。 ・運搬車火災に備えての消火器、万一除去土壌がこぼれ出た場合に備えての掃除用具、回収用の袋、立入り禁止区域を設定するためのロープ、懐中電灯、連絡用の携帯電話等を携行します。(事業者においては、汚染検査のための測定機器(校正されたシンチレーション式サーベイメータを携帯することが望ましいです。))

遮へい	・年間の線量が200mSvを超えるような地域から発生する除去土壌を運搬する場合には、以下の方法で、校正されたシンチレーション式サーベイメータ(以下「測定機器」)を用いて容器を積載した運搬車の空間線量率を測定します。 ・測定機器は汚染防止のため、ビニール袋等で覆います。 ・測定の際、検出器部分は地面と水平にします。 ・測定機器の電源を入れ、指示値が安定するまで待ちます。安定後、5回測定を行い、その平均値を測定値とします。 ・測定箇所は、車両の前面、後面及び両側面(車両が開放型のものである場合は、その外輪郭に接する垂直面)から1m離れた位置とします。 ・測定は車両の各面でスクリーニングを行い、最も空間線量率が高い箇所で行います。空間線量率の高い箇所が不明な場合は、各面の中央で測定を行います。 ・測定値(1cm線量当量率)の最大値が100μSv/hを超えないことを確認し、その結果を記録します。 ・測定値の最大値が100μSv/hを超えた場合は、運搬する除去土壌の量を減らすか、あるいは除去土壌を入れた容器もしくは運搬車に遮へい材を施します。
積載制限	・除去土壌をその他のものと一緒に積載する場合には、区分できるよう区別して収集、運搬を行います。
標識	・運搬車を用いて除去土壌等の収集又は運搬を行う場合には、次のように行います。 イ 運搬車の車体の外側に次に掲げる事項を表示すること 　(1) 除去土壌の収集又は運搬の用に供する運搬車である旨 　(2) 収集又は運搬を行う者の氏名又は名称 ロ 上記(1)及び(2)の事項については、識別しやすい色の文字で表示するものとし、(1)に掲げる事項については日本産業規格Z 8305に規定する140ポイント以上の大きさの文字、(2)に掲げる事項については日本産業規格Z 8305に規定する90ポイント以上の大きさの文字を用いて表示すること。 ・夜間の運搬は、表示してある標識が見えなくなる等、一般的に視認性が低下する等が考えられることから、なるべく避けます。 標識の例

その他	・運搬車には以下の書面を備え付けておきます。 （国、都道府県又は市町村及びこれらの者の委託を受けて除去土壌の収集又は運搬を行う者の場合） 　・その旨を証する書面として、国等と受託者（当該者）との間の委託契約書の写し 　・収集又は運搬を行う者の氏名又は名称及び住所並びに法人にあっては、その代表者の氏名 　・収集又は運搬する除去土壌の量 　・収集又は運搬を開始した年月日 　・収集又は運搬する除去土壌を積載した場所の名称、所在地及び連絡先・除去土壌の運搬先の場所の名称、所在地及び連絡先 　・除去土壌を取り扱う際に注意すべき事項 　・事故時における応急の措置に関する事項 （国から除去土壌の収集又は運搬の委託を受けた者（一次受託者）の委託を受けて当該除去土壌の収集又は運搬を行う者の場合） 　・その旨を証する書面として、一次受託者と受託者（当該者）との間の委託契約書の写し 　・国と当該一次受託者との間の委託契約に係る契約書に、当該一次受託者が当該除去土壌の収集又は運搬を委託しようとする者として当該者が記載されている者であることを証する書面 　・収集又は運搬を行う者の氏名又は名称及び住所並びに法人にあっては、その代表者の氏名 　・収集又は運搬する除去土壌の量 　・収集又は運搬を開始した年月日 　・収集又は運搬する除去土壌を積載した場所の名称、所在地及び連絡先 　・除去土壌の運搬先の場所の名称、所在地及び連絡先 　・除去土壌を取り扱う際に注意すべき事項 　・事故時における応急の措置に関する事項 ・除去土壌の積み込みや荷下ろしは、運搬者または運搬者が指示した作業者が行います。 ・除染時の記録がある場合は、袋等の容器ごとの表面の空間線量率についても記載した書面を備え付けておきます。 ・人の健康又は生活環境に係る被害が生じないように、運搬ルートの設定に当たっては、可能な限り住宅街、商店街、通学路、狭い道路を避けるなど、地域住民に対する影響を低減するよう努め、法定速度を守るほか、混雑した時間帯や通学通園時間を避けて収集・運搬を行うことが望ましいです。また、積み込みに当たっては、低騒音型の重機等を選択し、騒音を低減することも必要です。 ・収集又は運搬した除去土壌の量、除去土壌ごとの収集又は運搬を開始した年月日及び終了した年月日、収集又は運搬の担当者の氏名、積載した場所及び運搬先の場所の名称及び所在地並びに運搬車を用いて除去土壌の収集又は運搬を行う場合にあっては当該運搬車の自動車登録番号又は車両番号についての記録を作成し、収集又は運搬を終了した日から起算して5年間保存します。

(2) 除去土壌の保管

① 保管に必要な安全対策

　　除去土壌を保管するときは、その放射能濃度、量、保管の方法に応じて適切な安全対策をとり、人の受ける線量を低減します。具体的には、除去土壌の搬入終了後に、施設の敷地境界の外での放射線量が周辺環境と概ね同程度となり、除去土壌の搬入中においても除去土壌からの放射線による公衆の追加線量が年間1mSv未満となるように施設を設計するほか、搬入中に除去土壌による追加線量が年間1mSvを超えない場所を敷地境界とするなどします。

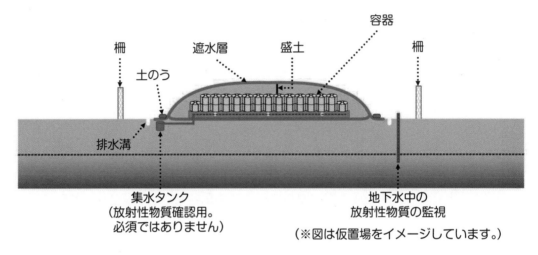

集水タンク
（放射性物質確認用。
必須ではありません）

地下水中の
放射性物質の監視

（※図は仮置場をイメージしています。）

　🗎　現場保管・仮置場での安全対策の基本イメージ

① 放射性物質の飛散・流出・地下浸透の防止
　　　　　　　　　　　　　　●●●●▶（遮水層、容器など）

② 遮へいによる放射線の遮断　　●●●●▶（盛土、土のうなど）

③ 接近を防止する柵等の設置　　●●●●▶（柵など）

④ 空間線量率と、地下水の継続的なモニタリング
　　　　　　　　　　　　　　●●●●▶（放射性物質の監視機能）

⑤ 異常が発見された際の速やかな対応
　　　　　　　　　　※③、④については仮置場にのみ適用される基準です。

現場保管・仮置場での安全対策の基本イメージ

②　遮へいについて

　除去土壌からはガンマ線が発生するため、施設を土壌で覆うこと（以下「覆土」）等によって遮へいを行うことや、柵又は標識を設けるなどの措置によって、保管の場所の周囲に人がみだりに立ち入らないようにし、離隔を適切に行うことにより、これらの放射線による公衆の追加被ばく線量を抑えるための措置が必要です。また、状況に応じて施設を人の住居等から離隔することが必要です。

　除去土壌の搬入終了後に、施設の敷地境界の外での放射線量が周辺環境と概ね同程度となり、除去土壌の搬入中においても除去土壌からの放射線による公衆の追加被ばく線量が年間1mSv以下となるように施設を設計します。

　具体的には、必要な離隔距離を踏まえて施設の周囲に敷地境界を設定し、除去土壌の搬入中や搬入後に、必要に応じて、逐次覆土や盛土、土のう、土を詰めたフレキシブルコンテナ等の遮へい材を設置することにより、遮へいを行います。特に比較的規模の大きい施設の場合は、施設からの放射線をできるだけ抑えるために、除去土壌の搬入中においても施設の側面や上面に速やかに遮へい材を設置していくことが必要です。遮へい材として土のう等を用いる際は、除去土壌が入っている袋等と区別がつくようにしておきます。なお、放射能濃度の異なる除去土壌を同じ施設に保管する場合は、放射能濃度の高い除去土壌を施設の中央や底部に置いて、それらを囲む、または覆うように放射能濃度の低い除去土壌を配置することによって、放射線量を低減することができます。

　以上のほか、除去土壌の保管については、環境省作成の「除染関係ガイドライン」（平成25年5月第2版（平成30年3月追補）。http://josen.env.go.jp/material/index.html）第4編「除去土壌の保管に係るガイドライン」を参照してください。

7 汚染廃棄物の収集等の業務に係る作業の方法

本項目においては、具体的な作業ごとに、必要な工具や機械、それらを用いて行う具体的な作業について記載します。

総論については、第2章の5に記載しておりますので、そちらも参照ください。また、環境省作成の「廃棄物関係ガイドライン」（平成25年3月第2版。http://josen.env.go.jp/material/index.html）が公表されているので、そちらもご覧ください。

以下、本項目では、次の作業について詳細を記載しています。
- ■ 汚染廃棄物の収集・運搬（→（1））
- ■ 汚染廃棄物の保管（→（2））

なお、セシウム134及びセシウム137の放射能濃度の合計値が8,000Bq/kgを超えるものを指定廃棄物と呼び、次の物が想定されます。

発生元等	想定される廃棄物
水道事業者、水道用水供給事業者	汚泥等の堆積物その他
下水道管理者	発生汚泥等
工業用水道事業者	汚泥等の堆積物その他
焼却施設設置者	ばいじん、焼却灰その他燃えがら
集落排水設置管理者	汚泥等の堆積物その他
廃棄物処理施設	処理に伴って発生する残渣その他
一般事業者、市民等（コミュニティーを含む）	稲わら・草木類、家畜排泄物、堆肥その他

また、対策地域内廃棄物として、次の物が想定されます。

汚染の状態	発生元等	想定される廃棄物
8,000Bq/kgを超えるもの	水道事業者など指定廃棄物と同様の施設	汚泥等の堆積物、発生汚泥、ばいじん、焼却灰そのた燃えがら、その他
	一般事業者、市民等（コミュニティーを含む）	稲わら・草木類、家畜排泄物、堆肥、その他
	廃棄物処理施設	処理に伴って発生する残渣その他
	災害廃棄物	津波及び地震に伴って発生するもの（がれき、木材その他）
	除染に伴い発生するもの	草木類、金属くず、プラスチックその他
	生活等に伴い発生するもの	一般ごみ、稲わら・草木類その他
8,000Bq/kg以下のもの	水道事業者など指定廃棄物と同様の施設	汚泥等の堆積物、発生汚泥、ばいじん、焼却灰そのた燃えがら、その他
	一般事業者、市民等（コミュニティーを含む）	稲わら・草木類、家畜排泄物、堆肥、その他
	廃棄物処理施設	処理に伴って発生する残渣その他
	災害廃棄物	津波及び地震に伴って発生するもの（がれき、木材その他）
	除染に伴い発生するもの	草木類、金属くず、プラスチックその他
	生活等に伴い発生するもの	一般ごみ、稲わら・草木類その他

なお、指定廃棄物又は対策地域内廃棄物（汚染廃棄物対策地域（除染特別地域と同じ）にある廃棄物）を特定廃棄物とします。

(1)　汚染廃棄物の収集・運搬

①　指定廃棄物の収集・運搬フロー

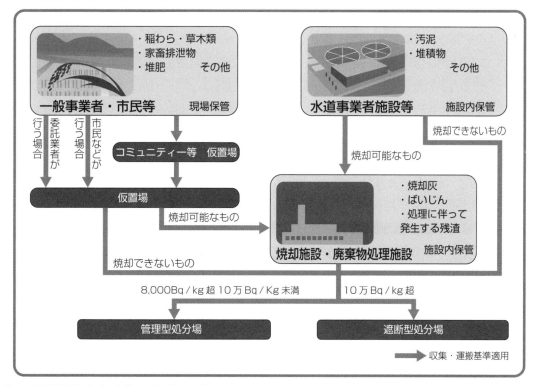

②　対策地域内廃棄物の収集・運搬フロー

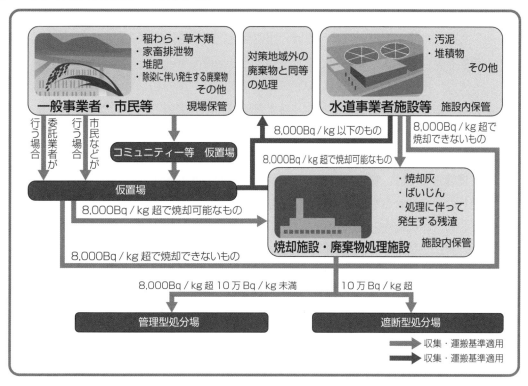

③　運搬車及び運搬容器からの飛散・流出・漏れ出しの防止

■　特定廃棄物からの飛散の防止

収集・運搬時には、特定廃棄物が飛散しないような構造の運搬車及び運搬容器を用いる必要があります。

具体的には、焼却灰やばいじんなどの細粒分の多い特定廃棄物をフレキシブルコンテナ（内袋の無いもの）に入れて運搬する場合には、シート掛けを行うことや、コンテナなどフレキシブルコンテナが外気と直接接しないような対応をすることが望まれます。

なお、焼却灰やばいじんなどを運搬車及び運搬容器へ積卸しを行う際には、建屋内での作業や適度な散水により飛散を防止することが望ましいものです。また、運搬容器の破損や飛散を防止するため、積卸しを行う際には、慎重に扱うことが望まれます。

■　特定廃棄物及び特定廃棄物からの流出及び漏れ出しの防止

収集・運搬時には、特定廃棄物等が流出及び漏れ出さないような構造の運搬車及び運搬容器を用いる必要があります。

具体的には、液体の特定廃棄物の場合には、運搬車の荷台等から特定廃棄物から生ずる汚水が流出しない構造であるもので対応するか、密閉性のある容器またはタンクローリ等の車両を用いることが望ましいものです。

また、固体の廃棄物であっても運搬中の振動に伴い、特定廃棄物が保有する水分が漏れ出るおそれもあることから、含水率の高い特定廃棄物の場合には、密閉性のある運搬車や運搬容器を用いることが望ましいものです。

さらに、特定廃棄物によっては、耐腐食性、耐水性、耐火性、耐熱性、耐貫通性等の機能を有する運搬車や運搬容器にすることも必要です。

また、液体の特定廃棄物を運搬車及び運搬容器へ積み卸しを行う際には、その床面が浸透しにくい構造であることや、排水管理が可能な場所で行うことが望まれます。

④　他の物との区分

■　環境省令では、特定廃棄物がその他の物と混合するおそれのないように、他の物と区分しなければならないとされています。

これは、他の物と混合されることにより、特定廃棄物の量を増加させることを防止するための措置です。ここで特定廃棄物を運搬する場合、当該特定廃棄物と通常の廃棄物を混載することにより、二次汚染を引き起こすおそれがあることから専用積載が望まれます。

一般的には、専用積載すると考えられますが、船舶による運搬や、貨車による運搬の場合には、一度に大量の特定廃棄物を運搬することも考えられます。このような場合には、特定廃棄物の種類ごとに運搬容器に入れて区分し、運搬します。

運搬容器に入れて区分する例を次図に示します。

容器により区分して運搬する例

⑤　容器等に収納した運搬の必要な措置

■　環境省令では、特定廃棄物及び特定廃棄物から生ずる汚水が運搬車から飛散し、流出し、及び漏れ出さないように、特定廃棄物を容器に収納して運搬する等の必要な措置を講じなければならないとされています。

　　これは、指定基準（8,000Bq/kg）以下の特定廃棄物に比べ放射能濃度が高いことから、飛散、流出、漏れ出しに対応するための措置です。

　　具体的には、特定廃棄物の種類を考慮し下表に示す措置が考えられます。

対応方法	措置の例			
運搬車のみでの対応	有蓋車	汚泥吸排車	バン型車	ウイング車
運搬容器のみでの対応	ドラム缶	フレキシブルコンテナ（内袋があるもの）	オーバーパック など	
運搬容器と遮水シートの組み合わせでの対応	容器の要件：フレキシブルコンテナ（内袋がないもの）・梱包 遮水シートの要件：雨水の侵入を防止できる素材のもの ←遮水シート フレキシブルコンテナ（内袋がないもの）			

⑥　放射線遮へい

■　環境省令では、運搬車の表面から１ｍ離れた位置における線量当量率の最大値が0.1mSv/hを超えないよう、放射線の遮へいその他必要な措置を講じなければならないとされています。

（１）線量当量率の測定：測定概要を下表に、測定点の例を下図に示します。

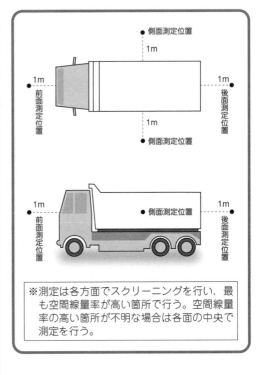

※測定は各方面でスクリーニングを行い、最も空間線量率が高い箇所で行う。空間線量率の高い箇所が不明な場合は各面の中央で測定を行う。

測定機器	1年以内に校正された、下記に示す機器のいずれかで測定する。 ①　電離箱式サーベイメータ ②　GM計数管式サーベイメータ ③　NaI(Tl)シンチレーション式サーベイメータ
測定方法	特定廃棄物を積載した車両等の測定は以下の手順に従い、車両等から1mでの空間線量率を測定する。 ①　測定箇所は車両の全面、後面及び両側面（車両が開放型の者である場合は、その外輪郭に接する垂直面）とする。 ②　検出器は車両表面から1m離れた位置で行う。 ③　測定は各面でスクリーニングを行い、最も空間線量率が高い箇所で行う。空間線量率の高い箇所が不明な場合は各面の中央で測定を行う。 ④　検出器は汚染防止のため、ビニール袋等で覆う。 ⑤　装置の電源を入れ、装置が安定するまで待つ。安定後、一定時間(30秒程度)ごとに5回測定値を読み取り、5回の平均値を測定結果とする。
測定頻度	廃棄物を積込みした時に行う。
測定結果の管理	場所ごとに「車両から1mの空間線量率が0.1mSv/hを超えてはならない。超えた場合は廃棄物の種類や積載量を調整する。

（２）遮へい：測定の結果、1m離れた位置における線量当量率の最大値が0.1mSv/hを超えないように、遮へい体の設置、積載位置の変更、オーバーパック等により遮へいをする必要があります。

（具体的には）　・積み込みに際して、放射能濃度の高い特定廃棄物を荷台の中心付近に、外周に放射能濃度の低い特定廃棄物を配置する

　　　　　　　　・土のう、鉛、鉄、コンクリート等により周囲を遮へいする

　　　　　　　　・荷台の中心のみに特定廃棄物を配置し、車体表面からの距離を確

　　　保する

　　・オーバーパックにより遮へいをする

⑦　8,000Bq/kg以下の対策地域内廃棄物の収集・運搬

■　8,000Bq/kg以下の対策地域内廃棄物の場合、特定廃棄物を容器に収納して運搬する等の措置が必要ないことから、例えばダンプトラックに直接特定廃棄物を積載することが可能です。

■　しかしながら、その場合にあっても、特定廃棄物及び特定廃棄物から生ずる汚水が飛散・流出・漏れ出さないような措置を講ずる必要があります。

■　運搬車や運搬容器により飛散・流出・漏れ出しに対して対応できる場合には問題はありませんが、特定廃棄物をバラ積みする場合には、遮水シートで特定廃棄物を包み込むように覆うなどの措置を取ることが望ましいものです。

　　また、運搬車両の荷台等については、特定廃棄物及び特定廃棄物から生ずる汚水が流出、漏れ出すことがないような構造のものでなければなりません。

　　運搬車両の構造の例を次に示します。

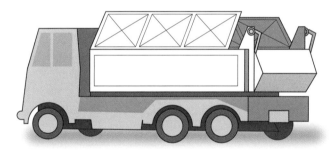

土砂ダンプ

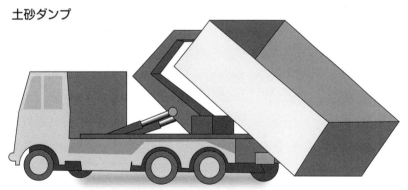

脱着装置付きコンテナ専用車

(2)汚染廃棄物の保管

①　保管は、次のようにして実施します。

■　囲いの実施

【施設等の敷地内など、関係者以外の出入りがない場所での保管の場合】

　　保管場所の範囲を明確に示すため、カラーコーンを配置する、ロープを張る等の措置を取ります。

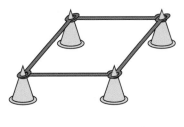

カラーコーン（例）

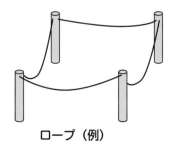

ロープ（例）

　　※　風雨等の影響を受ける場所の場合は、囲いが飛ばされたりすることのないように固定する等の措置をとる必要があります。

【施設等の敷地外など、関係者以外の出入りがある場所での保管の場合】

　　保管場所に人がみだりに立ち入ることを防ぐために、鉄線柵、ネット柵、金属製フェンス等による囲いを設けます。

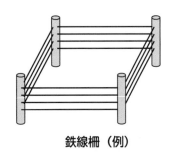

鉄線柵（例）

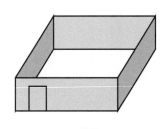

フェンス（例）

　　※　フェンス等を設置した場合は、保管の場所の周辺に人がみだりに立ち入ることを防ぐため、施錠管理を行うことが望ましい。
　　※　保管する指定廃棄物の荷重が直接フェンス等にかかる場合は、当該荷重に耐えうるだけの構造耐力を有するフェンス等を選択する必要があります。
　　※　風雨等の影響により、フェンス等が倒れたりすることのないように施工する必要があります。

■　掲示板の掲示（例）

指定廃棄物保管場所

廃棄物の種類	●●●●
緊急時の連絡先	●●●●
最大積上げ高さ	●●

廃棄物の種類（例）
汚泥、草木類、その他廃棄物の特性を認識できる名称を記載する。
※上記に加え、以下の場合は、
　各々その旨を付記する。
　・腐敗性指定廃棄物
　・石綿含有指定廃棄物　等

最大積上げ高さの記載
屋外において容器を用いずに保管する場合に記載する。

②　保管場所から指定廃棄物が飛散・流出等しないよう、次の措置を取らなければなりません。

イ　容器に収納し、または梱包する等の措置

ロ　屋外で容器を用いずに保管する場合にあっては、積み上げられた指定廃棄物の高さが、一定の高さを超えないようにすること。

（対策例）

・　指定廃棄物の種類によって、適切な容器への収納又は梱包等の措置を選択するとともに、崩落防止、火災防止等の観点から、適切な積上げ高さで保管を行ってください。

・　容器への収納後に中身が視認できない容器については、収納した廃棄物の種類を表示する（例えば、容器に荷札を付ける、容器の側に立札を立てる等を行う）必要があります。

■　フレキシブルコンテナへの収納について

・　焼却灰、ばいじんなどの粉状の廃棄物を収納するのに適しています。

・　汚泥等の水分を多く含む指定廃棄物を収納する場合は、積上げによる圧迫によって汚水が浸み出すことのないように、積上げ保管はできるだけ避ける必要があります。

・　フレキシブルコンテナの種類は、収納する廃棄物の特性や、想定される保管期間等を考慮して、選択する必要があります。

　　焼却灰やばいじんなどの水分の少ない廃棄物や、比較的軽量な廃棄物の保管などの場合は、基本的に一般的なクロス形で対応可能と考えられますが、保管が一定の期間（複数年）にいたる場合や、水分を多く含む廃棄物や比較的重量のある廃棄物を収納する場合については、ランニング形等の耐久性の高いものを用いることが望まれます。

　　また、風雨や紫外線にさらされる屋外等で保管する場合には、UV加工のクロス形やランニング形など、対候性に優れたものを選択することが望ましいものです。

・　フレキシブルコンテナを積上げ保管する場合は、崩落防止や、破損防止の観点から、原則として、積上げ高さ2〜3m（2〜3段積み）までとすることが望ましいものです。ただし、腐敗のおそれのある廃棄物の場合は、2m程度（フレキシブルコンテナ2段積み程度）までとするなど留意が必要です。

左：ランニング形（例）
右：クロス形（例）

■　ドラム缶への収納

・　汚泥等の水分の多い指定廃棄物を収納する場合は、耐熱性や周辺への汚水の流出防止の観点からドラム缶を選択することが望ましいものです。

・　有機性汚泥、家畜排せつ物、堆肥、草木類、落葉落枝等の腐敗性指定廃棄物について、特に腐敗のおそれが高い場合は、発酵に伴う蓄熱のおそれがあることから、フレキシブルコンテナによる収納を避けドラム缶（蓋付き）等の耐熱性の優れた容器に収納することが望まれます。

・　ドラム缶は主として金属材料で作られているため、保管が一定の期間に亘る場合には腐食への配慮（ケミカルドラム缶の採用等）が必要です。

■　プラスチック袋への収納

・　草木類や落葉落枝等の収納にあたっては、一定の強度を有するプラスチック袋（耐久性に配慮し家庭用ごみ袋等は避けること。）の使用も考えられます。

・　収納にあたっては、二重に梱包するなどプラスチック袋が破れないように注意を払うとともに、保管が一定の期間にわたる場合には、より耐久性の高い容器に収納する必要があります。

■　梱包用ネット等による梱包

・　稲わらなどの農地における廃棄物については、梱包用ネット等により梱包することで、廃棄物の飛散等の防止を図るとともに、倉庫やビニルハウス等の屋内に保管することが望ましいものです。

・　梱包にあたっては、梱包材の隙間から廃棄物が飛散等することがないよう、廃棄物の全面を覆うように梱包することが必要です。

■　着脱式コンテナへの収納

・　後の可搬性を考慮し、フックロール車等への着脱が可能なコンテナへの収納も想定されます。

・　このコンテナの場合、天井部分の覆いがないため、飛散流出防止のためのシート覆い等が必要です。

■　屋外で容器を用いずに保管する場合

・　廃棄物を屋外で容器を用いずに保管する場合は、シート（遮水シートで併用も可能）で覆うことにより飛散防止等を図るとともに、環境省令で定める高さを超えて積上げを行わないことが必要です。

・　シートで覆うにあたっては、風雨等による捲れやズレ等を防ぐため、地面又は廃棄物にしっかりと固定して覆うことが必要です。

■　建屋内で容器を用いずに保管する場合

・　廃棄物を建屋内で容器を用いずに保管する場合は、指定廃棄物以外の廃棄物と混ざったり、建屋内に廃棄物が散在したりすることのないよう留意する必要があります。

③　**指定廃棄物又は指定廃棄物の保管に伴い生ずる汚水による公共の水域及び地下水の汚染を防止するため、遮水の効力、強度及び耐久力を有する遮水シートの設置等必要な措置を講ずることが必要です。**

（対策例）

・　汚泥等の水分を多く含む廃棄物については、ドラム缶等の密閉性の高い容器に収納することによって汚水の流出を防止します。

・　汚泥等の水分を多く含む廃棄物を密閉性の高い容器に収納することができないなど、汚水漏出のおそれがある場合は、遮水の効力、強度及び耐久力を有する遮水シートの設置等の措置を行います。この場合、汚水の受け皿（適切な排水先、吸着材）が確保されていることを確認します。

■　密閉性の高い容器への収納

・　保管によって汚水の流出が懸念される汚泥等の水分を多く含む廃棄物については、ドラム缶へ収納することにより、汚水の流出を防止します。

　　ただし、保管期間中のドラム缶の腐食が懸念される場合は、遮水シート等との併用が望ましいものです。

・　水分を含む廃棄物をフレキシブルコンテナに収納する場合は、想定される保管期間の長さに応じて二重構造や内側コーティング仕様のクロス形フレキシブルコンテナや、ランニング形のフレキシブルコンテナを選択することにより、汚水の流出防止を図ってください。

■　密閉性の高い容器へ収納できない場合など：遮水シートの設置

・　汚泥等の水分を多く含む廃棄物を密閉性の高い容器に収納することができないなど、汚水漏出のおそれがある場合は、保管場所の底面に遮水シートを設置することに

より、廃棄物又は廃棄物の保管に伴い生ずる汚水の流出を防止します。
・　遮水シートの構造、材質は、最終処分場における遮水工用のシートとして求められる基準を満たすシートを参考に、保管の条件に適したものを選択します。

※　遮水シート設置にあたっての留意点
　・　保管する指定廃棄物がシートの外に出ることのないよう、十分な広さに設置します。
　・　地面の凹凸がある場合は予め整地した上で設置することによるシートの破損を防ぎます。
　・　遮水シートは一重を基本とするが、保管が一定の期間にわたる場合は、二重敷設も検討します。
　・　遮水シートの厚さは、保管場所の条件や想定される保管期間等を考慮し、適切なものを選択します。
　・　廃棄物から漏出した汚水が遮水シート上に溜まることを防ぐため、次のような措置を取ります。
◆　土壌（一定の粘土分を含むもの。30cm厚以上）を遮水シートの上に敷き、その上に容器を設置します。なお、ベントナイトやゼオライトなどの物質の混合土を用いることも有効です。
◆　汚水の受け皿（汚水受け、排水管等）を確保した上で、保管場所に傾斜をつけ、汚水が当該受け皿へ流入するようにします。

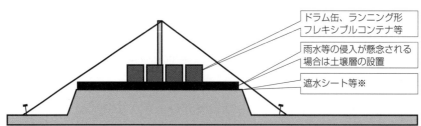

ドラム缶、ランニング形
フレキシブルコンテナ等

雨水等の侵入が懸念される
場合は土壌層の設置

遮水シート等※

※ただし、保管期間中容器の防水機能が保持される場合は省略可。

水分の多い廃棄物を密閉性の高い容器に収納した場合の汚水漏出防止（例）

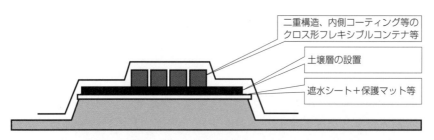

二重構造、内側コーティング等の
クロス形フレキシブルコンテナ等

土壌層の設置

遮水シート＋保護マット等

水分を含む廃棄物を密閉性の低い容器に収納した場合の汚水漏出防止（例）

■　ベントナイト層の設置

・　遮水シートに替えて、ベントナイト層を設置する方法もあります。特に水分を多く含む廃棄物の保管期間が一定の期間にわたる場合は、ベントナイト層（最終処分場の遮水層で求められる効力に準ずる程度のもの）の設置を検討することが望ましいものです。

■　その他の措置

・　水分の少ない指定廃棄物を屋内（コンクリート床構造）に保管する場合など、指定廃棄物の性状や現場の状況から、遮水シートやベントナイトの設置と同等の汚水流出防止を確保できる場合には、遮水シート等の設置をしないで保管することが可能と考えられます。

平成23年3月11日に発生した東北地方太平洋沖地震に伴う原子力発電所の事故により放出された放射性物質による環境の汚染への対処に関する特別措置法（放射性物質汚染対処特措法）の概要

目 的

放射性物質による環境の汚染への対処に関し、国、地方公共団体、関係原子力事業者（＝東京電力）等が講ずべき措置等について定めることにより、環境の汚染による人の健康又は生活環境への影響を速やかに低減する

責 務

①国
　原子力政策を推進してきたことに伴う社会的責任に鑑み、必要な措置を実施
②地方公共団体
　国の施策への協力を通じて、適切な役割を果たす
③関係原子力事業者
　誠意をもって必要な措置を実施するとともに、国又は地方公共団体の施策に協力

基本方針の策定等

○環境大臣は、放射性物質による環境の汚染への対処に関する基本方針の案を策定し、閣議の決定を求める
○環境大臣は、放射性物質により汚染された廃棄物、土壌等の処理に関する基準を設定
○国は、統一的な監視及び測定の体制を速やかに整備し、実施

放射性物質により汚染された廃棄物の処理

原子力事業所内及びその周辺に飛散した廃棄物の処理

関係原子力事業者が実施

特定廃棄物

①対策地域内廃棄物

環境大臣による汚染廃棄物対策地域※の指定
※廃棄物が特別な管理が必要な程度に放射性物質により汚染されている等一定の要件に該当する地減を指定

▼

環境大臣による対策地域内廃棄物処理計画の策定

▼

国が対策地域内廃棄物処理計画に基づき処理

②指定廃棄物

下水道の汚泥、焼却施設の焼却灰等の汚染状態の調査（義務）

左記以外の廃棄物の調査（任意）

環境大臣に報告 ▼　　　申請 ▼

環境大臣による指定廃棄物の指定
※汚染状態が一定基準(8,000Bq/kg)を超える廃棄物

▼

国が処理

不法投棄等の禁止

特定廃棄物以外の汚染レベルの低い廃棄物

廃棄物処理法の規定を適用（市町村等が処理、一定の範囲については特別の技術基準を適用）

放射性物質により汚染された土壌等（草木、工作物等を含む）の除染等の措置等

原子力事業所内の土壌等の除染等の措置及びこれに伴い生じた除去土壌等の処理

関係原子力事業者が実施

①除染特別地域

環境大臣による
除染特別地域の指定

◆環境の汚染状態が著しいと認められる地域として一定の要件に該当する地域を指定

▼

環境大臣による特別地域内除染実施計画の策定

◆除染等の措置等の実施に関する方針、目標等を定める
◆関係行政機関の長との協議
◆関係地方公共団体の長の意見聴取

▼

国による除染等の措置等の実施

◆関係省庁とも分担しつつ、実施

②汚染状況重点調査地域

環境大臣による汚染状況重点調査地域の指定

◆環境の汚染状態が一定の要件に適合しない又はそのおそれが著しいと認められる地域（除染特別地域以外）を指定

▼

都道府県知事等（※）による
汚染状況の調査測定
※政令で定める市町村の長を含む

〈対策実施主体〉
・国管理地　　国
・都道府県管理地　都道府県知事
・市町村管理地　市町村長
・独法等管理地　独法等
・その他の土地　市町村長
※農用地は、市町村長の要請で都道府県知事が実施可能
※土地所有者自ら除染等の措置を行うことも可能
※合意があれば上記主体は変更可能

▼

都道府県知事等による除染実施計画策定

▼

国、都道府県知事、市町村長等は除染実施計画に基づき土壌等の除染等の措置を実施
※委託基準に従って委託可能

放射性物質により汚染された土壌等（草木、工作物等を含む）の除染等の措置等

除去土壌等の処理

○除去土壌

措置の実施者による
収集・運搬・保管・処分

※やむを得ず土地の所有者等に保管させることも想定

○除染作業に伴い発生した廃棄物

※やむを得ず土地の所有者等に保管させることも想定

汚染廃棄物対策地域内　➡ 国が処理

対策地域外／汚染廃棄物　廃棄物の汚染状態が一定基準以上 ➡ 申請により、指定廃棄物の指定を受けることも可能（国が処理）

廃棄物の汚染状態が一定基準未満 ➡ 廃棄物処理のスキームに基づき処理

不法投棄等の禁止

国による措置の代行

国は、都道府県知事、市町村長又は環境省令で定める者から要請があり、かつ、次に掲げる事項を勘案して必要があると認めるときは、除染等の措置等を代行することができる。
(1) 都道府県、市町村又は環境省令で定める者における除染等の措置等の実施体制
(2) 当該除染等の措置等に関する専門的知識及び技術の必要性

（以上、環境省「放射性物質汚染対処特措法について」より）

第 **4** 章

関係法令

....
この章で学ぶ主な事項：労働安全衛生法、労働安全衛生法施行令、労働安全衛生規則および除
　　染電離則中の関係条項等／
....

　国会が制定した「法律」と、法律の委任を受けて内閣が制定した「政令」、及び厚生労働省など専
門の行政機関が制定した「省令」などの命令をあわせて、一般に「法令」と呼んでいます。

　労働安全衛生法における政令としては、「労働安全衛生法施行令」が制定されており、労働安全衛
生法の各条に定められた規定の適用範囲や用語の定義などを定めています。

　また、労働安全衛生法における省令には、すべての事業場に適用される事項の詳細を定める「労働
安全衛生規則」と、特定の業務等を行う事業場のみに適用される「電離放射線障害防止規則」や「東
日本大震災により生じた放射性物質により汚染された土壌等を除染するための業務等に係る電離放射
線障害防止規則」（除染電離則）などの特別規則があります。

　さらに詳細な事項について、具体的に定め国民に知らせるために「告示」あるいは「公示」とし
て示されることがあります。これらについて、労働安全衛生法関係では、一般に「厚生労働省告示」、
あるいは、「技術上の指針公示」や「健康障害を防止するための指針公示」として公表されます。

　また、法令や告示・公示に関して、厚生労働省労働基準局長から都道府県労働局長に発出するよう
に、上級の行政機関が下級の行政機関に対し、法令の内容の解釈や指示を与えるための通知を「通
達」といい、一般に「行政通達」と呼ばれています。

　これらの関係を図示しますと、次ページの図のようになります。

【第4章関係法令目次】

〔法律〕(国会で制定)

労働安全衛生法

〔政令〕(内閣で制定)

労働安全衛生法施行令

〔省令〕(厚生労働省で制定)

労働安全衛生規則	電離放射線障害防止規則 (電離則)	東日本大震災により生じた放射性物質により汚染された土壌等を除染するための業務等に係る電離放射線障害防止規則 (除染電離則)

〔告示・公示〕

東日本大震災により生じた放射性物質により汚染された土壌等を除染するための業務等に係る電離放射線障害防止規則第2条第7項等の規定に基づく厚生労働大臣が定める方法、基準及び区分(本章では「基準告示」という。)

除染等業務特別教育及び特定線量下業務特別教育規程

〔通達〕

除染業務等に従事する労働者の放射線障害防止のためのガイドライン

特定線量下業務に従事する労働者の放射線障害防止のためのガイドライン

東日本大震災により生じた放射性物質により汚染された土壌等を除染するための業務等に係る電離放射線障害防止規則等の施行について

(平成 23 年 12 月 22 日付け基発 1222 第 7 号)

東日本大震災により生じた放射性物質により汚染された土壌等を除染するための業務等に係る電離放射線障害防止規則等の一部を改正する省令の施行について

(平成 24 年 6 月 15 日付け基発 0615 第 7 号)

1　関係法令のあらまし

　放射線管理に関連する法令には、さまざまな法律がありますが、ここでは、労働安全衛生法とその関係法令のうち、電離放射線の危険から労働者を守ることを目的としているものについて説明します。

　有害な電離放射線から労働者の健康を保護するため、労働安全衛生法とこれに基づいて制定されている労働安全衛生法施行令、労働安全衛生規則、東日本大震災により生じた放射性物質により汚染された土壌等を除染するための業務等に係る電離放射線障害防止規則（以下「除染電離則」という。）などに、事業者が守らなければならない事項が定められています。

(1) 労働安全衛生法
1) 目的

第1条　この法律は、労働基準法（昭和22年法律第49号）と相まって、労働災害の防止のための危害防止基準の確立、責任体制の明確化及び自主的活動の促進の措置を講ずる等その防止に関する総合的計画的な対策を推進することにより職場における労働者の安全と健康を確保するとともに、快適な職場環境の形成を促進することを目的とする。

　労働安全衛生法は、職場で発生するすべての事故や職業病の予防のための規定を定めている、いわば労働災害防止のための基本法といえるものです。この第1条では、労働安全衛生法の目的として、さまざまな安全衛生に関する方策を講ずることによって、①労働者の安全と健康を確保し、②快適な職場環境を作っていくこと、であると定めています。

2) 事業者と労働者の義務

第3条（第1項）　事業者は、単にこの法律で定める労働災害の防止のための最低基準を守るだけでなく、快適な職場環境の実現と労働条件の改善を通じて職場における労働者の安全と健康を確保するようにしなければならない。また、事業者は、国が実施する労働災害の防止に関する施策に協力するようにしなければならない。

第4条　労働者は、労働災害を防止するため必要な事項を守るほか、事業者その他の関係者が実施する労働災害の防止に関する措置に協力するように努めなければならない。

　この条文は、労働災害の防止のために事業者が守らなければならない基本的な義務を定めたものです。事業者とは事業体のことで、その代表的なものは企業です。労働災害を防止することは事業者（企業）の義務ですが、この条文はこのことをあらためて確認するものです。また単に法律で定めている最低の基準を守っていればよいという消極的な姿勢は十分ではなく、より積極的に、快適な環境と労働条件の改善をしていくことが、事業者の義務であるとされています。

　安全と健康の確保は事業者の責任ではありますが、労働者の方も安全衛生を事業者に任

せきりにしておいて良いわけではない、ということが第4条に定められています。この条文によれば、労働者は災害防止のための必要な措置を守り、事業者などが行う災害防止措置に協力することになっています。したがって、定められた安全のための作業規定などを、労働者側で無断で変えてしまったり、定められた作業規定とは違う作業をすることなどは、労働安全衛生法に違反することになります。

3) 事業者が講ずべき措置

労働安全衛生法第22条には次のような規定があります。

第22条 事業者は、次の健康障害を防止するため必要な措置を講じなければならない。

① 原材料、ガス、蒸気、粉じん、酸素欠乏空気、病原体等による健康障害

② 放射線、高温、低温、超音波、騒音、振動、異常気圧等による健康障害

③ 計器監視、精密工作等の作業による健康障害

④ 排気、排液又は残さい物による健康障害

この規定では、事業者は、放射線による健康障害を防止するための対策を取らなければならないと定めています。除染作業などではこの規定が適用されるので、事業者は労働安全衛生法に基づいた放射線障害防止のための対策を講じなければなりません。

この健康障害を防止するための対策の詳しい内容については、主に除染電離則に定められています。除染電離則は、労働安全衛生法に基づき定められた規則で、専門的な技術に関することがらは除染電離則の中で定められています。

除染電離則のあらましについては、後ほど説明します。

4) 安全衛生特別教育の実施

労働安全衛生法では、いろいろな業務の中でも特に危険だったり、人体に有害だと考えられる業務については、「安全又は衛生のための特別の教育」を行うことを定めています（第59条第3項）。これを一般に「安全衛生特別教育」と呼んでいます。

安全衛生特別教育が必要とされる業務は、労働安全衛生規則などにおいて、約40種類の業務が定められています。

除染等に関係する業務では、「除染等業務」「特定線量下業務」について、安全衛生特別教育が必要とされています（除染電離則第19条及び第25条の8）。

「除染等業務」とは具体的には、次の3つです。

① 土壌等の除染等の業務

事故由来放射性物質により汚染された土壌、草木、工作物等について講ずる当該汚染に係る土壌、落葉及び落枝、水路等に堆積した汚泥等（以下「汚染土壌等」という。）の除去、当該汚染の拡散の防止その他の措置を講ずる業務

② 廃棄物収集等業務

除染特別地域等に係る除去土壌又は事故由来放射性物質により汚染された廃棄物の

収集、運搬又は保管に係る業務
③　**特定汚染土壌等取扱業務**

　　除染特別地域等内において、汚染土壌であって、当該土壌に含まれる事故由来放射性物質セシウム134及びセシウム137の放射能濃度の値が1万Bq/kgを超えるものを取り扱う業務

　「特定線量下業務」とは、具体的には、次の通りです。

　除染等特別地域等内における、平均空間線量率が2.5μSv/時を超える場所において事業者が行う除染等業務以外の業務

　このように、除染等を行う業務は、放射線障害防止を目的とした「安全衛生特別教育」を行うことが、事業者の義務となっています。この特別教育のカリキュラムについては、除染電離則及び告示において定められています。

（2）東日本大震災により生じた放射性物質により汚染された土壌等を除染するための業務等に係る電離放射線障害防止規則（除染電離則）

　除染電離則は、除染等の作業に従事する労働者の放射線による健康障害をできるだけ少なくすることを目的とした規則で、労働安全衛生法に基づいて定められたものです。

　放射線や放射性物質というものの性格上、内容が技術的・専門的にならざるを得ない面がありますが、以下、重要な部分をかいつまんで説明します。

第1章　総則
1）基本原則（第1条）

第1条　事業者は、除染特別地域等内において、除染等業務従事者及び特定線量下業務従事者その他の労働者が電離放射線を受けることをできるだけ少なくするように努めなければならない。

　この規定は、放射線に対する被ばくを可能な限り少なくすることが必要であることを述べたものです。次に示すとおり、除染等を行う作業者には被ばく限度が定められていますが、その限度内であれば被ばく低減のための対策は不要ということではなく、さらなる被ばく低減のために努力する必要があります。

　ここからは、「除染等業務」と「特定線量下業務」に分けて説明します。

第2章　除染等業務
1）除染等業務従事者の被ばく限度（第3条）

第3条　事業者は、除染等業務従事者の受ける実効線量が5年間につき100ミリシーベルトを超えず、かつ、1年間につき50ミリシーベルトを超えないようにしなければならない。

② 事業者は、前項の規定にかかわらず、女性の除染等業務従事者（妊娠する可能性がないと診断されたもの及び次条に規定するものを除く。）の受ける実効線量については、3月間につき5ミリシーベルトを超えないようにしなければならない。

　　除染等作業に従事する労働者が受ける実効線量は、5年間で100mSv、1年間で50mSvを超えてはならないと決められています。
　　また、女性作業者については、原則として3ヶ月で5mSvを超えてはならないと決められています。
　　ここでいう実効線量とは、外部被ばくによる実効線量と、内部被ばくによる実効線量の和になります。

2）線量の測定と、測定結果の確認、記録等（第5条、第6条）

第5条　事業者は、除染等業務従事者（特定汚染土壌等取扱業務に従事する労働者にあっては、平均空間線量率が2.5マイクロシーベルト毎時以下の場所においてのみ特定汚染土壌等取扱業務に従事する者を除く。第6項及び第8項並びに次条及び第27条第2項において同じ。）が除染等作業により受ける外部被ばくによる線量を測定しなければならない。

② 事業者は、前項の規定による線量の測定に加え、除染等業務従事者が除染特別地域等内（平均空間線量率が2.5マイクロシーベルト毎時を超える場所に限る。第8項及び第10条において同じ。）における除染等作業により受ける内部被ばくによる線量の測定又は内部被ばくに係る検査を次の各号に定めるところにより行わなければならない。
　　（以下略）

第6条　事業者は、1日における外部被ばくによる線量が1センチメートル線量当量について1ミリシーベルトを超えるおそれのある除染等業務従事者については、前条第1項の規定による外部被ばくによる線量の測定の結果を毎日確認しなければならない。

② 事業者は、前条第5項から第7項までの規定による測定又は計算の結果に基づき、次の各号に掲げる除染等業務従事者の線量を、遅滞なく、厚生労働大臣が定める方法により算定し、これを記録し、これを30年間保存しなければならない。ただし、当該記録を5年間保存した後又は当該除染等業務従事者に係る記録を当該除染等業務従事者が離職した後において、厚生労働大臣が指定する機関に引き渡すときは、この限りでない。
　　1～3（略）

③ 事業者は、前項の規定による記録に基づき、除染等業務従事者に同項各号に掲げる線量を、遅滞なく、知らせなければならない。

　　除染等作業に従事する労働者の被ばく線量が上限を超えないようにするため、事業者は、定められた方法により外部被ばく線量及び内部被ばく線量を測定し、また、その結果を毎日確認した上で、30年間保存する必要があります（5年経過後又は除染等業務従事者が離職した後は、厚生労働大臣の指定する機関（公益財団法人放射線影響協会）

に引き渡せます。）。

　なお、この線量は、労働者に対しても知らされることとされています。

3）事前調査と作業計画（第7条、第8条）

第7条　事業者は、除染等業務（特定汚染土壌等取扱業務を除く。）を行おうとするときは、あらかじめ、除染等作業（特定汚染土壌等取扱業務に係る除染等作業（以下「特定汚染土壌等取扱作業」という。以下同じ。）を除く。以下この項及び第3項において同じ。）を行う場所について、次の各号に掲げる事項を調査し、その結果を記録しておかなければならない。

　1　除染等作業の場所の状況

　2　除染等作業の場所の平均空間線量率

　3　除染等作業の対象となる汚染土壌等又は除去土壌若しくは汚染廃棄物に含まれる事故由来放射性物質のうち厚生労働大臣が定める方法によって求めるセシウム134及びセシウム137の放射能濃度の値

②　事業者は、特定汚染土壌等取扱業務を行うときは、当該業務の開始前及び開始後2週間ごとに、特定汚染土壌等取扱作業を行う場所について、前項各号に掲げる事項を調査し、その結果を記録しておかなければならない。

③　事業者は、労働者を除染等作業に従事させる場合には、あらかじめ、第1項の調査が終了した年月日並びに調査の方法及び結果の概要を当該労働者に明示しなければならない。

④　事業者は、労働者を特定汚染土壌等取扱作業に従事させる場合には、当該作業の開始前及び開始後2週間ごとに、第2項の調査が終了した年月日並びに調査の方法及び結果の概要を当該労働者に明示しなければならない。

第8条　事業者は、除染等業務（特定汚染土壌等取扱業務にあっては、平均空間線量率が2.5マイクロシーベルト毎時以下の場所において行われるものを除く。以下この条、次条及び第20条第1項において同じ。）を行おうとするときは、あらかじめ、除染等作業（特定汚染土壌等取扱作業にあっては、平均空間線量率が2.5マイクロシーベルト毎時以下の場所において行われるものを除く。以下この条及び次条において同じ。）の作業計画を定め、かつ、当該作業計画により除染等作業を行わなければならない。

（以下略）

　事業者は、作業に先だって、作業場所の事前調査を行い、作業計画を立てることとされています。

　事前調査では、①作業場所の状況、②作業場所の平均空間線量率、③作業場所の土壌の汚染濃度を調査し、作業計画では、①作業場所とその方法、②作業者の線量の測定方法、③被ばく低減措置、④使用する機械等の種類・能力、⑤応急の措置について定めることとされています。

4）作業の指揮者（第9条）

第9条　事業者は、除染等業務を行うときは、除染等作業を指揮するため必要な能力を有すると認められる者のうちから、<u>当該除染等作業の指揮者を定め、その者に前条第1項の作業計画に基づき当該除染等作業の指揮を行わせるとともに、次の各号に掲げる事項を行わせなければならない。</u>

1　除染等作業の手順及び除染等業務従事者の配置を決定すること。
2　除染等作業に使用する機械等の機能を点検し、不良品を取り除くこと。
3　放射線測定器及び保護具の使用状況を監視すること。
4　除染等作業を行う箇所には、関係者以外の者を立ち入らせないこと。

　　事業者は、作業を行う場合（特定汚染土壌等取扱業務の場合は、平均空間線量率が2.5マイクロシーベルト毎時以下の場所においてのみ行われるものを除く。）には、作業指揮者を定め、当該者に上記1〜4に掲げる事項を行わせることとしています。

5）退出者、持ち出し物品の汚染検査（第14条、第15条）

第14条　事業者は、除染等業務が行われる作業場又はその近隣の場所に汚染検査場所を設け、除染等作業を行わせた除染等業務従事者が当該作業場から退出するときは、<u>その身体及び衣服、履物、作業衣、保護具等身体に装着している物</u>（以下この条において「装具」という。）<u>の汚染の状態を検査しなければならない。</u>（以下略）

第15条　事業者は、除染等業務が行われる作業場から<u>持ち出す物品については、持出しの際に、前条第1項の汚染検査場所において、その汚染の状態を検査しなければならない。</u>ただし、第13条第1項本文の容器を用い、又は同項ただし書の措置を講じて、他の除染等業務が行われる作業場まで運搬するときは、この限りでない。（以下略）

　　退出者や物品を持ち出す際に、汚染を拡大することを防止するため、事業者は汚染検査場所を設けて、退出者や持ち出し物品の汚染検査を行わなければならないこととしており、作業者も、当該検査に協力する必要があります。

6）保護具、保護具の汚染除去（第16条、第17条）

第16条　事業者は、除染等作業のうち第5条第2項各号に規定するものを除染等業務従事者に行わせるときは、<u>当該除染等作業の内容に応じて厚生労働大臣が定める区分に従って、防じんマスク等の有効な呼吸用保護具、汚染を防止するために有効な保護衣類、手袋又は履物を備え、これらを当該除染等作業に従事する除染等業務従事者に使用させなければならない。</u>

②　<u>除染等業務従事者は、前項の作業に従事する間、同項の保護具を使用しなければならない。</u>

第17条　事業者は、前条の規定により使用させる保護具が40ベクレル毎平方センチメートルを超えて汚染されていると認められるときは、<u>あらかじめ、洗浄等により40ベク</u>

レル毎平方センチメートル以下になるまで汚染を除去しなければ、除染等業務従事者に使用させてはならない。

　　作業場所の状況や作業内容に応じて、着用すべき保護具や衣類などが異なります。事業者は、適切な保護具や衣類などを作業者に使用させ、また、労働者も、指示された保護具を正しい方法で使用しなければなりません。

7）喫煙等の禁止（第18条）

第18条　事業者は、除染等業務を行うときは、事故由来放射性物質を吸入摂取し、又は経口摂取するおそれのある作業場で労働者が喫煙し、又は飲食することを禁止し、かつ、その旨を、あらかじめ、労働者に明示しなければならない。

②　労働者は、前項の作業場で喫煙し、又は飲食してはならない。

　　放射性物質が多量に存在する可能性のある作業場所での喫煙や飲食は、内部被ばくのおそれを増加させます。事業主は、作業現場での喫煙や飲食を禁ずるとともに、労働者も、喫煙や飲食をしてはなりません。

8）健康診断（第20条）

第20条　事業者は、除染等業務に常時従事する除染等業務従事者に対し、雇入れ又は当該業務に配置替えの際及びその後6月以内ごとに1回、定期に、次の各号に掲げる項目について医師による健康診断を行わなければならない。（以下略）

　　常時除染等業務（特定汚染土壌等取扱業務については平均空間線量率が2.5マイクロシーベルト毎時以下の場所においてのみ行われるものを除きます。）を行う作業者は、原則として、雇入れの際と、その後6ヶ月以内ごとに1回、定期に健康診断を受けることとしています。

第3章　特定線量下業務
1）特定線量下業務従事者の被ばく限度（第25条の2）

第25条の2　事業者は、特定線量下業務従事者の受ける実効線量が5年間につき100ミリシーベルトを超えず、かつ、1年間につき50ミリシーベルトを超えないようにしなければならない。

②　事業者は、前項の規定にかかわらず、女性の特定線量下業務従事者（妊娠する可能性がないと診断されたもの及び次条に規定するものを除く。）の受ける実効線量については、3月間につき5ミリシーベルトを超えないようにしなければならない。

　　特定線量下業務に従事する労働者が受ける実効線量は、除染等業務と同様に5年間で100mSv、1年間で50mSvを超えてはならないと決められています。

また、女性作業者については、原則として3ヶ月で5mSvを超えてはならないと決められています。ここでいう実効線量とは、外部被ばくによる実効線量です。

2）線量の測定と、測定結果の確認、記録等（第25条の4、第25条の5）

第25条の4　事業者は、特定線量下業務従事者が特定線量下作業により受ける<u>外部被ばくによる線量を測定</u>しなければならない。

（以下略）

第25条の5　事業者は、1日における外部被ばくによる線量が1センチメートル線量当量について1ミリシーベルトを超えるおそれのある特定線量下業務従事者については、前条第1項の規定による外部被ばくによる線量の<u>測定の結果を毎日確認</u>しなければならない。

②　事業者は、前条第3項の規定による測定に基づき、次の各号に掲げる<u>特定線量下業務従事者の線量を、遅滞なく</u>、厚生労働大臣が定める方法により算定し、これを<u>記録し、これを30年間保存</u>しなければならない。ただし、当該記録を5年間保存した後又は当該特定線量下業務従事者に係る記録を当該特定線量下業務従事者が離職した後において、厚生労働大臣が指定する機関に引き渡すときは、この限りでない。

1～3（略）

③　事業者は、前項の規定による記録に基づき、<u>特定線量下業務従事者に同項各号に掲げる線量を、遅滞なく、知らせ</u>なければならない。

　特定線量下業務に従事する労働者の被ばく線量が<u>上限を超えない</u>ようにするため、事業者は、定められた方法により外部被ばく線量を測定し、また、その結果を毎日確認した上で、30年間保存する必要があります（5年経過後又は特定線量下業務従事者が離職した後は、厚生労働大臣の指定する機関に引き渡せます。）。

　なお、この線量は、労働者に対しても知らされることとされています。

3）事前調査（第25条の6）

第25条の6　事業者は、特定線量下業務を行うときは、当該業務の開始前及び開始後2週間ごとに、特定線量下作業を行う場所について、当該場所の平均空間線量率を調査し、その結果を記録しておかなければならない。

（以下略）

　事業者は、特定線量下業務に先だって、作業場所の事前調査を行い、作業場所の平均空間線量率を調査することとされています。また、同一の場所で継続して作業を行っている間2週間ごとにも測定し、平均空間線量率を確認することとされています。

第4章　雑則

1）記録等の引渡し等（第27条、第28条）

第27条　第6条第2項、第25条の5第2項又は第25条の9の記録を作成し、保存する事業者は、事業を廃止しようとするときは、当該記録を厚生労働大臣が指定する機関に引き渡すものとする。

②　第6条第2項、第25条の5第2項又は第25条の9の記録を作成し、保存する事業者は、除染等業務従事者又は特定線量下業務従事者が離職するとき又は事業を廃止しようとするときは、当該除染等業務従事者又は当該特定線量下業務従事者に対し、当該記録の写しを交付しなければならない。

第28条　除染等電離放射線健康診断個人票を作成し、保存する事業者は、事業を廃止しようとするときは、当該除染等電離放射線健康診断個人票を厚生労働大臣が指定する機関に引き渡すものとする。

②　除染等電離放射線健康診断個人票を作成し、保存する事業者は、除染等業務従事者が離職するとき又は事業を廃止しようとするときは、当該除染等業務従事者に対し、当該除染等電離放射線健康診断個人票の写しを交付しなければならない。

事業者は、除染等業務従事者又は特定線量下業務従事者が離職するときまたは事業を廃止するときは、被ばく線量の記録と除染等電離健康診断の結果の写しを労働者に交付することとされています。

2）調整（第29条、第30条）

第29条　除染等業務従事者又は特定線量下業務従事者のうち電離則第4条第1項の放射線業務従事者若しくは同項の放射線業務従事者であった者、電離則第7条第1項の緊急作業に従事する放射線業務従事者及び同条第3項（電離則第62条の規定において準用する場合を含む。）の緊急作業に従事する労働者（以下この項においてこれらの者を「緊急作業従事者」という。）若しくは緊急作業従事者であった者又は電離則第8条第1項（電離則第62条の規定において準用する場合を含む。）の管理区域に一時的に立ち入る労働者（以下この項において「一時立入労働者」という。）若しくは一時立入労働者であった者が放射線業務従事者、緊急作業従事者又は一時立入労働者として電離則第2条第3項の放射線業務に従事する際、電離則第7条第1項の緊急作業に従事する際又は電離則第3条第1項に規定する管理区域に一時的に立ち入る際に受ける又は受けた線量については、除染特別地域等内における除染等作業又は特定線量下作業により受ける線量とみなす。

②　除染等業務従事者のうち特定線量下業務従事者又は特定線量下業務従事者であった者が特定線量下業務従事者として特定線量下業務に従事する際に受ける又は受けた線量については、除染特別地域等内における除染等作業により受ける線量とみなす。

③　特定線量下業務従事者のうち除染等業務従事者又は除染等業務従事者であった者が除染等業務従事者として除染等業務に従事する際に受ける又は受けた線量については、除

染特別地域等内における特定線量下作業により受ける線量とみなす。

第30条 除染等業務に常時従事する除染等業務従事者のうち、当該業務に配置替えとなる直前に電離則第4条第1項の放射線業務従事者であった者については、当該者が直近に受けた電離則第56条第1項または第56条の2第1項の規定による健康診断（当該業務への配置替えの日前6月以内に行われたものに限る。）は、第20条第1項の規定による配置替えの際の健康診断とみなす。

　事業者は、電離則第2条第3項の放射線業務により受けた線量は、除染等作業又は特定線量下作業による線量とみなし、除染等作業及び特定線量下作業による被ばくと合算して、第3条、第4条、第25条の2及び第25条の3の被ばく限度を超えないようにしなければならないとされています。

2　関係法令

（1）労働安全衛生法(昭和47年法律第57号(最終改正：令和元年法律第37号))(抄)

（目的）

第1条　この法律は、労働基準法（昭和22年法律第49号）と相まつて、労働災害の防止のための危害防止基準の確立、責任体制の明確化及び自主的活動の促進の措置を講ずる等その防止に関する総合的計画的な対策を推進することにより職場における労働者の安全と健康を確保するとともに、快適な職場環境の形成を促進することを目的とする。

（事業者等の責務）

第3条　事業者は、単にこの法律で定める労働災害の防止のための最低基準を守るだけでなく、快適な職場環境の実現と労働条件の改善を通じて職場における労働者の安全と健康を確保するようにしなければならない。また、事業者は、国が実施する労働災害の防止に関する施策に協力するようにしなければならない。

②,③　（略）

第4条　労働者は、労働災害を防止するため必要な事項を守るほか、事業者その他の関係者が実施する労働災害の防止に関する措置に協力するように努めなければならない。

（事業者の講ずべき措置等）

第20条　事業者は、次の危険を防止するため必要な措置を講じなければならない。

1　機械、器具その他の設備（以下「機械等」という。）による危険

2　爆発性の物、発火性の物、引火性の物等による危険

3　電気、熱その他のエネルギーによる危険

第21条　事業者は、掘削、採石、荷役、伐木等の業務における作業方法から生ずる危険を防止するため必要な措置を講じなければならない。

②　事業者は、労働者が墜落するおそれのある場所、土砂等が崩壊するおそれのある場所等に係る危険を防止するため必要な措置を講じなければならない。

第22条　事業者は、次の健康障害を防止するため必要な措置を講じなければならない。

1　原材料、ガス、蒸気、粉じん、酸素欠乏空気、病原体等による健康障害

2　放射線、高温、低温、超音波、騒音、振動、異常気圧等による健康障害

3　計器監視、精密工作等の作業による健康障害

4　排気、排液又は残さい物による健康障害

第 23 条 事業者は、労働者を就業させる建設物その他の作業場について、通路、床面、階段等の保全並びに換気、採光、照明、保温、防湿、休養、避難及び清潔に必要な措置その他労働者の健康、風紀及び生命の保持のため必要な措置を講じなければならない。

第 24 条 事業者は、労働者の作業行動から生ずる労働災害を防止するため必要な措置を講じなければならない。

第 25 条 事業者は、労働災害発生の急迫した危険があるときは、直ちに作業を中止し、労働者を作業場から退避させる等必要な措置を講じなければならない。

第 26 条 労働者は、事業者が第 20 条から第 25 条まで及び前条第 1 項の規定に基づき講ずる措置に応じて、必要な事項を守らなければならない。

第 27 条 第 20 条から第 25 条まで及び第 25 条の 2 第 1 項の規定により事業者が講ずべき措置及び前条の規定により労働者が守らなければならない事項は、厚生労働省令で定める。

② （略）

(安全衛生教育)
第 59 条 事業者は、労働者を雇い入れたときは、当該労働者に対し、厚生労働省令で定めるところにより、その従事する業務に関する安全又は衛生のための教育を行なわなければならない。

② 前項の規定は、労働者の作業内容を変更したときについて準用する。

③ 事業者は、危険又は有害な業務で、厚生労働省令で定めるものに労働者をつかせるときは、厚生労働省令で定めるところにより、当該業務に関する安全又は衛生のための特別の教育を行なわなければならない。

(就業制限)
第 61 条 事業者は、クレーンの運転その他の業務で、政令で定めるものについては、都道府県労働局長の当該業務に係る免許を受けた者又は都道府県労働局長の登録を受けた者が行う当該業務に係る技能講習を修了した者その他厚生労働省令で定める資格を有する者でなければ、当該業務に就かせてはならない。

② 前項の規定により当該業務につくことができる者以外の者は、当該業務を行なつてはならない。

③ 第 1 項の規定により当該業務につくことができる者は、当該業務に従事するときは、これに係る免許証その他その資格を証する書面を携帯していなければならない。

④ （略）

（作業環境測定）

第65条　事業者は、有害な業務を行う屋内作業場その他の作業場で、政令で定めるものについて、厚生労働省令で定めるところにより、必要な作業環境測定を行い、及びその結果を記録しておかなければならない。

②　前項の規定による作業環境測定は、厚生労働大臣の定める作業環境測定基準に従つて行わなければならない。

③～⑤　（略）

（作業環境測定の結果の評価等）

第65条の2　事業者は、前条第1項又は第5項の規定による作業環境測定の結果の評価に基づいて、労働者の健康を保持するため必要があると認められるときは、厚生労働省令で定めるところにより、施設又は設備の設置又は整備、健康診断の実施その他の適切な措置を講じなければならない。

②　事業者は、前項の評価を行うに当たつては、厚生労働省令で定めるところにより、厚生労働大臣の定める作業環境評価基準に従つて行わなければならない。

③　事業者は、前項の規定による作業環境測定の結果の評価を行つたときは、厚生労働省令で定めるところにより、その結果を記録しておかなければならない。

（作業の管理）

第65条の3　事業者は、労働者の健康に配慮して、労働者の従事する作業を適切に管理するように努めなければならない。

（健康診断）

第66条　事業者は、労働者に対し、厚生労働省令で定めるところにより、医師による健康診断〈編注：一部略〉を行わなければならない。

②　事業者は、有害な業務で、政令で定めるものに従事する労働者に対し、厚生労働省令で定めるところにより、医師による特別の項目についての健康診断を行なわなければならない。有害な業務で、政令で定めるものに従事させたことのある労働者で、現に使用しているものについても、同様とする。

③～⑤　（略）

（健康診断の結果の記録）

第66条の3　事業者は、厚生労働省令で定めるところにより、第66条第1項から第4項まで及び第5項ただし書並びに前条の規定による健康診断の結果を記録しておかなければならない。

（健康診断の結果の通知）

第66条の6　事業者は、第66条第1項から第4項までの規定により行う健康診断を受

けた労働者に対し、厚生労働省令で定めるところにより、当該健康診断の結果を通知しなければならない。

(労働基準監督署長及び労働基準監督官)

第90条　労働基準監督署長及び労働基準監督官は、厚生労働省令で定めるところにより、この法律の施行に関する事務をつかさどる。

(労働基準監督官の権限)

第91条　労働基準監督官は、この法律を施行するため必要があると認めるときは、事業場に立ち入り、関係者に質問し、帳簿、書類その他の物件を検査し、若しくは作業環境測定を行い、又は検査に必要な限度において無償で製品、原材料若しくは器具を収去することができる。

②～④　(略)

第92条　労働基準監督官は、この法律の規定に違反する罪について、刑事訴訟法(昭和23年法律第131号)の規定による司法警察員の職務を行なう。

(労働者の申告)

第97条　労働者は、事業場にこの法律又はこれに基づく命令の規定に違反する事実があるときは、その事実を都道府県労働局長、労働基準監督署長又は労働基準監督官に申告して是正のため適当な措置をとるように求めることができる。

②　事業者は、前項の申告をしたことを理由として、労働者に対し、解雇その他不利益な取扱いをしてはならない。

（2）東日本大震災により生じた放射性物質により汚染された土壌等を除染するための業務等に係る電離放射線障害防止規則（除染電離則）と解説

（平成23年厚生労働省令第152号（最終改正：令和2年厚生労働省令第154号））

東日本大震災により生じた放射性物質により汚染された土壌等を除染するための業務等に係る電離放射線障害防止規則（除染電離則）条文一覧

除染電離則条文	規制内容		除染等業務				特定線量下業務
			土壌等の除染等の業務	廃棄物収集等業務	特定汚染土壌取扱業務 2.5µSv/h超	特定汚染土壌取扱業務 2.5µSv/h以下	
3条	被ばく限度		○	○	○	○	
4条	妊娠と診断された女性の被ばく限度		○	○	○	○	
5条	線量の測定	外部被ばく線量測定	○	○	○	△（注1）	
		内部被ばく線量測定・検査	○（注2）	○（注2）	○（注2）		
6条	線量の測定結果の確認、記録等	1mSv/day超のおそれ　毎日確認	○	○	○		
		算定・記録・30年間保存	○	○	○	△（注1）	
		従事者に通知	○	○	○	△（注1）	
7条	事前調査	事前調査・結果の記録	○	○	○（注3）	○（注3）	
		結果の概要を労働者に明示	○	○	○（注3）	○（注3）	
8条	作業計画	作業計画の策定	○	○	○		
		関係労働者に周知	○	○	○		
9条	作業の指揮者		○	○	○		
10条	作業の届出（2.5µSv/h超）		○		○		
11条	医師の診察又は処置、所轄監督署長への報告		○	○	○	○	
12条	粉じんの発散を抑制するための措置		○（注4）	○（注4）			
13条	容器の使用等			○			
14条	退出者の汚染検査		○	○	○	○	
15条	持出し物品の汚染検査		○	○	○	○	
16条	保護具		○（注5）	○（注5）	○（注5）	○（注5）	
17条	保護具の汚染除去		○	○	○	○	
18条	喫煙等の禁止、労働者への明示		○	○	○	○	
19条	除染等業務に係る特別の教育		○	○	○	○	
20条	健康診断		○（注6）	○（注6）	○（注6）		
21条	健康診断の結果の記録、30年間保存		○	○	○		
22条	健康診断の結果についての医師からの意見聴取		○	○	○		
23条	健康診断の結果の通知		○	○	○		
24条	健康診断結果報告		○	○	○		
25条	健康診断等に基づく措置		○	○	○		
25条の2	特定線量下業務従事者の被ばく限度						○
25条の3	妊娠と診断された女性の被ばく限度						○
25条の4	線量の測定（外部被ばくによる線量測定）						○
25条の5	線量の測定結果の確認、記録等	1mSv/day超のおそれ　毎日確認					○
		算定・記録・30年間保存					○
		従事者に通知					○
25条の6	事前調査	事前調査・結果の記録					○（注3）
		結果の概要を労働者に明示					○（注3）
25条の7	医師の診察又は処置、所轄監督署長への報告						○
25条の8	特定線量下業務に係る特別の教育						○
25条の9	被ばく歴の調査						○
26条	放射線測定器の備え付け		○	○	○	○	○
27条	事業廃止の際の被ばく線量の記録の引渡し		○	○	○	△（注1）	
	離職の際又は事業廃止の際の従事者への記録の写しの交付		○	○	○	△（注1）	
28条	事業廃止の際の健康診断個人票の引渡し		○	○	○		
	離職の際又は事業廃止の際の従事者への健康診断個人票の写しの交付		○	○	○		
29条	調整（被ばく線量のみなし規定）		○	○	○	△（注1）	○
30条	調整（健康診断のみなし規定）		○	○	○		

（注1）2.5µSv/h以下の場所においてのみ特定汚染土壌等取扱業務に従事する者は不要。2.5µSv/h以下のみならず、2.5µSv/hを超える場所においても業務が見込まれる者には、2.5µSv/h以下の場所においても措置が必要。

（注2）平均空間線量率が2.5µSv/hを超える場所において、次により測定又は検査を行う。（平成23年厚生労働省告示第468号）

	50万Bq/kgを超える汚染土壌等（高濃度汚染土壌等）	高濃度汚染土壌等以外
粉じんの濃度が10mg/㎥を超える作業（高濃度粉じん作業）	3月に1回の内部被ばく測定	スクリーニング検査
高濃度粉じん作業以外の作業	スクリーニング検査	スクリーニング検査（突発的に高い粉じんにばく露された場合に限る。）

（注3）作業開始前及び同一の場所で継続して作業中、2週間につき一度
（注4）高濃度汚染土壌等又は高濃度粉じん作業の場合
（注5）次の保護具を使用（平成23年厚生労働省告示第468号）

	50万Bq/kgを超える汚染土壌等（高濃度汚染土壌等）	高濃度汚染土壌等以外
粉じんの濃度が10mg/㎥を超える作業（高濃度粉じん作業）	粒子捕集効率が95%以上の防じんマスク、全身化学防護服、長袖の衣服ならびに不浸透性の保護手袋及び長靴	粒子捕集効率が80%以上の防じんマスク、長袖の衣服、保護手袋及び不浸透性の長靴
高濃度粉じん作業以外の作業	粒子捕集効率が80%以上の防じんマスク、長袖の衣服並びに不浸透性の保護手袋及び長靴	長袖の衣服、保護手袋及び不浸透性の長靴

（注6）除染電離則による健康診断のほか、特定業務従事者健康診断（安衛則第45条：6月以内ごとに1回の一般定期健康診断）の対象。

（条文のあとの解説は、平成 23 年 12 月 22 日付け基発第 1222 第 7 号、平成 24 年 6 月 15 日付け基発 0615 第 7 号、
平成 25 年 4 月 12 日付け基発 0412 第 57 号及び平成 30 年 1 月 30 日付け基発 0130 第 2 号に基づくもの。）

第 1 章　総則

（事故由来放射性物質により汚染された土壌等を除染するための業務等に係る放射線
　障害防止の基本原則）

第 1 条　事業者は、除染特別地域等内において、除染等業務従事者及び特定線量下
　業務従事者その他の労働者が電離放射線を受けることをできるだけ少なくするよう
　に努めなければならない。

○**基本原則（第 1 条関係）**

　第1条は、放射線により人体が受ける線量が除染電離則に定める限度以下であっても、
確率的影響の可能性を否定できないため、除染電離則全般に通じる基本原則を規定したも
のであること。

　基本原則を踏まえた具体的実施内容としては、除染等業務又は特定線量下業務を実施す
る際に、除染等業務又は特定線量下業務に従事する労働者の被ばく低減を優先し、次に掲
げる事項に留意の上、あらかじめ、作業場所における除染等の措置が実施されるよう努め
ることがあること。

ア　ICRP（編注：国際放射線防護委員会）で定める正当化の原則（以下「正当化原則」と
　いう。）から、一定以上の被ばくが見込まれる作業については、被ばくによるデメリッ
　トを上回る公益性や必要性が求められることに基づき、除染等業務従事者の被ばく低減
　を優先して、作業を実施する前にあらかじめ、除染等の措置を実施するよう努めるこ

と。

　ただし、特定汚染土壌等取扱業務のうち、除染等の措置を実施するために最低限必要な水道や道路の復旧等については、除染や復旧を進めるために必要不可欠という高い公益性及び必要性に鑑み、あらかじめ除染等の措置を実施できない場合があるとともに、覆土、舗装、農地における反転耕等、除染等の措置と同等以上の放射線量の低減効果が見込まれる作業については、除染等の措置を同時に実施しているとみなしても差し支えないこと。

イ　正当化原則に照らし、最低限必要な水道や道路の復旧等以外の特定汚染土壌取扱業務を継続して行う事業者は、労働時間が長いことに伴って被ばく線量が高くなる傾向があること、必ずしも緊急性が高いとはいえないことも踏まえ、あらかじめ、作業場所周辺の除染等の措置を実施し、可能な限り線量低減を図った上で、原則として、被ばく線量管理を行う必要がない平均空間線量率（2.5マイクロシーベルト毎時以下）のもとで作業に就かせるよう努めること。

（定義）

第2条　この省令で「事業者」とは、除染等業務又は特定線量下業務を行う事業の事業者をいう。

②　この省令で「除染特別地域等」とは、平成二十三年三月十一日に発生した東北地方太平洋沖地震に伴う原子力発電所の事故により放出された放射性物質による環境の汚染への対処に関する特別措置法（平成23年法律第110号）第25条第1項に規定する除染特別地域又は同法第32条第1項に規定する汚染状況重点調査地域をいう。

③　この省令で「除染等業務従事者」とは、除染等業務に従事する労働者をいう。

④　この省令で「特定線量下業務従事者」とは、特定線量下業務に従事する労働者をいう。

⑤　この省令で「電離放射線」とは、電離放射線障害防止規則（昭和47年労働省令第41号。以下「電離則」という。）第2条第1項の電離放射線をいう。

⑥　この省令で「事故由来放射性物質」とは、平成23年3月11日に発生した東北地方太平洋沖地震に伴う原子力発電所の事故により当該原子力発電所から放出された放射性物質（電離則第2条第2項の放射性物質に限る。）をいう。

⑦　この省令で「除染等業務」とは、次の各号に掲げる業務（電離則第41条の3の処分の業務を行う事業場において行うものを除く。）をいう。

　　1　除染特別地域等内における事故由来放射性物質により汚染された土壌、草木、工作物等について講ずる当該汚染に係る土壌、落葉及び落枝、水路等に堆積した汚泥等（以下「汚染土壌等」という。）の除去、当該汚染の拡散の防止その他の当該汚染の影響の低減のために必要な措置を講ずる業務（以下「土壌等の除染等の業務」という。）

2　除染特別地域等内における次のイ又はロに掲げる事故由来放射性物質により
汚染された物の収集、運搬又は保管に係るもの（以下「廃棄物収集等業務」と
いう。）

イ　前号又は次号の業務に伴い生じた土壌（当該土壌に含まれる事故由来放射
性物質のうち厚生労働大臣が定める方法によって求めるセシウム 134 及び
セシウム 137 の放射能濃度の値が 1 万ベクレル毎キログラムを超えるもの
に限る。以下「除去土壌」という。）

ロ　事故由来放射性物質により汚染された廃棄物（当該廃棄物に含まれる事故
由来放射性物質のうち厚生労働大臣が定める方法によって求めるセシウム
134 及びセシウム 137 の放射能濃度の値が 1 万ベクレル毎キログラムを超
えるものに限る。以下「汚染廃棄物」という。）

3　前二号に掲げる業務以外の業務であって、特定汚染土壌等（汚染土壌等で
あって、当該汚染土壌等に含まれる事故由来放射性物質のうち厚生労働大臣が
定める方法によって求めるセシウム 134 及びセシウム 137 の放射能濃度の値
が 1 万ベクレル毎キログラムを超えるものに限る。以下同じ。）を取り扱うも
の（以下「特定汚染土壌等取扱業務」という。）

⑧　この省令で「特定線量下業務」とは、除染特別地域等内における厚生労働大臣
が定める方法によって求める平均空間線量率（以下単に「平均空間線量率」とい
う。）が事故由来放射性物質により 2.5 マイクロシーベルト毎時を超える場所に
おいて事業者が行う除染等業務その他の労働安全衛生法施行令別表第 2 に掲げる
業務以外の業務をいう。

⑨　この省令で「除染等作業」とは、除染特別地域等内における除染等業務に係る
作業をいう。

⑩　この省令で「特定線量下作業」とは、除染特別地域等内における特定線量下業
務に係る作業をいう。

○定義（第 2 条関係）

ア　本条は、除染電離則における用語の定義を示したものであること。

イ　第 2 項の除染特別地域等について、現在指定されているものは別紙 1（編注：「除染
等業務に従事する労働者の放射線障害防止のためのガイドライン」（以下「除染等ガイ
ドライン」という。）の別紙 1 に同じ。）のとおりであること。

ウ　第 7 項第 2 号及び第 3 号において、事故由来放射性物質に含まれる放射性同位元素
のうち、セシウム 134 及びセシウム 137 のみの放射能濃度に着目したのは、セシウム
134 及びセシウム 137 に比べて、他の放射性同位元素による実効線量は非常に小さく、
今後の被ばく線量評価や除染対策においては、セシウム 134 及びセシウム 137 の沈着
量に着目していくことが適切であるとされたことによるものであること。

エ　第 7 項において、除去土壌又は汚染廃棄物の処分（上下水道施設、焼却施設、中間

処理施設、埋め立て処分場等における業務）の業務が含まれていないのは、これらの業務が管理された線源である上下水汚泥や焼却灰等からの被ばくが支配的であること、主として屋内で作業が行われるものであることから、除染電離則を適用せず、電離則を適用することとしたためであること。

オ　第7項第2号及び第3号において、除去土壌、汚染廃棄物及び特定汚染土壌等のセシウム134及びセシウム137の放射能濃度の下限値である1万ベクレル毎キログラムについては、電離則第2条第2項及び電離則別表第1で定める放射性物質の定義のうち、セシウム134及びセシウム137の放射能濃度の下限値と同じであること。

カ　第7項第2号イの「除去土壌」には、特定汚染土壌等取扱業務に伴い生じた土壌が含まれるが、作業場所において埋め戻し、盛り土等に使用する土壌等、作業場所から持ち出さない土壌は「除去土壌」には含まれないこと。

キ　第7項第3号の特定汚染土壌等取扱業務の前提となる土壌等を取り扱う業務には、生活基盤の復旧等の作業での土工（準備工、掘削・運搬、盛土・締め固め、整地・整形、法面保護）及び基礎工、仮設工、道路工事、上下水道工事、用水・排水工事、ほ場整備工事における土工関連の作業が含まれるとともに、営農・営林等の作業での耕起、除草、土の掘り起こし等の土壌等を対象とした作業に加え、施肥（土中混和）、田植え、育苗、根菜類の収穫等の作業に付随して土壌等を取り扱う作業が含まれること。ただし、これら作業を短時間で終了する臨時の作業として行う場合はこの限りでないこと。

ク　第8項で規定する特定線量下業務

（ア）　第8項の特定線量下業務の適用の基準である平均空間線量率2.5マイクロシーベルト毎時は、放射線審議会の「ICRP1990年勧告（Pub.60）の国内制度等への取り入れについて（意見具申）」（平成10年6月）に基づき設定された電離則第3条の管理区域設定基準である、3月間につき1.3ミリシーベルト（1年間につき5ミリシーベルトを3月間に割り振ったもの）を、週40時間13週で除したものであること。

　　　なお、平均空間線量率は、各作業場所におけるものであり、製造業等屋内作業については、屋内作業場所の平均空間線量率が2.5マイクロシーベルト毎時以下の場合は、屋外の平均空間線量が2.5マイクロシーベルト毎時を超えていても特定線量下業務には該当しないものとして取り扱うこと。

（イ）　高速で移動することにより2.5マイクロシーベルト毎時を超える場所に滞在する時間が限定される自動車運転作業及びそれに付帯する荷役作業等については、①荷の搬出又は搬入先（生活基盤の復旧作業に付随するものを除く。）が平均空間線量率2.5マイクロシーベルト毎時を超える場所にあり、当該場所に1月あたり40時間以上滞在することが見込まれる作業に従事する場合、又は②2.5マイクロシーベルト毎時を超える場所における生活基盤の復旧作業に付随する荷（建設機械、建設資材、土壌、砂利等）の運搬の作業に従事する場合に限り、特定線量下業務に該当するものとして取り扱うこと。

　　　また、平均空間線量率2.5マイクロシーベルト毎時を超える地域を単に通過する場合については、特定線量下業務には該当しないものとして取り扱うこと。

（ウ）　特定線量下業務は、事故由来放射性物質により 2.5 マイクロシーベルト毎時を超える場所における業務であることから、エックス線装置等の管理された放射線源により 2.5 マイクロシーベルト毎時を超えるおそれのある場所は、引き続き電離則第 3 条第 1 項の管理区域として取り扱うこと。

○除去土壌及び汚染廃棄物の放射能濃度を求める方法（基準告示第 1 条関係）

ア　第 2 条第 7 項第 2 号又は第 3 号における「厚生労働大臣が定める方法」については、基準告示第 1 条によること。

イ　基準告示第 1 条第 1 項の「除去土壌のうち最も放射能濃度が高いと見込まれるもの」には、空間線量率の測定点のうち最も高い空間線量率が測定された地点におけるもの、若しくは雨水、泥等が滞留しやすい場所、植物及びその根元等におけるものがあること。

ウ　試料は、作業場所ごとに（作業場の面積が 1,000 平方メートルを上回る場合は 1,000 平方メートルごとに）数点採取すること。ただし、作業場の面積が 1,000 平方メートルを大きく上回る場合であって、作業場が農地であるなど、汚染土壌等、除去土壌又は汚染廃棄物の放射能濃度が比較的均一であると見込まれる場合は、試料を採取する箇所数は 1,000 平方メートルごとに少なくとも 1 点として差し支えないこと。

エ　基準告示第 1 項第 2 号による分析方法は、同項第 1 号に定める分析を実施することが困難な場合のための簡易な方法として定めたものであり、その具体的な実施手順としては、除染等ガイドラインの別紙 6 － 1（編注：p.240 〜 241）で定めるものがあること。

オ　基準告示第 1 条第 3 項による分析方法は、平均空間線量率が 2.5 マイクロシーベルト毎時以下の場所のうち、森林、農地等のように汚染土壌等が比較的均質な場合は、汚染土壌等の放射能濃度がその直上の空間線量率に比例することが明らかになっていることから、平均空間線量率から汚染土壌等の放射能濃度を簡易に算定する方法として定めたものであり、その具体的な実施手順としては、除染等ガイドラインの別紙 6 － 2（農地土壌）又は 6 － 3（森林土壌等）（編注：p.242 〜 244）で定めるものがあること。

　　ただし、特定汚染土壌等取扱業務であって、耕起されていない農地の地表近くの土壌のみを取り扱う作業、森林の落葉層や地表近くの土壌のみを取り扱う作業又は生活圏（建築物、工作物、道路等の周辺）での作業については、基準告示第 1 条第 1 項第 2 号に基づく測定である、除染等ガイドライン別紙 6 － 1 の簡易測定により、実際に作業で取り扱う汚染土壌等の放射能濃度を求める必要があること。

○平均空間線量率の計算方法（第 2 条第 8 項及び基準告示第 2 条関係）

ア　第 2 条第 8 項の平均空間線量率の算定方法は、基準告示第 2 条に定めるところによること。

イ　基準告示第 2 条第 1 号及び第 2 号は、作業場が農地等であるなど、汚染の状況が比較的均一であると見込まれる場合における平均空間線量率の算定方法を定めたものであること。

ウ　基準告示第2条第1号ロは、特定汚染土壌等取扱作業又は特定線量下作業を行う場合であって、汚染の状況が比較的均一であると見込まれる場合における平均空間線量率の算定方法を定めたものであること。この場合、これら業務は、土壌等の除染等の業務と異なり、作業場の区域の全域にわたって行われるとは限らず特定の場所で行われるため、作業場の区域のうち、実際に作業を行う場所において最も空間線量率が高いと見込まれる3地点の空間線量率の測定結果により平均空間線量率を算定することとしていること。

エ　基準告示第2条第3号は、作業場内の空間線量率に著しい差が生じていると見込まれる場合における時間平均による平均空間線量率の算定方法を定めたものであり、算定に当たっては以下の事項に留意すること。

　①　「作業場の特定の場所に事故由来放射性物質が集中している場合」には、住宅地等における雨水が集まる場所及びその排出口、植物及びその根元、雨水・泥・土がたまりやすい場所、微粒子が付着しやすい構造物等やその近傍等が含まれること。

　②　空間線量率が高いと見込まれる場所の地上1メートルの位置（特定測定点）を1,000平方メートルごとに数点測定すること。

　③　最も被ばく線量が大きいと見込まれる代表的個人について算定すること。

　④　同一場所での作業が複数日にわたって行われる場合は、最も被ばく線量が大きい作業を実施する日を想定して算定すること。

第2章　除染等業務における電離放射線障害の防止

第1節　線量の限度及び測定

（除染等業務従事者の被ばく限度）

第3条　事業者は、除染等業務従事者の受ける実効線量が5年間につき100ミリシーベルトを超えず、かつ、1年間につき50ミリシーベルトを超えないようにしなければならない。

②　事業者は、前項の規定にかかわらず、女性の除染等業務従事者（妊娠する可能性がないと診断されたもの及び次条に規定するものを除く。）の受ける実効線量については、3月間につき5ミリシーベルトを超えないようにしなければならない。

○**除染等業務従事者の被ばく限度（第3条関係）**

ア　第3条第1項に定める被ばく限度は、ICRPの2007年勧告において、現存被ばく状況（放射線源がその管理についての決定をしなければならない時に既に存在する、緊急事態後の長期被ばく状況を含む被ばく状況）においては、計画被ばく状況（放射線源が管理されている被ばく状況）の職業被ばく限度を適用すべきであるとしていることを踏まえ、電離則第4条及び第6条に定める放射線業務従事者の被ばく限度と同じ被ばく限度を採用したものであること。

イ　眼の水晶体の等価線量限度については、除染等作業では指向性の高い線源がないた

め、眼のみが高線量の被ばくをすることは考えられないこと、皮膚の等価線量限度については、除染等作業においては、ベータ線による皮膚の等価線量がガンマ線による実効線量の 10 倍を超えることは考えられないことから、第 3 条の実効線量限度を満たしていれば、眼の水晶体及び皮膚に対する等価線量限度を超えるおそれがないことから、定めていないものであること。

ウ　第 1 項の「5 年間」については、異なる複数の事業場において除染等業務に従事する労働者の被ばく線量管理を適切に行うため、全ての除染等業務を事業として行う事業場において統一的に平成 24 年 1 月 1 日を始期とする 5 年ごとに区分した期間とすること。当該 5 年間の間に新たに除染等業務を事業として実施する事業者についても同様とし、この場合、事業を開始した日から当該 5 年間の末日までの残り年数に 20 ミリシーベルトを乗じた値を、当該 5 年間の末日までの第 1 項の被ばく線量限度とみなして関係規定を適用すること。

エ　第 1 項の「1 年間」については、「5 年間」の始期の日を始期とする 1 年ごとに区分した期間とすること。ただし、平成 23 年 3 月 11 日から平成 23 年 12 月 31 日までに受けた線量は、平成 24 年 1 月 1 日に受けた線量とみなして合算する必要があること。

　　特定汚染土壌等取扱業務については、平成 24 年 1 月 1 日から平成 24 年 6 月 30 日までに受けた線量を把握している場合は、それを平成 24 年 7 月 1 日以降に被ばくした線量に合算して被ばく管理すること。

オ　「1 年間」又は「5 年間」の途中に新たに自らの事業場において除染等業務に従事することとなった労働者については、当該「5 年間」の始期より当該除染等業務に従事するまでの被ばく線量を当該労働者が前の事業者から交付された線量の記録の写し（労働者がこれを有していない場合は前の事業場から再交付を受けさせること。）により確認する必要があること。

　　なお、ウ及びエに関わらず、放射線業務を主として行う事業者については、事業場で統一された別の始期により被ばく線量管理を行っても差し支えないこと。

カ　実効線量が 1 年間に 20 ミリシーベルトを超える労働者を使用する事業者に対しては、作業環境、作業方法及び作業時間等の改善により当該労働者の被ばくの低減を図る必要があること。

キ　始期を除染等業務従事者に周知させる必要があること。

○被ばく限度（第 3 条第 2 項関係）

ア　第 2 項については、妊娠に気付かない時期の胎児の被ばくを特殊な状況下での公衆の被ばくと同等程度以下となるようにするため、「3 月間につき 5 ミリシーベルト」としたこと。なお、「3 月間につき 5 ミリシーベルト」とは、「5 年間につき 100 ミリシーベルト」を 3 月間に割り振ったものであること。

イ　「3 月間」の最初の「3 月間」の始期は第 1 項の「1 年間」の始期と同じ日にすること。「1 年間」の始期は「1 月 1 日」であるので、「3 月間」の始期は「1 月 1 日、4 月 1 日、7 月 1 日及び 10 月 1 日」となること。

ウ　イの始期を除染等業務従事者に周知させること。

エ　第 2 項の「妊娠する可能性がない」との医師の診断を受けた女性についての実効線
　　量の限度は第 1 項によることとなるが、当該診断の確認については、当該診断を受け
　　た女性の任意による診断書の提出によることとし、当該女性が当該診断書を事業者に提
　　出する義務を負うものではないこと。

第 4 条　事業者は、妊娠と診断された女性の除染等業務従事者の受ける線量が、妊娠
　　と診断されたときから出産までの間（以下「妊娠中」という。）につき次の各号に
　　掲げる線量の区分に応じて、それぞれ当該各号に定める値を超えないようにしなけ
　　ればならない。
　　1　内部被ばくによる実効線量　1 ミリシーベルト
　　2　腹部表面に受ける等価線量　2 ミリシーベルト

○被ばく限度（第 4 条関係）
　　妊娠と診断された女性については、胎児の被ばくを公衆の被ばくと同等程度以下になる
ようにするため、他の労働者より厳しい限度を適用することとしたこと。

（線量の測定）
第 5 条　事業者は、除染等業務従事者（特定汚染土壌等取扱業務に従事する労働者
　　にあっては、平均空間線量率が 2.5 マイクロシーベルト毎時以下の場所において
　　のみ特定汚染土壌等取扱業務に従事する者を除く。第 6 項及び第 8 項並びに次
　　条及び第 27 条第 2 項において同じ。）が除染等作業により受ける外部被ばくに
　　よる線量を測定しなければならない。
　②　事業者は、前項の規定による線量の測定に加え、除染等業務従事者が除染特別
　　地域等内（平均空間線量率が 2.5 マイクロシーベルト毎時を超える場所に限る。
　　第 8 項及び第 10 条において同じ。）における除染等作業により受ける内部被ば
　　くによる線量の測定又は内部被ばくに係る検査を次の各号に定めるところにより
　　行わなければならない。
　　1　汚染土壌等又は除去土壌若しくは汚染廃棄物（これらに含まれる事故由来放
　　　　射性物質のうち厚生労働大臣が定める方法によって求めるセシウム 134 及び
　　　　セシウム 137 の放射能濃度の値が 50 万ベクレル毎キログラムを超えるものに
　　　　限る。次号において「高濃度汚染土壌等」という。）を取り扱う作業であって、
　　　　粉じん濃度が 10 ミリグラム毎立方メートルを超える場所において行われるも
　　　　のに従事する除染等業務従事者については、3 月以内（1 月間に受ける実効線
　　　　量が 1.7 ミリシーベルトを超えるおそれのある女性（妊娠する可能性がないと
　　　　診断されたものを除く。）及び妊娠中の女性にあっては 1 月以内）ごとに 1 回

内部被ばくによる線量の測定を行うこと。

  2　次のイ又はロに掲げる作業に従事する除染等業務従事者については、厚生労働大臣が定める方法により内部被ばくに係る検査を行うこと。

　　イ　高濃度汚染土壌等を取り扱う作業であって、粉じん濃度が 10 ミリグラム毎立方メートル以下の場所において行われるもの

　　ロ　高濃度汚染土壌等以外の汚染土壌等又は除去土壌若しくは汚染廃棄物を取り扱う作業であって、粉じん濃度が 10 ミリグラム毎立方メートルを超える場所において行われるもの

③　事業者は、前項第 2 号の規定に基づき除染等業務従事者に行った検査の結果が内部被ばくについて厚生労働大臣が定める基準を超えた場合においては、当該除染等業務従事者について、同項第 1 号で定める方法により内部被ばくによる線量の測定を行わなければならない。

④　第 1 項の規定による外部被ばくによる線量の測定は、1 センチメートル線量当量について行うものとする。

⑤　第 1 項の規定による外部被ばくによる線量の測定は、男性又は妊娠する可能性がないと診断された女性にあっては胸部に、その他の女性にあっては腹部に放射線測定器を装着させて行わなければならない。

⑥　前二項の規定にかかわらず、事業者は、除染等業務従事者の除染特別地域等内（平均空間線量率が 2.5 マイクロシーベルト毎時以下の場所に限る。）における除染等作業により受ける第 1 項の規定による外部被ばくによる線量の測定を厚生労働大臣が定める方法により行うことができる。

⑦　第 2 項の規定による内部被ばくによる線量の測定に当たっては、厚生労働大臣が定める方法によってその値を求めるものとする。

⑧　除染等業務従事者は、除染特別地域等内における除染等作業を行う場所において、放射線測定器を装着しなければならない。

○線量の測定（第 5 条関係）

ア　第 1 項の外部被ばく線量の測定については、土壌の除染等の業務又は廃棄物収集等業務と同様に、特定汚染土壌等取扱業務のうち、事業の性質上、作業場所を限定することができない生活基盤の復旧作業等、電離則の管理区域設定基準と同じ 2.5 マイクロシーベルト毎時を超える場所において労働者を作業に従事させることが見込まれる事業者に対して、外部被ばく線量の測定を義務付けたものであること。一方、営農等の作業場所が特定されている作業であって、2.5 マイクロシーベルト毎時以下の場所のみで作業に従事する労働者については、外部被ばく測定を義務付けていないものであること。

イ　第 1 項の「除染特別地域等内における除染等作業により受ける外部被ばく」とは、除染等作業に従事する間（拘束時間）における外部被ばくであり、いわゆる生活時間における被ばくについては含まれないこと。

ウ　第2項の2.5マイクロシーベルト毎時は、電離則第3条の管理区域設定基準である、3月間につき1.3ミリシーベルト（1年間につき5ミリシーベルト）を、1年間の労働時間である、週40時間52週間で割戻したものであること。

エ　第2項第1号の女性（妊娠する可能性がないと診断されたものを除く。）について1月以内ごとに1回、それ以外の者は3月以内ごとに1回の測定を行うのは、それぞれの被ばく線量限度を適用する期間より短い期間で線量の算定、記録を行うことにより、当該被ばく線量限度を超えないように管理するためであること。ただし、1月間に1.7ミリシーベルトを超えるおそれのない女性については、3月で5ミリシーベルトを超えるおそれがないので、3月以内ごとに1回の測定を行えば足りること。なお、「1月間に受ける実効線量が1.7ミリシーベルトを超えるおそれのある」ことの判断に当たっては、個人の被ばく歴、当該者が今後就くことが予定されている業務内容及び作業場の平均空間線量率等から合理的に判断すれば足りるものであること。

○内部被ばく測定（第5条第2項第1号及び第2号関係）

ア　第5条第2項第1号は、粉じん濃度が10ミリグラム毎立方メートルを超える場所において、高濃度汚染土壌等（放射能濃度が50万ベクレル毎キログラムを超えるものに限る。以下同じ。）を取り扱う作業を実施する状況では、防じんマスクが全く使用されない無防備な状況を想定した場合、内部被ばく実効線量が1年につき1ミリシーベルトを超える可能性があることから、3月以内ごとに1回の内部被ばく測定を義務付けたものであること。

なお、放射能濃度50万ベクレル毎キログラムを超える高濃度汚染土壌等は、計画的避難区域又は警戒区域以外の地域では、ほとんど観測されていないこと。

イ　第5条第2項第2号は、アの想定結果を踏まえ、粉じん濃度が10ミリグラム毎立方メートルを超える場所における作業又は高濃度汚染土壌等を取り扱う作業を行う場合にあっては、直ちに同条第2項第1号の内部被ばく測定を行うのではなく、1日の作業終了時に同条第2項第2号のスクリーニング検査を実施し、スクリーニング検査の基準値を超えたことがあった場合は、3月以内ごとに1回、内部被ばく測定を義務付けたものであること。

なお、粉じん濃度が10ミリグラム毎立方メートルを超える場所でなく、かつ、高濃度汚染土壌等を取り扱う作業を行わない場合であっても、突発的に高い濃度の粉じんにばく露された場合にはスクリーニング検査を実施することが望ましいこと。

ウ　第5条第2項において、粉じん濃度が10ミリグラム毎立方メートルを超える場所における作業に該当するかどうかの判断については、以下のとおりとすること。

①　土壌等のはぎ取り、アスファルト・コンクリートの表面研削・はつり、除草作業、除去土壌等のかき集め・袋詰め、建築・工作物の解体等を乾燥した状態で行う場合は、粉じん濃度が10ミリグラム毎立方メートルを超えるものとみなして第5条第2項各号に定める措置を講ずること。

②　①にかかわらず、作業中に粉じん濃度の測定を行った場合は、その測定結果に

よって高濃度粉じん作業に該当するかどうか判断すること。測定による判断方法については、除染等ガイドラインの別紙3で定める方法があること。

○スクリーニング検査（第5条第2項第2号及び第5条第3項関係）

ア　第5条第2項第2号の厚生労働大臣が定める方法による内部被ばくに係る検査は、基準告示第3条によること。

イ　第5条第3項の厚生労働大臣が定める基準は、基準告示第4条に規定されていること。同条において、スクリーニング検査の基準値は、防じんマスク又は鼻腔内に付着した放射性物質の表面密度について、除染等業務従事者が1日の除染等作業により受ける内部被ばくによる線量の合計が、3月間に換算して1ミリシーベルトを十分下回るものとなることを確認するに足る数値であるが、その判断基準値の設定に当たっての目安としては以下のものがあること。

① 防じんマスクの表面密度の判断基準の設定の目安には、10,000カウント毎分（通常、防護係数は3を期待できるところ防護係数を2とする厳しい仮定を置き、防じんマスクの表面に50％が付着して残りの50％を吸入すると仮定して試算した場合、3月間につき内部被ばく実効線量は約0.01ミリシーベルト相当）があること。

② 鼻腔内に付着した放射性物質の表面密度の測定（以下「鼻スミアテスト」という。）の判断基準値の目安には、2次スクリーニング検査とすることを想定し、1,000カウント毎分（内部被ばく実効線量約0.03ミリシーベルト相当）又は10,000カウント毎分（内部被ばく実効線量約0.3ミリシーベルト相当）があること。

ウ　第5条第3項に定める、厚生労働大臣の定める基準を超えた場合の措置については、判断基準値にイの目安を使う場合には以下の方法があること。

① 防じんマスクによる検査結果が判断基準値を超えた場合は、鼻スミアテストを実施すること。

② 鼻スミアテストにより10,000カウント毎分を超えた場合は、3月以内ごとに1回、内部被ばく測定を実施すること。なお、女性（妊娠する可能性がないと診断されたものを除く。）にあっては、鼻スミアテストの基準値を超えた場合は、直ちに内部被ばく測定を実施すること。

③ 鼻スミアテストにより、1,000カウント毎分を超えて10,000カウント毎分以下の場合は、その結果を記録し、1,000カウント毎分を超えることが数回以上あった場合は、3月以内ごとに1回内部被ばく測定を実施すること。

○線量の測定（第5条第4項、第5項及び第7項関係）

ア　第4項の「1センチメートル線量当量」は、セシウム134及びセシウム137による被ばくが1センチメートル線量当量による測定のみで足りることから定められたものであること。

イ　第5項に規定する部位に放射線測定器を装着するのは、当該部位に受けた1センチメートル線量当量から、実効線量及び女性の腹部表面の等価線量を算定するためである

こと。

ウ　第7項に規定する厚生労働大臣が定める内部被ばく線量の測定の方法は、基準告示第6条によること。

○平均空間線量率が2.5マイクロシーベルト毎時以下の地域における外部被ばく線量測定（第5条第6項関係）

ア　第5条第6項の厚生労働大臣が定める方法は、基準告示第5条によること。

イ　基準告示第5条第1号の方法により外部被ばくを評価する場合、第5条第5項の放射線測定器を装着する場所が性別等により異なることから、女性（妊娠する可能性がないと診断されたものを除く。）の除染等作業従事者がいる作業場においては、放射線測定器を胸部又は腹部に装着する者をそれぞれ少なくとも1人ずつ選定すること。

ウ　基準告示第5条第2号の方法により外部被ばく線量を評価する場合、各除染等業務従事者の労働時間を把握し、それを基準告示第2条で定める方法により算定した平均空間線量率に乗じて個々の除染等業務従事者の外部被ばく線量を算定すること。

（線量の測定結果の確認、記録等）

第6条　事業者は、1日における外部被ばくによる線量が1センチメートル線量当量について1ミリシーベルトを超えるおそれのある除染等業務従事者については、前条第1項の規定による外部被ばくによる線量の測定の結果を毎日確認しなければならない。

②　事業者は、前条第5項から第7項までの規定による測定又は計算の結果に基づき、次の各号に掲げる除染等業務従事者の線量を、遅滞なく、厚生労働大臣が定める方法により算定し、これを記録し、これを30年間保存しなければならない。ただし、当該記録を5年間保存した後又は当該除染等業務従事者に係る記録を当該除染等業務従事者が離職した後において、厚生労働大臣が指定する機関に引き渡すときは、この限りでない。

1　男性又は妊娠する可能性がないと診断された女性の実効線量の3月ごと、1年ごと及び5年ごとの合計（5年間において、実効線量が1年間につき20ミリシーベルトを超えたことのない者にあっては、3月ごと及び1年ごとの合計）

2　女性（妊娠する可能性がないと診断されたものを除く。）の実効線量の1月ごと、3月ごと及び1年ごとの合計（1月間に受ける実効線量が1.7ミリシーベルトを超えるおそれのないものにあっては、3月ごと及び1年ごとの合計）

3　妊娠中の女性の内部被ばくによる実効線量及び腹部表面に受ける等価線量の1月ごと及び妊娠中の合計

③　事業者は、前項の規定による記録に基づき、除染等業務従事者に同項各号に掲げる線量を、遅滞なく、知らせなければならない。

○線量の測定結果の確認、記録等（第6条関係）

ア　第1項は、1日における外部被ばくによる線量が1センチメートル線量当量について1ミリシーベルトを超えるおそれのある除染等業務従事者については、3月ごと又は1月ごとの線量の確認では、その間に第3条及び第4条に規定する被ばく限度を超えて被ばくするおそれがあることから、線量測定の結果を毎日確認しなければならないこととしたものであること。このような除染等業務従事者について、事業者は、警報装置付き放射線測定器を装着させる等により、一定限度の被ばくを避けるよう配慮すること。

イ　第2項は、放射線による確率的影響は晩発性であることに鑑みて、保存年限を30年間とし、また、被ばく限度が5年間につき100ミリシーベルトであることから、最低限5年間は事業者において記録を保管することを義務付けていたところであるが、地域によっては除染等業務が今後5年間継続して実施されるとは限らないことを踏まえ、今回の改正により、除染等業務従事者が離職した後には、厚生労働大臣が指定する機関に当該従事者に係る記録を引き渡すことを可能としたこと。

ウ　第2項第1号において、3月ごとの合計を算定、記録し、同項第2号及び第3号において女性（妊娠する可能性がないと診断されたものを除く。）について1月ごとの合計を算定、記録するのは、それぞれの被ばく線量限度を適用する期間より短い期間で線量の算定、記録を行うことにより、当該被ばく線量限度を超えないように管理するものであること。

エ　第2項第1号において、5年間のうちどの1年間についても実効線量が20ミリシーベルトを超えない者については、当該5年間の合計線量の確認、記録を要しないこととしているが、5年間のうち1年間でも20ミリシーベルトを超えた者については、それ以降は、当該5年間の初めからの累積線量の確認、記録を併せて行うこと。

オ　第2項第1号の記録については、3月未満の期間を定めた労働契約又は派遣契約により労働者を使用する場合には、被ばく線量の算定を1月ごとに行い、記録すること。

第 2 節　除染等業務の実施に関する措置

（事前調査等）

第 7 条　事業者は、除染等業務（特定汚染土壌等取扱業務を除く。）を行おうとする
ときは、あらかじめ、除染等作業（特定汚染土壌等取扱業務に係る除染等作業（以
下「特定汚染土壌等取扱作業」という。以下同じ。）を除く。以下この項及び第 3
項において同じ。）を行う場所について、次の各号に掲げる事項を調査し、その結
果を記録しておかなければならない。

1　除染等作業の場所の状況

2　除染等作業の場所の平均空間線量率

3　除染等作業の対象となる汚染土壌等又は除去土壌若しくは汚染廃棄物に含まれ
る事故由来放射性物質のうち厚生労働大臣が定める方法によって求めるセシウム
134 及びセシウム 137 の放射能濃度の値

②　事業者は、特定汚染土壌等取扱業務を行うときは、当該業務の開始前及び開始後
2 週間ごとに、特定汚染土壌等取扱作業を行う場所について、前項各号に掲げる事
項を調査し、その結果を記録しておかなければならない。

③　事業者は、労働者を除染等作業に従事させる場合には、あらかじめ、第 1 項の調
査が終了した年月日並びに調査の方法及び結果の概要を当該労働者に明示しなけれ
ばならない。

④　事業者は、労働者を特定汚染土壌等取扱作業に従事させる場合には、当該作業の
開始前及び開始後 2 週間ごとに、第 2 項の調査が終了した年月日並びに調査の方
法及び結果の概要を当該労働者に明示しなければならない。

○事前調査等（第 7 条関係）

ア　第 7 条は、除染等業務においては、作業場ごとに放射線源の所在が異なるととも
に、作業場の形状や作業内容により労働者ごとに被ばくの状況が異なるため、除染等業務を
行う前に、除染等作業の場所の状況、平均空間線量率、作業の対象となる汚染土壌等又
は除去土壌若しくは汚染廃棄物におけるセシウム 134 及びセシウム 137 の放射能濃度
の値を調査し、その結果を記録することを義務付けたものであること。

イ　第 1 項第 1 号の「除染等作業の場所の状況」には、除染等作業を行う場所の地表、
草木、建築物・工作物、雨水の集合場所、傾斜、作業場所の周辺の状況のほか、水道・
電気、作業場所までの道路の使用可能性等が含まれること。

ウ　第 2 項の特定汚染土壌等取扱業務については、営農等、同一の場所において継続し
て業務を行うことがあるため、作業の開始前のみならず、開始後 2 週間ごとに、作業
の場所の状況、平均空間線量率及び汚染土壌等の濃度を調査することを義務付けたもの
であり、第 4 項は、その結果を労働者に明示することを義務付けたものであること。

エ　第 2 項により調査する第 1 項第 1 号の作業の場所の状況については、作業を行う場
所の地表、草木、雨水の集合場所、傾斜、作業場所の周辺の状況のほか、作業場所まで

の道路の使用可能性等が含まれるが、2週間ごとに行う調査は、調査後に状況に変動があった事項について実施すれば差し支えないこと。

オ　第2項により調査する第1項第2号の平均空間線量率については、作業場所が2.5マイクロシーベルト毎時を超えて被ばく線量管理が必要か否かを判断するために行われるものであるため、原子力規制委員会が公表している航空機モニタリング等の結果を踏まえ、事業者が、作業場所が明らかに2.5マイクロシーベルト毎時を超えていると判断する場合、作業場所に係る航空機モニタリング等の結果をもって平均空間線量率の測定に代えることができること。

　　また、継続して作業を行っている間2週間につき一度行う測定については、天候等による測定値の変動に備え、測定値が2.5マイクロシーベルト毎時のおよそ9割を下回れば、測定を行わないこととして差し支えないこと。ただし、台風や洪水、地滑り等、周辺環境に大きな変化があった場合は、測定を実施する必要があること。

カ　第2項により調査する第1項3号の汚染土壌等の放射能濃度について、継続して作業を行っている間2週間に一度行う測定は、測定値が1万ベクレル毎キログラムを明らかに下回る場合は、その後の測定を行わないこととして差し支えないこと。それ以外の場合は、測定値が概ね10週間にわたって1万ベクレル毎キログラムを下回れば、測定を行わないこととして差し支えないこと。ただし、台風や洪水、地滑り等、周辺環境に大きな変化があった場合は、測定を実施する必要があること。

　　なお、事前調査は、汚染土壌等の濃度が1万ベクレル毎キログラム又は50万ベクレル毎キログラムを超えているかどうかを判断するために行われるものであるため、除染等ガイドライン別紙6-2又は6-3（編注：p.242〜244）の早見表その他の知見に基づき、土壌の掘削深さ及び作業場所の平均空間線量率等から、作業の対象となる汚染土壌等の放射能濃度が1万ベクレル毎キログラムを明らかに下回り、特定汚染土壌等取扱業務に該当しないことを明確に判断できる場合にまで、作業前の放射能濃度測定を義務付ける趣旨ではないこと。

キ　第2項の事前調査の結果等の労働者への明示については、書面により行うこと。

> （作業計画）
>
> **第 8 条**　事業者は、除染等業務（特定汚染土壌等取扱業務にあっては、平均空間線量率が 2.5 マイクロシーベルト毎時以下の場所において行われるものを除く。以下この条、次条及び第 20 条第 1 項において同じ。）を行おうとするときは、あらかじめ、除染等作業（特定汚染土壌等取扱作業にあっては、平均空間線量率が 2.5 マイクロシーベルト毎時以下の場所において行われるものを除く。以下この条及び次条において同じ。）の作業計画を定め、かつ、当該作業計画により除染等作業を行わなければならない。
>
> ②　前項の作業計画は、次の各号に掲げる事項が示されているものでなければならない。
>
> 　1　除染等作業の場所及び除染等作業の方法
>
> 　2　除染等業務従事者（特定汚染土壌等取扱業務に従事する労働者にあっては、平均空間線量率が 2.5 マイクロシーベルト毎時以下の場所において従事するものを除く。以下この条、次条、第 20 条から第 23 条まで及び第 28 条第 2 項において同じ。）の被ばく線量の測定方法
>
> 　3　除染等業務従事者の被ばくを低減するための措置
>
> 　4　除染等作業に使用する機械、器具その他の設備（次条第 2 号及び第 19 条第 1 項において「機械等」という。）の種類及び能力
>
> 　5　労働災害が発生した場合の応急の措置
>
> ③　事業者は、第 1 項の作業計画を定めたときは、前項の規定により示される事項について関係労働者に周知しなければならない。

○作業計画（第 8 条関係）

ア　作業計画は、第 7 条に規定する事前調査の結果に基づいて策定すること。

イ　（編注：特定汚染土壌取扱業務の場合は）作業計画及び作業指揮者については、特定汚染土壌取扱業務の内容に照らし、特定汚染土壌等を高い頻度で取り扱い、作業計画により被ばくの低減措置が必要となる 2.5 マイクロシーベルト毎時を超える場所において作業を行う場合に実施を義務付けたものであること。

ウ　第 2 項第 1 号の「除染等作業等の場所」については、飲食・喫煙が可能な休憩場所、退去者及び持ち出し物品の汚染検査場所を含むこと。

エ　第 2 項第 1 号の「除染等作業の方法」には、除染等業務従事者の配置、機械等の使用方法、作業手順、作業環境等が含まれること。

オ　第 2 項第 2 号の「被ばく線量の測定方法」には、平均空間線量率の測定方法、使用する放射線測定器の種類と数量、放射線測定器の使用方法等が含まれること。

カ　第 2 項第 3 号の「被ばくを低減するための措置」には、作業時間短縮等被ばくを低減するための方法及び平均空間線量率及び労働時間による被ばく線量の推定及びそれに基づく被ばく線量目標値の設定が含まれること。

キ　第2号第5号の「労働災害が発生した場合の応急の措置」には、使用機器等の安全な停止の方法、汚染拡大防止のための措置、安全な場所への待避の方法、警報の方法、被災者の救護の措置等が含まれること。

> （作業の指揮者）
> **第9条**　事業者は、除染等業務を行うときは、除染等作業を指揮するため必要な能力を有すると認められる者のうちから、当該除染等作業の指揮者を定め、その者に前条第1項の作業計画に基づき当該除染等作業の指揮を行わせるとともに、次の各号に掲げる事項を行わせなければならない。
> 1　除染等作業の手順及び除染等業務従事者の配置を決定すること。
> 2　除染等作業に使用する機械等の機能を点検し、不良品を取り除くこと。
> 3　放射線測定器及び保護具の使用状況を監視すること。
> 4　除染等作業を行う箇所には、関係者以外の者を立ち入らせないこと。

○作業の指揮者（第9条関係）

ア　第9条は、除染等作業において、第8条の作業計画に基づく適切な作業を実施させるため、作業の指揮者を定め、その者に作業の指揮をさせることを義務付けたものであること。

イ　（編注：特定汚染土壌の場合は）作業計画及び作業指揮者については、特定汚染土壌取扱業務の内容に照らし、特定汚染土壌等を高い頻度で取り扱い、作業計画により被ばくの低減措置が必要となる2.5マイクロシーベルト毎時を超える場所において作業を行う場合に実施を義務付けたものであること。

ウ　第9条の「必要な能力を有すると認められる者」とは、除染等作業に類似する作業に従事した経験を有する者であって第19条の特別教育を修了し、若しくは当該特別教育の科目の全部について十分な知識及び技能を有していると認められるもの又は以下の項目を満たす教育を受講した者であって第19条の特別教育を修了したものとすること。
①　作業の方法の決定及び除染等業務従事者の配置に関すること
②　除染等業務従事者に対する指揮の方法に関すること
③　異常な事態が発生した時における措置に関すること

（作業の届出）

第10条　事業者（労働安全衛生法（以下「法」という。）第15条第1項に規定する元方事業者に該当する者がいる場合にあっては、当該元方事業者に限る。）は、除染特別地域等内において土壌等の除染等の業務又は特定汚染土壌等取扱業務を行おうとするときは、あらかじめ、様式第1号による届書を当該事業場の所在地を管轄する労働基準監督署長（以下「所轄労働基準監督署長」という。）に提出しなければならない。

○作業の届出（第10条関係）

　第10条は、土壌等の除染等の業務及び特定汚染土壌等取扱業務の性質上、作業場が短期間で移動してしまうことにより、労働基準監督機関における作業場の把握が困難となることから、除染特別地域等内（平均空間線量率2.5マイクロシーベルト毎時を超える場所に限る。第5条第2項において規定。）において当該業務を行う事業者（元方事業者に該当する者がいる場合は元方事業者）に対し、あらかじめ、事業場の所在地を管轄する労働基準監督署長（以下「所轄労働基準監督署長」という。）に作業の届出の提出を義務付けたものであること。

（診察等）

第11条　事業者は、次の各号のいずれかに該当する除染等業務従事者に、速やかに、医師の診察又は処置を受けさせなければならない。

1　第3条第1項に規定する限度を超えて実効線量を受けた者
2　事故由来放射性物質を誤って吸入摂取し、又は経口摂取した者
3　洗身等により汚染を40ベクレル毎平方センチメートル以下にすることができない者
4　傷創部が汚染された者

②　事業者は、前項各号のいずれかに該当する除染等業務従事者があるときは、速やかに、その旨を所轄労働基準監督署長に報告しなければならない。

○診察等（第11条関係）

ア　第11条は、除染等業務従事者に放射線による障害が生ずるおそれがある場合に、医師の診察又は処置を受けさせることを義務付けたものであること。

イ　第1項第2号の「誤って吸入摂取し、又は経口摂取した者」とは、事故等で大量の土砂等に埋まったこと等により、大量の土砂や汚染水が口に入った者又は鼻スミアテスト等を実施してその基準を超えた者等、一定程度の内部被ばくが見込まれる者に限るものであること。

第3節　汚染の防止

（粉じんの発散を抑制するための措置）

第12条　事業者は、除染等作業（特定汚染土壌等取扱作業を除く。以下この条において同じ。）のうち第5条第2項各号に規定するものを除染等業務従事者（特定汚染土壌等取扱業務に従事する労働者を除く。）に行わせるときは、当該除染等作業の対象となる汚染土壌等又は除去土壌若しくは汚染廃棄物を湿潤な状態にする等粉じんの発散を抑制するための措置を講じなければならない。

○**粉じんの発散を抑制するための措置（第12条関係）**

　第12条でいう「湿潤な状態」とは水を噴霧する等により表土等を湿らせた状態のことをいうものであること。また、汚染水の発生を抑制するため、通常のホース等による散水ではなく、噴霧（霧状の水による湿潤）により行うこと。

　また、「湿潤な状態にする等」の「等」には、粉じんの発散抑制効果のある化学物質の散布が含まれること。なお、噴霧するための水が入手不能な場合には、適切な保護具を使用して作業を実施すること。

（廃棄物収集等業務を行う際の容器の使用等）

第13条　事業者は、廃棄物収集等業務を行うときは、汚染の拡大を防止するため、容器を用いなければならない。ただし、容器に入れることが著しく困難なものについて、除去土壌又は汚染廃棄物が飛散し、及び流出しないように必要な措置を講じたときは、この限りでない。

②　事業者は、前項本文の容器については、次の各号に掲げる廃棄物収集等業務の区分に応じ、当該各号に定める構造を具備したものを用いなければならない。

　1　除去土壌又は汚染廃棄物の収集又は保管に係る業務　除去土壌又は汚染廃棄物が飛散し、及び流出するおそれがないもの

　2　除去土壌又は汚染廃棄物の運搬に係る業務　除去土壌又は汚染廃棄物が飛散し、及び流出するおそれがないものであって、容器の表面（容器をこん包するときは、そのこん包の表面）から1メートルの距離における1センチメートル線量当量率が、0.1ミリシーベルト毎時を超えないもの。ただし、容器を専用積載で運搬する場合であって、運搬車の前面、後面及び両側面（車両が開放型のものである場合にあっては、その外輪郭に接する垂直面）から1メートルの距離における1センチメートル線量当量率の最大値が0.1ミリシーベルト毎時を超えないように、放射線を遮蔽する等必要な措置を講ずるときは、この限りでない。

③　事業者は、第1項本文の容器には、除去土壌又は汚染廃棄物を入れるものである旨を表示しなければならない。

④　事業者は、除去土壌又は汚染廃棄物を保管するときは、第1項本文の容器を用い、又は同項ただし書の措置を講ずるほか、次の各号に掲げる措置を講じなければならない。

1　除去土壌又は汚染廃棄物を保管していることを標識により明示すること。

2　関係者以外の者が立ち入ることを禁止するため、囲い等を設けること。

○廃棄物収集等業務を行う際の容器の使用等（第13条関係）

ア　第1項本文の「容器に入れることが著しく困難なもの」には、大型の機械、容器の大きさを超える伐木、解体物等が含まれること。

イ　第1項ただし書の「飛散し、及び流出しないように必要な措置を講じたとき」とは、ビニールシートによるこん包等の措置を講じたとき等が含まれること。

ウ　第2項第2号は、除去土壌又は汚染廃棄物の運搬に係る業務においては、運搬車の遮蔽効果を踏まえ、容器を運搬車に搭載した状態の運搬車の表面線量率を規制する趣旨であること。

エ　第3項の「表示」は、他人が識別しやすい程度の大きさのものとするほか、文字の色についても他人が識別しやすい色とすること。

オ　第4項第2号の「囲い」は、複数のカラーコーンをテープ又はロープでつないだもの等簡易なもので差し支えないこと。

（退出者の汚染検査）

第14条　事業者は、除染等業務が行われる作業場又はその近隣の場所に汚染検査場所を設け、除染等作業を行わせた除染等業務従事者が当該作業場から退出するときは、その身体及び衣服、履物、作業衣、保護具等身体に装着している物（以下この条において「装具」という。）の汚染の状態を検査しなければならない。

②　事業者は、前項の検査により除染等業務従事者の身体又は装具が40ベクレル毎平方センチメートルを超えて汚染されていると認められるときは、同項の汚染検査場所において次の各号に掲げる措置を講じなければ、当該除染等業務従事者を同項の作業場から退出させてはならない。

1　身体が汚染されているときは、その汚染が40ベクレル毎平方センチメートル以下になるように洗身等をさせること。

2　装具が汚染されているときは、その装具を脱がせ、又は取り外させること。

③　除染等業務従事者は、前項の規定による事業者の指示に従い、洗身等をし、又は装具を脱ぎ、若しくは取り外さなければならない。

○退出者の汚染検査（第14条関係）

ア　第14条第1項の「汚染検査場所」には、汚染検査のための放射線測定器を備え付け

るほか、洗浄設備等除染のための設備、防じんマスク等の汚染廃棄物の一時保管のための設備を設けること。汚染検査場所は屋外であっても差し支えないが、汚染拡大防止のためテント等により覆われているものであること。

イ　第14条第1項の「除染等業務が行われる作業場又はその近隣の場所」には、以下の場所が含まれること。

①　除染等事業者が除染等業務を請け負った場所とそれ以外の場所の境界付近を原則とするが、地形等のため、これが困難な場合は、境界の近傍を含むこと。

②　①にかかわらず、一つの除染等事業者が複数の作業場所での除染等業務を請け負った場合、密閉された車両で移動する等、作業場所から汚染検査場所に移動する間に汚染された労働者や物品による汚染拡大を防ぐ措置が講じられている複数の作業場所を担当する集約汚染検査場所を設ける任意の場所は「作業場の近隣の場所」に含まれること。複数の除染事業者が共同で集約汚染検査場所を設ける場合、発注者が設置した汚染検査場所を利用する場合も同様とすること。

ウ　第14条第1項の「作業場から退出するとき」には、密閉された車両等を使用する等汚染拡大防止を講じた上で他の作業場所に移動する場合は該当しないこと。

エ　第2項第1号に規定する「40ベクレル毎平方センチメートル」は、GM計数管のカウント値で13,000カウント毎分と同等であると取り扱って差し支えないこと。なお、周辺の空間線量が高いため、汚染限度の測定が困難な場合は、汚染検査場所を空間線量が十分に低い場所に設置すること。

オ　洗身等によっても身体の汚染が40ベクレル毎平方センチメートル以下にできない者については、第11条第1項第3号の規定により医師の診察を受けさせる必要があることから、医師の診察を受けさせる場合においては、当該者を作業場から退出させて差し支えないこと。

（持出し物品の汚染検査）

第15条　事業者は、除染等業務が行われる作業場から持ち出す物品については、持出しの際に、前条第1項の汚染検査場所において、その汚染の状態を検査しなければならない。ただし、第13条第1項本文の容器を用い、又は同項ただし書の措置を講じて、他の除染等業務が行われる作業場まで運搬するときは、この限りでない。

②　事業者及び労働者は、前項の検査により、当該物品が40ベクレル毎平方センチメートルを超えて汚染されていると認められるときは、その物品を持ち出してはならない。ただし、第13条第1項本文の容器を用い、又は同項ただし書の措置を講じて、汚染を除去するための施設、貯蔵施設若しくは廃棄のための施設又は他の除染等業務が行われる作業場まで運搬するときは、この限りでない。

○**持ち出し物品の汚染検査（第15条関係）**

ア　タイヤ等地面に直接触れる部分については、汚染検査後の運行経路で再度汚染される

可能性があるため、第15条第1項の「持ち出し物品」汚染検査を行わなくて差し支えないこと。

イ　除去土壌又は汚染廃棄物を運搬した車両については、荷下ろし場所において、荷台等の除染及び汚染検査を行うことが望ましいが、それが困難な場合、第13条に定める飛散防止の措置を講じた上で、汚染検査場所に戻り、そこで汚染検査を行うこと。

（保護具）

第16条　事業者は、除染等作業のうち第5条第2項各号に規定するものを除染等業務従事者に行わせるときは、当該除染等作業の内容に応じて厚生労働大臣が定める区分に従って、防じんマスク等の有効な呼吸用保護具、汚染を防止するために有効な保護衣類、手袋又は履物を備え、これらを当該除染等作業に従事する除染等業務従事者に使用させなければならない。

②　除染等業務従事者は、前項の作業に従事する間、同項の保護具を使用しなければならない。

○保護具（第16条関係）

ア　第16条第1項の厚生労働大臣が定める区分については、基準告示第8条に規定されていること。

イ　基準告示第8条で定める防じんマスクの捕集効率については、高濃度汚染土壌等を取り扱う作業であって、粉じん濃度が10ミリグラム毎立方メートルを超える場所において作業を行う場合、内部被ばく線量を1年につき1ミリシーベルト以下とするため、漏れを考慮しても、7以上の防護係数を期待できる捕集効率95％以上の半面型防じんマスクの着用を義務付けたものであること。

ウ　高濃度汚染土壌等を取り扱う作業又は粉じん濃度が10ミリグラム毎立方メートルを超える場所における作業のいずれかに該当するものを行う場合にあっては、十分な防護を実現するため、捕集効率80％以上の防じんマスクの着用を義務付けたものであること。

エ　高濃度粉じん土壌等を取り扱うことがない作業であって、かつ、粉じん濃度が10ミリグラム毎立方メートル以下の場所における作業を行う場合にあっては、最大予測値の試算を行っても内部被ばく線量は最大でも1年につき0.15ミリシーベルト程度であるため、防じんマスクの着用の義務付けはないこと。ただし、じん肺予防の観点から定められている粉じん障害防止規則（昭和54年労働省令第18号）第27条の基準に該当しない作業（草木や腐葉土等の取扱等）であっても、サージカルマスク等を着用すること。

○保護衣等（第16条関係）

ア　第16条第1項の厚生労働大臣が定める区分については、基準告示第8条に示すとこ

ろによること。

イ　高濃度汚染土壌等を取り扱う作業を行う場合、汚染拡大を防止するため、ゴム手袋の着用を義務付けたものであること。

ウ　粉じん濃度が10ミリグラム毎立方メートルを超える場所において高濃度汚染土壌等を取り扱う作業を行う場合にあっては、汚染拡大防止のため、全身化学防護服（例：密閉形タイベックスーツ）等の防じん性の高い保護衣類の着用を義務付けたものであること。

エ　除染等作業では水を使うことが多く、汚染の人体や衣服への浸透を防止するため、また、汚染した場合の除染を容易にするため、ゴム長靴等の不浸透性の素材による靴の着用を義務付けたものであること。なお、作業の性質上、ゴム長靴等を使用することが困難な場合は、靴の上をビニールにより覆う等の措置が必要であること。

（保護具の汚染除去）

第17条　事業者は、前条の規定により使用させる保護具が40ベクレル毎平方センチメートルを超えて汚染されていると認められるときは、あらかじめ、洗浄等により40ベクレル毎平方センチメートル以下になるまで汚染を除去しなければ、除染等業務従事者に使用させてはならない。

（喫煙等の禁止）

第18条　事業者は、除染等業務を行うときは、事故由来放射性物質を吸入摂取し、又は経口摂取するおそれのある作業場で労働者が喫煙し、又は飲食することを禁止し、かつ、その旨を、あらかじめ、労働者に明示しなければならない。

②　労働者は、前項の作業場で喫煙し、又は飲食してはならない。

○**喫煙等の禁止（第18条関係）**

ア　第18条第1項の「事故由来放射性物質を吸入摂取し、又は経口摂取するおそれのある作業場」に該当しない場所は、原則として、車内等、外気から遮断された場所であるが、これが確保できない場合、以下の要件を満たす場所とすること。喫煙については、屋外であって、以下の要件を満たす場所とすること。

①　高濃度の汚染土壌等が近傍にないこと。

②　粉じんの吸引を防止するため、休憩は一斉にとることとし、作業中断後、20分間程度、飲食・喫煙をしないこと。

③　作業場所の風上であること。風上方向に移動できない場合、少なくとも風下方向に移動しないこと。

④　飲食・喫煙を行う前に、手袋、防じんマスク等、汚染された装具を外した上で、手を洗う等の洗浄措置を講じること。高濃度の汚染土壌等を取り扱った場合は、飲食前

に身体等の汚染検査を行うこと。

⑤　作業中に使用したマスクは、飲食・喫煙中に放射性物質が内面に付着しないように保管するか、廃棄すること。なお、廃棄する前には、スクリーニング検査のために、マスク表面の事故由来放射性物質の表面密度を測定すること。

⑥　作業中の水分補給については、熱中症予防等のためやむを得ない場合に限るものとし、作業場所の風上に移動した上で、手袋を脱ぐ等の汚染防止措置を行った上で行うこと。

イ　第18条第1項でいう「労働者へ明示」は、書面の交付、掲示等によること。

第4節　特別の教育

（除染等業務に係る特別の教育）

第19条　事業者は、除染等業務に労働者を就かせるときは、当該労働者に対し、次の各号に掲げる科目について、特別の教育を行わなければならない。

1　電離放射線の生体に与える影響及び被ばく線量の管理の方法に関する知識

2　除染等作業の方法に関する知識

3　除染等作業に使用する機械等の構造及び取扱いの方法に関する知識（特定汚染土壌等取扱業務に労働者を就かせるときは、特定汚染土壌等取扱作業に使用する機械等の名称及び用途に関する知識に限る。）

4　関係法令

5　除染等作業の方法及び使用する機械等の取扱い（特定汚染土壌等取扱業務に労働者を就かせるときは、特定汚染土壌等取扱作業の方法に限る。）

②　労働安全衛生規則（昭和47年労働省令第32号）第37条及び第38条並びに前項に定めるほか、同項の特別の教育の実施について必要な事項は、厚生労働大臣が定める。

○特別の教育（第19条関係）

ア　第19条第1項は、除染等業務に従事する者に対し、除染電離則で定める措置を適切に実施するために必要とされる知識及び実技の科目について特別の教育を実施することを義務付けたものであること。

イ　第19条第2項の厚生労働大臣が定める事項については、特別教育規程によること。

ウ　第1項第1号から第4号までが学科教育、同項第5号が実技教育であり、その範囲及び時間については、特別教育規程第2条及び第3条によること。第3号及び第5号については、特定汚染土壌等取扱業務で扱う機械等の運転には労働安全衛生法（昭和47年法律第57号）第61条に定める技能講習の修了等が必要であることが多いことを踏まえ、運転業務に関する部分等を除いたものであること。

　　なお、労働安全衛生規則（昭和47年労働省令第32号）第35条第2項の規定により、教育の事項のうち全部又は一部に関し十分な知識及び技能を有していると認められる労

働者については、当該事項についての教育を省略できるものであること。

エ　第1項第1号から第4号までの学科教育の科目については、標準的なテキストを示し、また、第5号の実技教育の実施を支援する動画を公表していること。

第5節　健康診断

（健康診断）

第20条　事業者は、除染等業務に常時従事する除染等業務従事者に対し、雇入れ又は当該業務に配置替えの際及びその後6月以内ごとに1回、定期に、次の各号に掲げる項目について医師による健康診断を行わなければならない。

1　被ばく歴の有無（被ばく歴を有する者については、作業の場所、内容及び期間、放射線障害の有無、自覚症状の有無その他放射線による被ばくに関する事項）の調査及びその評価

2　白血球数及び白血球百分率の検査

3　赤血球数の検査及び血色素量又はヘマトクリット値の検査

4　白内障に関する眼の検査

5　皮膚の検査

②　前項の規定にかかわらず、同項の健康診断（定期のものに限る。以下この項において同じ。）を行おうとする日の属する年の前年1年間に受けた実効線量が5ミリシーベルトを超えず、かつ、当該健康診断を行おうとする日の属する1年間に受ける実効線量が5ミリシーベルトを超えるおそれのない者に対する当該健康診断については、同項第2号から第5号までに掲げる項目は、医師が必要と認めないときには、行うことを要しない。

○健康診断（第20条関係）

ア　第20条に規定する健康診断は、除染等業務従事者の健康状態を継続的に把握することにより、当該除染業務従事者に対する労働衛生管理を適切に実施するために行うものであること。

イ　（編注：特定汚染土壌取扱業務の場合）第20条に規定する健康診断は、特定汚染土壌等取扱業務に2.5マイクロシーベルト毎時を超える場所で従事させる場合に、当該従事者の健康状態を継続的に把握することにより、当該従事者に対する労働衛生管理を適切に実施するために行うものであること。

ウ　第1項において、雇入れ又は配置替えの際に、原則として同項各号に掲げる検査を行わせることとされているのは、労働者が除染等業務に従事した後において、電離放射線による影響と同種の影響が生じた場合に、それが除染等業務に起因するものかどうかを判断する上で、また、当該労働者が除染等業務に従事した後において、当該除染等業務に従事することによってどの程度の影響を受けたかを知る上で、必要とされることによるものであること。

エ　第1項第1号の「自覚症状の有無」及び「評価」は、同項第2号から第5号までの各検査項目の省略の可否を医師が適切に判断できるように設けられているものであること。

オ　第2項については、定期健康診断日の属する年の前年「1年間」（事業者が事業場ごとに定める日を始期とする1年間）に受けた実効線量が5ミリシーベルトを超えず、当該定期健康診断日の属する「1年間」に5ミリシーベルトを超えるおそれのない労働者に対しては、定期健康診断は原則として第1項第1号のみを行えばよく、同項第1号の検査の結果、同項第2号から第5号までの検査の一部又は全部について医師が必要と認めるときに限り当該検査を実施すれば足りるものであること。

カ　第2項の「5ミリシーベルトを超えるおそれのない」ことの判断に当たっては、個人の被ばく歴及び今後予定される業務内容、作業頻度等から合理的に判断すれば足りるものであること。

キ　第1項第1号の調査項目、第2号から第5号までの健康診断の省略の可否の判断については、「電離放射線障害防止規則第56条に規定する健康診断における被ばく歴の有無の調査の調査項目の詳細事項について」（平成13年6月22日基安労発第18号）を参考にすること。

ク　除染等業務に常時従事しない除染等業務従事者についても、雇入れ又は当該業務に配置替えの際に、第20条第1項第1号の被ばく歴の有無の調査及びその評価を実施することが望ましいこと。

（健康診断の結果の記録）
第21条　事業者は、前条第1項の健康診断（法第66条第5項ただし書の場合において当該除染等業務従事者が受けた健康診断を含む。以下「除染等電離放射線健康診断」という。）の結果に基づき、除染等電離放射線健康診断個人票（様式第2号）を作成し、これを30年間保存しなければならない。ただし、当該記録を5年間保存した後又は当該除染等業務従事者に係る記録を当該除染等業務従事者が離職した後において、厚生労働大臣が指定する機関に引き渡すときは、この限りでない。

○健康診断の結果の記録（第21条関係）
　第21条は、放射線による確率的影響は晩発性であることに鑑みて、健康診断結果の記録の保存年限を30年間とし、また、被ばく限度が5年間につき100ミリシーベルトであることから、最低限5年間は事業者において記録を保管することを義務付けていたところであるが、地域によっては除染等業務が今後5年間継続して実施されるとは限らないことを踏まえ、今回の改正により、除染等業務従事者が離職した後には、厚生労働大臣が指定する機関に当該従事者に係る記録を引き渡すことを可能としたこと。

（健康診断の結果についての医師からの意見聴取）

第 22 条　除染等電離放射線健康診断の結果に基づく法第 66 条の 4 の規定による医師からの意見聴取は、次の各号に定めるところにより行わなければならない。

　1　除染等電離放射線健康診断が行われた日（法第 66 条第 5 項ただし書の場合にあっては、当該除染等業務従事者が健康診断の結果を証明する書面を事業者に提出した日）から 3 月以内に行うこと。

　2　聴取した医師の意見を除染等電離放射線健康診断個人票に記載すること。

② 　事業者は、医師から、前項の意見聴取を行う上で必要となる労働者の業務に関する情報を求められたときは、速やかに、これを提供しなければならない。

○健康診断の結果についての医師からの意見聴取（第 22 条関係）

　医師からの意見聴取は労働者の健康状態から緊急に労働安全衛生法（昭和47年法律第57号）第66条の5第1項の措置を講ずべき必要がある場合には、できるだけ速やかに行う必要があること。また、意見聴取は、事業者が意見を述べる医師に対し、健康診断の個人票の様式の「医師の意見欄」に当該意見を記載させ、これを確認することとすること。

（健康診断の結果の通知）

第 23 条　事業者は、除染等電離放射線健康診断を受けた除染等業務従事者に対し、遅滞なく、当該除染等電離放射線健康診断の結果を通知しなければならない。

○健康診断の結果の通知（第 23 条関係）

　「遅滞なく」とは、事業者が、健康診断を実施した医師、健康診断機関等から結果を受け取った後、速やかにという趣旨であること。

（健康診断結果報告）

第 24 条　事業者は、除染等電離放射線健康診断（定期のものに限る。）を行ったときは、遅滞なく、除染等電離放射線健康診断結果報告書（様式第 3 号）を所轄労働基準監督署長に提出しなければならない。

○健康診断結果報告（第 24 条関係）

　第 24 条による報告は、事業の規模にかかわりなく、報告しなければならないこと。

（健康診断等に基づく措置）

第 25 条　事業者は、除染等電離放射線健康診断の結果、放射線による障害が生じて

おり、若しくはその疑いがあり、又は放射線による障害が生ずるおそれがあると認められる者については、その障害、疑い又はおそれがなくなるまで、就業する場所又は業務の転換、被ばく時間の短縮、作業方法の変更等健康の保持に必要な措置を講じなければならない。

○健康診断等に基づく措置（第25条関係）

ア　第25条の「障害が生じており」、「その疑いがあり」及び「障害が生ずるおそれがある」の判断は、健康診断を行った医師が行うものであること。

イ　「その疑いがあり」とは、現在、異常所見が認められるが、それが除染等業務に従事した結果生じたものであるかどうか判断することが困難な場合等をいうこと。

ウ　「障害が生ずるおそれがある」とは、現在、異常所見は認められないが、その労働者が受けた線量当量から考えて障害が生ずる可能性があるとか、現在の健康状態から考えて新たに又は今後引き続き除染等業務に従事することによって障害が生ずる可能性がある等の場合をいうこと。

第3章　特定線量下業務における電離放射線障害の防止

第1節　線量の限度及び測定

（特定線量下業務従事者の被ばく限度）

第25条の2　事業者は、特定線量下業務従事者の受ける実効線量が5年間につき100ミリシーベルトを超えず、かつ、1年間につき50ミリシーベルトを超えないようにしなければならない。

②　事業者は、前項の規定にかかわらず、女性の特定線量下業務従事者（妊娠する可能性がないと診断されたもの及び次条に規定するものを除く。）の受ける実効線量については、3月間につき5ミリシーベルトを超えないようにしなければならない。

○特定線量下業務従事者の被ばく限度（第25条の2関係）

ア　第25条の2に定める被ばく限度は、第3条と同様に、電離則第4条に定める放射線業務従事者の被ばく限度と同じ被ばく限度を採用したものであること。また、特定線量下業務では、汚染土壌等を取り扱わないため、内部被ばくに係る限度は設定していないこと。

イ　第1項の「5年間」については、異なる複数の事業場において特定線量下業務に従事する労働者の被ばく線量管理を適切に行うため、全ての特定線量下業務を事業として行う事業場において統一的に平成24年1月1日を始期とする5年ごとに区分した期間とすること。当該5年間の間に新たに特定線量下業務を事業として実施する事業者についても同様とし、この場合、事業を開始した日から当該5年間の末日までの残り年数に20ミリシーベルトを乗じた値を、当該5年間の末日までの第1項の被ばく線量限

度とみなして関係規定を適用すること。

ウ　第1項の「1年間」については、「5年間」の始期の日を始期とする1年ごとに区分した期間とすること。ただし、平成23年3月11日以降に受けた線量は、平成24年1月1日に受けた線量とみなして合算する必要があること。

　　なお、特定線量下業務については、平成24年1月1日以降、平成24年6月30日までに受けた線量を把握している場合は、それを平成24年7月1日以降に被ばくした線量に合算して被ばく管理を行う必要があること。

エ　事業者は、「1年間」又は「5年間」の途中に新たに自らの事業場において特定線量下業務に従事することとなった労働者について、当該「5年間」の始期より当該特定線量下業務に従事するまでの被ばく線量を当該労働者が前の事業者から交付された線量の記録（労働者がこれを有していない場合は前の事業場から再交付を受けさせること。）により確認すること。

　　なお、イ及びウに関わらず、放射線業務を主として行う事業者については、事業場で統一された別の始期により被ばく線量管理を行って差し支えないこと。

オ　実効線量が1年間に20ミリシーベルトを超える労働者を使用する事業者に対しては、作業環境、作業方法及び作業時間等の改善により当該労働者の被ばくの低減を図る必要があること。

カ　上記イ及びウの始期については、特定線量下業務従事者に周知させる必要があること。

○**女性の被ばく限度（第25条の2第2項関係）**

ア　第2項については、妊娠に気付かない時期の胎児の被ばくを特殊な状況下での公衆の被ばくと同等程度以下となるようにするため、「3月間につき5ミリシーベルト」としたこと。なお、「3月間につき5ミリシーベルト」とは、「5年間につき100ミリシーベルト」を3月間に割り振ったものであること。

イ　「3月間」の最初の「3月間」の始期は第1項の「1年間」の始期と同じ日にすること。「1年間」の始期は「1月1日」であるので、「3月間」の始期は「1月1日、4月1日、7月1日及び10月1日」となること。

ウ　イの始期については、特定線量下業務従事者に周知させる必要があること。

エ　第2項の「妊娠する可能性がない」との医師の診断を受けた女性についての実効線量の限度は第1項によることとなるが、当該診断の確認については、当該診断を受けた女性の任意による診断書の提出によることとし、当該女性が当該診断書を事業者に提出する義務を負うものではないこと。

> **第25条の3**　事業者は、妊娠と診断された女性の特定線量下業務従事者の腹部表面に受ける等価線量が、妊娠中につき2ミリシーベルトを超えないようにしなければならない。

○被ばく限度（第25条の3関係）

　妊娠と診断された女性については、胎児の被ばくを公衆の被ばくと同等程度以下になるようにするため、他の労働者より厳しい限度を適用することとしたこと。

（線量の測定）

第25条の4　事業者は、特定線量下業務従事者が特定線量下作業により受ける外部被ばくによる線量を測定しなければならない。

②　前項の規定による外部被ばくによる線量の測定は、1センチメートル線量当量について行うものとする。

③　第1項の規定による外部被ばくによる線量の測定は、男性又は妊娠する可能性がないと診断された女性にあっては胸部に、その他の女性にあっては腹部に放射線測定器を装着させて行わなければならない。

④　特定線量下業務従事者は、除染特別地域等内における特定線量下作業を行う場所において、放射線測定器を装着しなければならない。

○線量の測定（第25条の4関係）

ア　第1項の「特定線量下作業により受ける外部被ばく」とは、特定線量下作業に従事する間（拘束時間）における外部被ばくであり、いわゆる生活時間における被ばくについては含まれないこと。

イ　第2項の「1センチメートル線量当量」は、セシウム134及びセシウム137による被ばくが1センチメートル線量当量による測定のみで足りることから定められたものであること。

ウ　第3項に規定する部位に放射線測定器を装着するのは、当該部位に受けた1センチメートル線量当量から、実効線量及び女性の腹部表面の等価線量を算定するためであること。

（線量の測定結果の確認、記録等）

第25条の5　事業者は、1日における外部被ばくによる線量が1センチメートル線量当量について1ミリシーベルトを超えるおそれのある特定線量下業務従事者については、前条第1項の規定による外部被ばくによる線量の測定の結果を毎日確認しなければならない。

②　事業者は、前条第3項の規定による測定に基づき、次の各号に掲げる特定線量下業務従事者の線量を、遅滞なく、厚生労働大臣が定める方法により算定し、これを記録し、これを30年間保存しなければならない。ただし、当該記録を5年間保存した後又は当該特定線量下業務従事者に係る記録を当該特定線量下業務従事者が離職した後において、厚生労働大臣が指定する機関に引き渡すときは、この限りでない。

1 男性又は妊娠する可能性がないと診断された女性の実効線量の3月ごと、1年ごと及び5年ごとの合計（5年間において、実効線量が1年間につき20ミリシーベルトを超えたことのない者にあっては、3月ごと及び1年ごとの合計）

2 女性（妊娠する可能性がないと診断されたものを除く。）の実効線量の1月ごと、3月ごと及び1年ごとの合計（1月間に受ける実効線量が1.7ミリシーベルトを超えるおそれのないものにあっては、3月ごと及び1年ごとの合計）

3 妊娠中の女性の腹部表面に受ける等価線量の1月ごと及び妊娠中の合計

③ 事業者は、前項の規定による記録に基づき、特定線量下業務従事者に同項各号に掲げる線量を、遅滞なく、知らせなければならない。

○線量の測定結果の確認、記録等（第25条の5関係）

ア 第1項は、1日における外部被ばくによる線量が1センチメートル線量当量について1ミリシーベルトを超えるおそれのある特定線量下業務従事者については、3月ごと又は1月ごとの線量の確認では、その間に第25条の2及び第25条の3に規定する被ばく限度を超えて被ばくするおそれがあることから、線量測定の結果を毎日確認しなければならないこととしたものであること。このような特定線量下業務従事者については、警報装置付き放射線測定器を装着させる等により、一定限度の被ばくを避けるよう配慮する必要があること。

イ 第2項は、放射線による確率的影響は晩発性であることに鑑みて、保存年限を30年間とするとともに、5年間経過後又は特定線量下業務従事者の離職後に、厚生労働大臣が指定する機関に記録を引き渡すことを可能としたこと。

　なお、同項における「厚生労働大臣が指定する機関」については、公益財団法人放射線影響協会が指定されていること。

ウ 第2項第1号において、3月ごとの合計を算定、記録し、同項第2号及び第3号において女性（妊娠する可能性がないと診断されたものを除く。）について1月ごとの合計を算定、記録するのは、それぞれの被ばく線量限度を適用する期間より短い期間で線量の算定、記録を行うことにより、当該被ばく線量限度を超えないように管理するものであること。

エ 第2項第1号において、5年間のうちどの1年間についても実効線量が20ミリシーベルトを超えない者については、当該5年間の合計線量の確認、記録を要しないこととしているが、5年間のうち1年間でも20ミリシーベルトを超えた者については、それ以降は、当該5年間の初めからの累積線量の確認、記録を併せて行うこと。

オ 第2項第1号の記録については、3月未満の期間を定めた労働契約又は派遣契約により労働者を使用する場合には、被ばく線量の算定を1月ごとに行い、記録すること。

第2節　特定線量下業務の実施に関する措置

（事前調査等）

第25条の6　事業者は、特定線量下業務を行うときは、当該業務の開始前及び開始
後2週間ごとに、特定線量下作業を行う場所について、当該場所の平均空間線量率
を調査し、その結果を記録しておかなければならない。

②　事業者は、労働者を特定線量下作業に従事させる場合には、当該作業の開始前及
び開始後2週間ごとに、前項の調査が終了した年月日並びに調査の方法及び結果の
概要を当該労働者に明示しなければならない。

○事前調査等（第25条の6関係）

ア　第25条の6は、特定線量下業務においては、製造業等の屋内作業、測量等の屋外作
業等、作業内容が多様であるため、作業場ごとに放射線源の所在が異なるとともに、作
業場の形状や作業内容により労働者ごとに被ばくの状況が異なるため、特定線量下業務
を行うときに、作業場所について、当該作業の開始前及び同一の場所で継続して作業を
行っている間2週間につき一度、平均空間線量率を調査し、その結果を記録すること
を義務付けたものであること。

イ　第25条の6の事前調査は、作業場所が2.5マイクロシーベルト毎時を超えて被ばく線
量管理が必要か否かを判断するために行われるものであるため、文部科学省（編注：現
在は原子力規制委員会）が公表している航空機モニタリング等の結果を踏まえ、事業者
が、作業場所が明らかに2.5マイクロシーベルト毎時を超えていると判断する場合、作
業場所に係る航空機モニタリング等の結果をもって平均空間線量率の測定に代えること

ウ　継続して作業を行っている間2週間につき一度行う測定については、天候等による
測定値の変動を考慮し、測定値が2.5マイクロシーベルト毎時のおよそ9割を下回わ
れば、その後の測定を行わなくても差し支えないこと。ただし、台風や洪水、地滑り
等、周辺環境に大きな変化があった場合は、測定を実施する必要があること。

エ　第2項の事前調査の結果等の労働者への明示については、書面により行うこと。

（診察等）

第25条の7　事業者は、次の各号のいずれかに該当する特定線量下業務従事者に、
速やかに、医師の診察又は処置を受けさせなければならない。

　　1　第25条の2第1項に規定する限度を超えて実効線量を受けた者

　　2　事故由来放射性物質を誤って吸入摂取し、又は経口摂取した者

　　3　洗身等により汚染を40ベクレル毎平方センチメートル以下にすることができ
　　　ない者

　　4　傷創部が汚染された者

②　事業者は、前項各号のいずれかに該当する特定線量下業務従事者があると
きは、速やかに、その旨を所轄労働基準監督署長に報告しなければならない。

○診察等（第25条の7関係）

ア　第25条の7は、特定線量下業務従事者に放射線による障害が生ずるおそれがある場合に、医師の診察又は処置を受けさせることを義務付けたものであること。

イ　第1項第2号の「誤って吸入摂取し、又は経口摂取した者」とは、事故等で大量の土砂等に埋まったこと等により、大量の土砂や汚染水が口に入った者等、一定程度の内部被ばくが見込まれる者に限るものであること。

第3節　特別の教育

（特定線量下業務に係る特別の教育）

第25条の8　事業者は、特定線量下業務に労働者を就かせるときは、当該労働者に対し、次の各号に掲げる科目について、特別の教育を行わなければならない。

　1　電離放射線の生体に与える影響及び被ばく線量の管理の方法に関する知識

　2　放射線測定の方法等に関する知識

　3　関係法令

②　労働安全衛生規則第37条及び第38条並びに前項に定めるほか、同項の特別の教育の実施について必要な事項は、厚生労働大臣が定める。

○特定線量下業務に係る特別の教育（第25条の8関係）

ア　第25条の8は、特定線量下業務に従事する者に対し、除染電離則で定める措置を適切に実施するために必要とされる知識について特別の教育を実施することを義務付けたものであること。

イ　第25条の8第2項の厚生労働大臣が定める事項については、特別教育規程によること。

ウ　第1項第1号から第3号のいずれもが学科教育であり、その範囲及び時間については、特別教育規程第5条によること。

エ　第1項第1号から第3号までの学科教育の科目については、標準的なテキストを示す予定であること。

第4節　被ばく歴の調査

第25条の9　事業者は、特定線量下業務従事者に対し、雇入れ又は特定線量下業務に配置換えの際、被ばく歴の有無（被ばく歴を有する者については、作業の場所、内容及び期間その他放射線による被ばくに関する事項）の調査を行い、これを記録し、これを30年間保存しなければならない。ただし、当該記録を5年間保存した後又は当該特定線量下業務従事者に係る記録を当該特定線量下業務従事者が離職した後において、厚生労働大臣が指定する機関に引き渡すときは、この限りでない。

○被ばく歴の調査（第25条の9関係）

　第25条の9による被ばく歴の調査は、事業者が、特定線量下業務従事者の過去の被ばく歴を把握するために義務付けたものであること。なお、除染等業務従事者については、第20条第1項第1号の被ばく歴の有無の項目により把握されるものであること。

第4章　雑則

（放射線測定器の備付け）

第26条　事業者は、この省令で規定する義務を遂行するために必要な放射線測定器を備えなければならない。ただし、必要の都度容易に放射線測定器を利用できるように措置を講じたときは、この限りでない。

○放射線測定器の備付け（第26条関係）

　第26条ただし書の「必要の都度容易に放射線測定器を利用できるように措置を講じたとき」には、その事業場に地理的に近い所に備え付けられている放射線測定器を必要の都度使用し得るように契約を行ったとき等があること。

（記録等の引渡し等）

第27条　第6条第2項、第25条の5第2項又は第25条の9の記録を作成し、保存する事業者は、事業を廃止しようとするときは、当該記録を厚生労働大臣が指定する機関に引き渡すものとする。

②　第6条第2項、第25条の5第2項又は第25条の9の記録を作成し、保存する事業者は、除染等業務従事者又は特定線量下業務従事者が離職するとき又は事業を廃止しようとするときは、当該除染等業務従事者又は当該特定線量下業務従事者に対し、当該記録の写しを交付しなければならない。

第28条　除染等電離放射線健康診断個人票を作成し、保存する事業者は、事業を廃止しようとするときは、当該除染等電離放射線健康診断個人票を厚生労働大臣が指定する機関に引き渡すものとする。

②　除染等電離放射線健康診断個人票を作成し、保存する事業者は、除染等業務従事者が離職するとき又は事業を廃止しようとするときは、当該除染等業務従事者に対し、当該除染等電離放射線健康診断個人票の写しを交付しなければならない。

○記録の引渡し等（第27条及び第28条関係）

ア　有期労働契約又は派遣契約を締結した除染等業務従事者については、第6条に定める事項のほか、当該契約期間の満了日までの当該者の線量の記録を作成し、当該者が離

職するときに、当該者に当該記録の写しを交付すること。

イ　除染等業務に常時従事しない除染等業務従事者について、第20条の健康診断を実施した場合には、除染等電離放射線健康診断個人票を作成し、当該者が離職するときは、当該者に当該個人票の写しを交付すること。

（調整）

第29条　除染等業務従事者又は特定線量下業務従事者のうち電離則第4条第1項の放射線業務従事者若しくは同項の放射線業務従事者であった者、電離則第7条第1項の緊急作業に従事する放射線業務従事者及び同条第3項（電離則第62条の規定において準用する場合を含む。）の緊急作業に従事する労働者（以下この項においてこれらの者を「緊急作業従事者」という。）若しくは緊急作業従事者であった者又は電離則第8条第1項（電離則第62条の規定において準用する場合を含む。）の管理区域に一時的に立ち入る労働者（以下この項において「一時立入労働者」という。）若しくは一時立入労働者であった者が放射線業務従事者、緊急作業従事者又は一時立入労働者として電離則第2条第3項の放射線業務に従事する際、電離則第7条第1項の緊急作業に従事する際又は電離則第3条第1項に規定する管理区域に一時的に立ち入る際に受ける又は受けた線量については、除染特別地域等内における除染等作業又は特定線量下作業により受ける線量とみなす。

②　除染等業務従事者のうち特定線量下業務従事者又は特定線量下業務従事者であった者が特定線量下業務従事者として特定線量下業務に従事する際に受ける又は受けた線量については、除染特別地域等内における除染等作業により受ける線量とみなす。

③　特定線量下業務従事者のうち除染等業務従事者又は除染等業務従事者であった者が除染等業務従事者として除染等業務に従事する際に受ける又は受けた線量については、除染特別地域等内における特定線量下作業により受ける線量とみなす。

第30条　除染等業務に常時従事する除染等業務従事者のうち、当該業務に配置替えとなる直前に電離則第4条第1項の放射線業務従事者であった者については、当該者が直近に受けた電離則第56条第1項または第56条の2第1項の規定による健康診断（当該業務への配置替えの日前6月以内に行われたものに限る。）は、第20条第1項の規定による配置替えの際の健康診断とみなす。

○**調整**

（第29条関係）

ア　第1項の規定は、電離則第2条第3項の放射線業務により受けた線量は、除染等業務又は特定線量下業務における線量とみなし、除染等作業による被ばくと合算して、第3条及び第4条並びに第25条の2及び第25条の3の被ばく限度を超えないようにすることを義務付けたものであること。また、除染電離則の施行前に行われた除染等作業により労働者が受けた線量についても、合算する必要があること。

イ　第2項及び第3項の規定は、特定線量下業務により受けた線量は除染等業務における線量とみなし、除染等業務により受けた線量は特定線量下業務における線量とみなして、それぞれ第3条及び第4条並びに第25条の2及び第25条の3の被ばく限度を超えないようにすることを義務付けたものであること。

（第30条関係）

　　除染等業務に配置替えとなる直前に電離則の放射線業務に常時従事し、かつ、管理区域に立ち入る労働者であった者が直近に受けた電離則第56条第1項の規定による健康診断（6月以内に行われたものに限る。）については、除染電離則第20条第1項の規定による配置換えの際の健康診断とみなされること。この場合には、当該電離則第56条第1項の規定による健康診断が実施された日から6月以内に、除染電離則第20条第1項の規定による定期健康診断を実施する必要があること。

附　則

（施行期日）

第1条　この省令は、平成24年1月1日から施行する。

（電離放射線障害防止規則の一部改正に伴う経過措置）

第4条　前条の規定の施行の際現に電離放射線障害防止規則第3条第1項に規定する管理区域（東京電力株式会社福島第一原子力発電所に属する原子炉施設（核原料物質、核燃料物質及び原子炉の規制に関する法律（昭和32年法律第166号）第43条の3の5第2項第5号に規定する発電用原子炉施設をいう。）並びに蒸気タービン及びその附属設備又はその周辺の区域であって、その平均空間線量率が0.1ミリシーベルト毎時を超えるおそれのある場所（以下「特定施設等」という。）に限る。）において行われる前条の規定による改正前の電離放射線障害防止規則（以下「旧電離則」という。）第2条第3項の放射線業務に係る旧電離則の規定（旧電離則第31条、第32条及び第44条（同条第1項第4号に係る部分に限る。）を除く。）については、前条の規定による改正後の電離放射線障害防止規則第2条第3項の規定にかかわらず、なお従前の例による。

○電離放射線障害防止規則の一部改正に伴う経過措置

　　原始附則第4条の改正により、除染電離則の施行の際現に電離則第3条第1項に規定する管理区域のうち、東京電力福島第一原子力発電所に属する原子炉施設並びに蒸気タービン及びその附属設備又はその周辺の区域であって、その平均空間線量率が0.1ミリシーベルト毎時を超えるおそれのある場所（以下「特定施設等」という。）については、改正後の電離則第2条第3項に関わらず、電離則が適用されること。このため、東京電力福島第一原子力発電所における特定施設等以外の場所については、除染電離則が適用されること。

－ 201 －

なお、除染特別地域等においてエックス線装置等の管理された放射線源による放射線により電離則第3条の管理区域設定基準を超えた区域については、除染電離則の除染等業務及び特定線量下業務が事故由来放射性物質に関するものに限定されていることから除染電離則の適用はなく、改正後の電離則第2条第3項により、引き続き電離則第3条の管理区域となること。

（特定施設等において放射性物質を取り扱う作業に労働者を従事させる事業者に関する特例）

第4条の2　特定施設等において電離放射線障害防止規則第2条第2項の放射性物質を取り扱う作業に労働者を従事させる事業者については、第11条（同条第1項第3号に係る部分に限る。）、第14条及び第15条（同条第1項ただし書を除く。）の規定を適用する。この場合において、第11条第1項中「除染等業務従事者」とあるのは「電離則第4条第1項の放射線業務従事者（次項及び第14条において単に「放射線業務従事者」という。）」と、同条第2項中「除染等業務従事者」とあるのは「放射線業務従事者」と、第14条第1項中「除染等業務が」とあるのは「密封されていない電離則第2条第2項の放射性物質を取り扱う作業が」と、「除染等作業」とあるのは「密封されていない放射性物質を取り扱う作業」と、「除染等業務従事者」とあるのは「放射線業務従事者」と、同条第2項及び第3項中「除染等業務従事者」とあるのは「放射線業務従事者」と、第15条第1項本文中「除染等業務」とあるのは「密封されていない電離則第2条第2項の放射性物質を取り扱う作業」と、同条第2項ただし書中「第13条第1項本文」とあるのは「電離則第37条第1項本文」と、「除染等業務」とあるのは「密封されていない電離則第2条第2項の放射性物質を取り扱う作業」とする。

○特定施設等において放射性物質を取り扱う作業に労働者を従事させる事業者に関する特例

　原始附則第4条の2は、東京電力福島第一原子力発電所の特定施設等において非密封線源を取り扱う作業を行った場合、事業者に、除染電離則第14条及び第15条に基づく汚染検査を実施することを義務付けるものであること。

附　則（抄）

（施行期日）

第1条　この省令は、公布の日（編注：令和元年5月7日）から施行する。

（3） 東日本大震災により生じた放射性物質により汚染された土壌等を除染するための業務等に係る電離放射線障害防止規則第2条第7項等の規定に基づく厚生労働大臣が定める方法、基準及び区分（告示）（基準告示）

（平成23年厚生労働省告示第468号（最終改正：令和2年厚生労働省告示第18号））

（除去土壌等の放射能濃度を求める方法）

第 1 条　東日本大震災により生じた放射性物質により汚染された土壌等を除染するための業務等に係る電離放射線障害防止規則（以下「除染則」という。）第 2 条第 7 項第 2 号イの厚生労働大臣が定める方法は、次の各号に定めるところにより行うものとする。

　1　試料（除染則第 2 条第 7 項第 2 号イに規定する除去土壌のうち最も放射能濃度が高いと見込まれるものをいう。次号において同じ。）について作業環境測定基準（昭和 51 年労働省告示第 46 号）第 9 条第 1 項第 2 号に規定する方法により分析し、当該試料の放射能濃度を測定すること。

　2　前号の規定にかかわらず、試料の表面の線量率と放射能濃度との間に相関関係があると認められる場合にあっては、次のイからハまでに定めるところにより算定することができること。

　　イ　試料を容器等に入れ、その重量を測定すること。

　　ロ　イの容器等の表面の線量率の最大値を測定すること。

　　ハ　イにより測定した重量及びロにより測定した線量率から、試料の放射能濃度を算定すること。

②　前項の規定は、除染則第 2 条第 7 項第 2 号ロの厚生労働大臣が定める方法について準用する。

③　第 1 項の規定は、除染則第 2 条第 7 項第 3 号の厚生労働大臣が定める方法について準用する。この場合において、第 1 項中「第 2 条第 7 項第 2 号イ」とあるのは「第 2 条第 7 項第 3 号」と、「ものとする」とあるのは「ものとする。ただし、同条第 8 項に規定する平均空間線量率が 2.5 マイクロシーベルト毎時以下の場所（森林（森林法（昭和 26 年法律第 249 号）第 2 条第 1 項に規定する森林をいう。）、農地（農地法（昭和 27 年法律第 229 号）第 2 条第 1 項に規定する農地をいう。）等に限る。）における除染則第 2 条第 7 項第 3 号の汚染土壌等に係る放射能濃度を測定する場合において、その放射能濃度が当該場所の態様その他の状況から判断して当該場所における空間線量率に比例すると認められるときには、当該平均空間線量率の測定結果その他の数値を用いた合理的な方法により当該汚染土壌等の放射能濃度を算定することができる」と読み替えるものとする。

④　第 1 項の規定は、除染則第 5 条第 2 項第 1 号の厚生労働大臣が定める方法について準用する。

⑤　第 1 項の規定は、除染則第 7 条第 1 項第 3 号の厚生労働大臣が定める方法について準用する。

⑥　第3項の規定により読み替えられた第1項の規定は、除染則第7条第2項の規定に基づき調査する同条第1項第3号に掲げる事項の厚生労働大臣が定める方法について準用する。

（平均空間線量率の計算方法）

第2条　除染則第2条第8項の厚生労働大臣が定める方法は、次の各号に定めるところにより算定するものとする。

1　測定点は、次のいずれかの位置とすること。

　イ　除染等作業（除染則第7条第1項に規定する特定汚染土壌等取扱作業を除く。）を行う作業場の区域（当該作業場の面が1,000平方メートルを超える場合にあっては、当該作業場を1,000平方メートル以下の区域に区分したそれぞれの区域をいう。）の形状が次の表の上欄（編注：左欄）に掲げる場合に応じ、それぞれ同表の下欄（編注：右欄）の位置

1　正方形又は長方形の場合	正方形又は長方形の頂点及び当該正方形又は長方形の2つの対角線の交点の地上1メートルの位置
2　1以外の場合	区域の外周をほぼ4等分した点及びこれらの点により構成される四角形の2つの対角線の交点の地上1メートルの位置

　ロ　除染等作業（特定汚染土壌等取扱作業に限る。）又は特定線量下作業を行う作業場の区域のうち、最も空間線量率が高いと見込まれる3地点の地上1メートルの位置

2　除染則第2条第8項に規定する平均空間線量率は、前号の全ての測定点において測定した空間線量率を平均したものとすること。

3　作業場の特定の場所に事故由来放射性物質が集中している場合その他の作業場における空間線量率に著しい差が生じていると見込まれる場合にあっては、前号の規定にかかわらず、除染則第2条第8項に規定する平均空間線量率は、次の式により計算することにより算定すること。

$$R = \frac{\left(\sum_{i=1}^{n}(B_i \times WH_i) + A \times (WH - \sum_{i=1}^{n}(WH_i))\right)}{WH}$$

この式において、R、n、A、B_i、WH_i及びWHは、それぞれ次の値を表すものとする。

R　　平均空間線量率（単位　マイクロシーベルト毎時）

n　　空間線量率が高いと見込まれる場所の付近の地上1メートルの位置（以下「特定測定点」という。）の数

A　　第2号の規定により算定された平均空間線量率（単位　マイクロシーベルト毎時）

B_i　　各特定測定点における空間線量率の値とし、当該値を代入してRを計算するもの（単位　マイクロシーベルト毎時）

WH_1　各特定測定点の付近において除染等業務を行う除染等業務従事者のうち最も被ばく
線量が多いと見込まれる者の当該場所における1日の労働時間（単位　時間）
WH　当該除染等業務従事者の1日の労働時間（単位　時間）

4　空間線量率の測定に用いる測定機器については、作業環境測定基準第8条各号に
掲げる区分に応じ、それぞれ当該各号に定める測定機器を使用すること。

（内部被ばくに係る検査の方法）

第3条　除染則第5条第2項第2号の厚生労働大臣が定める方法は、次の各号のいずれ
かとする。

1　1日の作業の終了時において、防じんマスクに付着した事故由来放射性物質の表面
密度を放射線測定器を用いて測定すること。

2　1日の作業の終了時において、鼻腔内に付着した事故由来放射性物質の表面密度を
放射線測定器を用いて測定すること。

（内部被ばくによる線量の測定の基準）

第4条　除染則第5条第3項の厚生労働大臣が定める基準は、防じんマスク又は鼻腔内
に付着した事故由来放射性物質の表面密度から算定した除染等業務従事者が1日の作
業終了時において除染等作業により受ける内部被ばくによる線量の合計が3月間に換
算して1ミリシーベルトを十分下回る場合の数値であることとする。

（外部被ばくによる線量の測定方法）

第5条　除染則第5条第6項の厚生労働大臣が定める方法は、次の各号のいずれかとす
る。

1　同一の作業場における除染等業務従事者（平均空間線量率が2.5マイクロシーベル
ト毎時以下の場所においてのみ除染則第2条第7項第3号に規定する特定汚染土壌
等取扱業務に従事する者を除く。次号において同じ。）のうち、当該作業場における
除染等作業により受ける外部被ばくによる線量の合計が平均的な数値であると見込ま
れる者について除染則第5条第1項の規定により外部被ばくによる線量の測定を行
い、当該測定の結果を、当該作業場における全ての除染等業務従事者の外部被ばくに
よる線量とみなす方法

2　第2条に規定する方法により算定された平均空間線量率に除染等業務従事者ごと
の1日の労働時間を乗じて得られた値を当該者の外部被ばくによる線量とみなす方
法

（内部被ばくによる線量の計算方法）

第6条　除染則第5条第7項の厚生労働大臣が定める方法は、昭和63年労働省告示第
93号（電離放射線障害防止規則第3条第3項並びに第8条第6項及び第9条第2項

の規定に基づき厚生労働大臣が定める限度及び方法を定める件。以下「昭和63年労働省告示」という。）別表第1の第1欄に掲げる核種及び化学形等ごとに、次の式により内部被ばくによる実効線量を計算する方法とする。この場合において、吸入摂取し、又は経口摂取した事故由来放射性物質が2種類以上であるときは、それぞれの事故由来放射性物質ごとに計算した実効線量を加算することとする。

$$Ei = eI$$

この式において、Ei、e及びIは、それぞれ次の値を表すものとする。

Ei　内部被ばくによる実効線量（単位　ミリシーベルト）

e　昭和63年労働省告示別表第1の第1欄に掲げる核種及び化学形等に応じ、吸入摂取の場合にあっては同表の第2欄、経口摂取の場合にあっては同表の第3欄に掲げる実効線量係数（単位　ミリシーベルト毎ベクレル）

I　吸入摂取し、又は経口摂取した事故由来放射性物質の量（単位　ベクレル）

（除染等業務に係る線量の算定方法）

第7条　除染則第6条第2項の厚生労働大臣が定める方法は、次の各号に定めるところにより算定するものとする。

　1　実効線量の算定は、外部被ばくによる1センチメートル線量当量を外部被ばくによる実効線量とし、当該外部被ばくによる実効線量と前条の規定により計算した内部被ばくによる実効線量とを加算することにより行うこと。ただし、除染則第5条第5項の規定により、同項に掲げる部位に放射線測定器を装着させて行う測定を行った場合にあっては、当該部位における1センチメートル線量当量を用いて適切な方法により計算した値を外部被ばくによる実効線量とすること。

　2　等価線量の算定は、腹部における1センチメートル線量当量によって行うこと。

（作業内容の区分）

第8条　除染則第16条第1項の厚生労働大臣が定める区分は、次の表の上欄（編注：左欄）に掲げるものとし、同項の保護具は同表の上欄（編注：左欄）に掲げる区分に応じ、それぞれ同表の下欄（編注：右欄）に掲げるもの又はそれと同等以上のものとする。

区　　　分	保　護　具
除染則第5条第2項第1号に規定する高濃度汚染土壌（以下この条において単に「高濃度汚染土壌等」という。）を取り扱う作業であって、粉じん濃度が10ミリグラム毎立方メートルを超える場所において行うもの	粒子捕集効率が95パーセント以上の防じんマスク、全身化学防護服（長袖の衣服の上から着用する衣服をいう。）、長袖の衣服並びに不浸透性の保護手袋及び長靴
高濃度汚染土壌等を取り扱う作業であって、粉じん濃度が10ミリグラム毎立方メートル以下の場所において行うもの	粒子捕集効率が80パーセント以上の防じんマスク、長袖の衣服並びに不浸透性の保護手袋及び長靴
高濃度汚染土壌等以外の汚染土壌等又は除去土壌若しくは汚染廃棄物を取り扱う作業であって、粉じん濃度が10ミリグラム毎立方メートルを超える場所において行うもの	粒子捕集効率が80パーセント以上の防じんマスク、長袖の衣服、保護手袋及び不浸透性の長靴
高濃度汚染土壌等以外の汚染土壌等又は除去土壌若しくは汚染廃棄物を取り扱う作業であって、粉じん濃度が10ミリグラム毎立方メートル以下の場所において行うもの	長袖の衣服、保護手袋及び不浸透性の長靴

（特定線量下業務に係る線量の算定方法）

第 9 条　除染則第 25 条の 5 第 2 項の厚生労働大臣が定める方法は、次の各号の定めるところにより算定するものとする。

　1　実効線量の算定は、外部被ばくによる 1 センチメートル線量当量によって行うこと。ただし、除染則第 25 条の 4 第 3 項の規定により、同項に掲げる部位に放射線測定器を装着させて行う測定を行った場合にあっては、当該部位における 1 センチメートル線量当量を用いて適切な方法により計算した値を実効線量とすること。

　2　等価線量の算定は、腹部における 1 センチメートル線量当量によって行うこと。

（4）除染等業務特別教育及び特定線量下業務特別教育規程（告示）

（平成23年厚生労働省告示第469号（改正：平成24年厚生労働省告示第392号））

（除染等業務に係る特別の教育の実施）

第１条　東日本大震災により生じた放射性物質により汚染された土壌等を除染するための業務等に係る電離放射線障害防止規則（以下「除染則」という。）第１９条第１項の規定による特別の教育は、学科教育及び実技教育により行うものとする。

（除染等業務に係る学科教育）

第２条　前条の学科教育は、次の表の上欄（編注：左欄）に掲げる科目に応じ、それぞれ、同表の中欄に定める範囲について同表の下欄（編注：右欄）に定める時間以上行うものとする。

科　目	範　囲	時間
電離放射線の生体に与える影響及び被ばく線量の管理の方法に関する知識	除染等業務を行う者（除染則第２条第８項に規定する平均空間線量率が２.５マイクロシーベルト毎時以下の場所においてのみ同条第７項第３号に規定する特定汚染土壌等取扱業務（以下単に「特定汚染土壌等取扱業務」という。）を行う者（以下「線量管理外特定汚染土壌等取扱事業者」という。）を除く。）にあっては、次に掲げるもの　電離放射線の種類及び性質　電離放射線が生体の細胞、組織、器官及び全身に与える影響　被ばく限度及び被ばく線量測定の方法　被ばく線量測定の結果の確認及び記録等の方法	1時間
	線量管理外特定汚染土壌等取扱事業者にあっては、次に掲げるもの　電離放射線の種類及び性質　電離放射線が生体の細胞、組織、器官及び全身に与える影響　被ばく限度	1時間
除染等作業の方法に関する知識	土壌等の除染等の業務を行う者にあっては、次に掲げるもの　土壌等の除染等の業務に係る作業の方法及び順序　放射線測定の方法　外部放射線による線量当量率の監視の方法　汚染防止措置の方法　身体等の汚染の状態の検査及び汚染の除去の方法　保護具の性能及び使用方法　異常な事態が発生した場合における応急の措置の方法	1時間
	除去土壌の収集、運搬又は保管に係る業務（以下「除去土壌の収集等に係る業務」という。）を行う者にあっては、次に掲げるもの　除去土壌の収集等に係る業務に係る作業の方法及び順序　放射線測定の方法　外部放射線による線量当量率の監視の方法　汚染防止措置の方法　身体等の汚染の状態の検査及び汚染の除去の方法　保護具の性能及び使用方法　異常な事態が発生した場合における応急の措置の方法	1時間

	汚染廃棄物の収集、運搬又は保管に係る業務（以下「汚染廃棄物の収集等に係る業務」という。）を行う者にあっては、次に掲げるもの 　汚染廃棄物の収集等に係る業務に係る作業の方法及び順序　放射線測定の方法　外部放射線による線量当量率の監視の方法　汚染防止措置の方法　身体等の汚染の状態の検査及び汚染の除去の方法　保護具の性能及び使用方法　異常な事態が発生した場合における応急の措置の方法	1時間
	特定汚染土壌等取扱業務を行う者（線量管理外特定汚染土壌等取扱事業者を除く。）にあっては、次に掲げるもの 　特定汚染土壌等取扱業務に係る作業の方法及び順序　放射線測定の方法　外部放射線による線量当量率の監視の方法　汚染防止措置の方法　身体等の汚染の状態の検査及び汚染の除去の方法　保護具の性能及び使用方法　異常な事態が発生した場合における応急の措置の方法	1時間
	線量管理外特定汚染土壌等取扱事業者にあっては、次に掲げるもの 　特定汚染土壌等取扱業務に係る作業の方法及び順序　放射線測定の方法　汚染防止措置の方法　身体等の汚染の状態の検査及び汚染の除去の方法　保護具の性能及び使用方法　異常な事態が発生した場合における応急の措置の方法	1時間
除染等作業に使用する機械等の構造及び取扱いの方法に関する知識（特定汚染土壌等取扱業務に労働者を就かせるときは、特定汚染土壌等取扱作業に使用する機械等の名称及び用途に関する知識に限る。）	土壌等の除染等の業務を行う者にあっては、次に掲げるもの 　土壌等の除染等の業務に係る作業に使用する機械等の構造及び取扱いの方法	1時間
	除去土壌の収集等に係る業務を行う者にあっては、次に掲げるもの 　除去土壌の収集等に係る業務に係る作業に使用する機械等の構造及び取扱いの方法	1時間
	汚染廃棄物の収集等に係る業務を行う者にあっては、次に掲げるもの 　汚染廃棄物の収集等に係る業務に係る作業に使用する機械等の構造及び取扱いの方法	1時間
	特定汚染土壌等取扱業務を行う者にあっては、当該業務に係る作業に使用する機械等の名称及び用途	30分
関係法令	労働安全衛生法（昭和47年法律第57号）、労働安全衛生法施行令（昭和47年政令第318号）、労働安全衛生規則（昭和47年労働省令第32号）及び除染則中の関係条項	1時間

（除染等業務に係る実技教育）

第3条　第1条の実技教育は、次の表の上欄（編注：左欄）に掲げる科目に応じ、同表の中欄に定める範囲について同表の下欄（編注：右欄）に定める時間以上行うものとする。

科　　目	範　　囲	時間
除染等作業の方法及び使用する機械等の取扱い（特定汚染土壌等取扱業務に労働者を就かせるときは、特定汚染土壌等取扱作業の方法に限る。）	土壌等の除染等の業務を行う者にあっては、次に掲げるもの　土壌等の除染等の業務に係る作業　放射線測定器の取扱い　外部放射線による線量当量率の監視　汚染防止措置　身体等の汚染の状態の検査及び汚染の除去　保護具の取扱い　土壌等の除染等の業務に係る作業に使用する機械等の取扱い	1時間30分
	除去土壌の収集等に係る業務を行う者にあっては、次に掲げるもの　除去土壌の収集等に係る業務に係る作業　放射線測定器の取扱い　外部放射線による線量当量率の監視　汚染防止措置　身体等の汚染の状態の検査及び汚染の除去　保護具の取扱い　除去土壌の収集等に係る業務に係る作業に使用する機械等の取扱い	1時間30分
	汚染廃棄物の収集等に係る業務を行う者にあっては、次に掲げるもの　汚染廃棄物の収集等に係る業務に係る作業　放射線測定器の取扱い　外部放射線による線量当量率の監視　汚染防止措置　身体等の汚染の状態の検査及び汚染の除去　保護具の取扱い　汚染廃棄物の収集等に係る業務に係る作業に使用する機械等の取扱い	1時間30分
	特定汚染土壌等取扱業務を行う者（線量管理外特定汚染土壌等取扱事業者を除く。）にあっては、次に掲げるもの　特定汚染土壌等取扱業務に係る作業　放射線測定器の取扱い　外部放射線による線量当量率の監視　汚染防止措置　身体等の汚染の状態の検査及び汚染の除去　保護具の取扱い	1時間
	線量管理外特定汚染土壌等取扱事業者にあっては、次に掲げるもの　特定汚染土壌等取扱業務に係る作業　放射線測定器の取扱い　汚染防止措置　身体等の汚染の状態の検査及び汚染の除去　保護具の取扱い	1時間

（特定線量下業務に係る特別の教育の実施）

第4条　除染則第25条の8第1項の規定による特別の教育は、学科教育により行うものとする。

（特定線量下業務に係る学科教育）

第5条　前条の学科教育は、次の表の上欄（編注：左欄）に掲げる科目に応じ、それぞれ、同表の中欄に定める範囲について同表の下欄（編注：右欄）に定める時間以上行うものとする。

科　目	範　囲	時間
電離放射線の生体に与える影響及び被ばく線量の管理の方法に関する知識	電離放射線の種類及び性質　電離放射線が生体の細胞、組織、器官及び全身に与える影響　被ばく限度及び被ばく線量測定の方法　被ばく線量測定の結果の確認及び記録等の方法	1時間
放射線測定の方法等に関する知識	放射線測定の方法　外部放射線による線量当量率の監視の方法　異常な事態が発生した場合における応急の措置の方法	30分
関係法令	労働安全衛生法、労働安全衛生法施行令、労働安全衛生規則及び除染則中の関係条項	1時間

（5）除染等業務に従事する労働者の放射線障害防止のためのガイドライン

平成23年12月22日付け基発1222第6号
最終改正：平成30年1月30日付け基発0130第2号

第1　趣旨

　平成23年3月11日に発生した東日本大震災に伴う東京電力福島第一原子力発電所の事故により放出された放射性物質に汚染された除染等業務に従事する労働者の放射線による健康障害を防止するため、「東日本大震災により生じた放射性物質により汚染された土壌等を除染するための業務等に係る電離放射線障害防止規則」（平成23年厚生労働省令第152号。以下「除染電離則」という。）の施行とともに、本ガイドラインを定めるものである。

　このガイドラインは、除染電離則と相まって、除染等業務における放射線障害防止のより一層的確な推進を図るため、除染電離則に規定された事項のほか、事業者が実施する事項及び従来の労働安全衛生法（昭和47年法律第57号）及び関係法令において規定されている事項のうち、重要なものを一体的に示すことを目的とするものである。

　なお、このガイドラインは、労働者の放射線障害防止を目的とするものであるが、同時に、自営業、個人事業者、ボランティア等に対しても活用できることを意図している。

　事業者は、本ガイドラインに記載された事項を的確に実施することに加え、より現場の実態に即した放射線障害防止対策を講ずるよう努めるものとする。

第2　適用等

1　このガイドラインは、次に掲げる事項に留意の上、「平成二十三年三月十一日に発生した東北地方太平洋沖地震に伴う原子力発電所の事故により放出された放射性物質による環境の汚染への対処に関する特別措置法」（平成23年法律第110号）第25条第1項に規定する除染特別地域又は同法第32条第1項に規定する汚染状況重点調査地域（以下「除染特別地域等」という。別紙1参照。）における除染等業務を行う事業の事業者（以下「除染等事業者」という。）に適用すること。

　（1）「除染等業務」とは、土壌等の除染等の業務、特定汚染土壌等取扱業務又は廃棄物収集等業務をいうこと。

　　　なお、除染特別地域等における平均空間線量率が2.5μSv/hを超える場所で行う除染等業務以外の業務（以下「特定線量下業務」という。）を行う場合は、除染電離則の関係規定及び「特定線量下業務に従事する労働者の放射線障害防止のためのガイドライン」（平成24年6月15日付け基発0615第6号）が適用されること。

　（2）「土壌等の除染等の業務」とは、原発事故により放出された放射性物質（電離放射線障害防止規則（昭和47年労働省令第41号。以下「電離則」という。）第2条第2項の放射性物質に限る。以下「事故由来放射性物質」という。）により汚染された土壌、草木、工作物等について講ずる当該汚染に係る土壌、落葉及び落枝、水路等に堆積した汚泥等（以下「汚染土壌等」という。）

の除去、当該汚染の拡散の防止その他の措置を講ずる業務をいうこと。

(3)　「特定汚染土壌等取扱業務」とは、汚染土壌等であって、当該土壌に含まれる事故由来放射性物質のうちセシウム134及びセシウム137の放射能濃度の値が1万Bq/kgを超えるもの（以下「特定汚染土壌等」という。）を取り扱う業務（土壌等の除染等の業務及び廃棄物収集等業務を除く。）をいうこと。

　　なお、「特定汚染土壌等を取り扱う業務」には、除染特別地域等において、生活基盤の復旧等の作業での土工（準備工、掘削・運搬、盛土・締め固め、整地・整形、法面保護）及び基礎工、仮設工、道路工事、上下水道工事、用水・排水工事、ほ場整備工事における土工関連の作業が含まれるとともに、営農・営林等の作業での耕起、除草、土の掘り起こし等の土壌等を対象とした作業に加え、施肥（土中混和）、田植え、育苗、根菜類の収穫等の作業に付随して土壌等を取り扱う作業が含まれること。ただし、これら作業を短時間で終了する臨時の作業として行う場合はこの限りでないこと。

(4)　「除去土壌」とは、土壌等の除染等の措置又は特定汚染土壌等取扱業務により生じた土壌（当該土壌に含まれる事故由来放射性物質のうちセシウム134及びセシウム137の放射能濃度の値が1万Bq/kgを超えるものに限る。）をいうこと。なお、埋め戻す掘削土壌等、作業場所から持ち出さない土壌は「除去土壌」には含まれないこと。

(5)　「廃棄物収集等業務」とは、除去土壌又は事故由来放射性物質により汚染された廃棄物（当該廃棄物に含まれる事故由来放射性物質のうちセシウム134及びセシウム137の放射能濃度の値が1万Bq/kgを超えるものに限る。以下「汚染廃棄物」という。）の収集、運搬又は保管に係る業務をいうこと。なお、除染特別地域等における上下水道施設、焼却施設、中間処理施設、埋め立て処分場における業務等、除去土壌又は汚染廃棄物等の処分の業務については、管理された線源である上下水汚泥や焼却灰等からの被ばくが大きいと見込まれるため、これら業務に対しては除染電離則及び本ガイドラインを適用せず、電離則を適用すること。

(6)　除染電離則の施行時点で電離則第3条第1項の管理区域（東京電力福島第一原子力発電所に属する原子炉施設及び蒸気タービンの付属施設又はその周辺で0.1mSv/hを超えるおそれのある場所（以下「特定施設等」という。）に限る。）において電離則を適用して行われている除染等業務に該当する業務については、除染電離則及び本ガイドラインを適用せず、引き続き電離則を適用すること。この場合、特定施設等において非密封の放射性物質を取り扱う業務は、第5の3に定める汚染検査の対象となること。

(7)　除染等業務は、年少者労働基準規則（昭和29年労働省令第13号）第8条第35号に定める業務に該当するため、満18歳に満たない者を就業させてはならないこと。

2　除染等事業者以外の事業者で自らの敷地や施設等において除染等の作業を行う事業者は、第3「被ばく線量管理の対象及び被ばく線量管理の方法」、第5「汚染拡大防止、内部被ばく防止のための措置」、第6「労働者に対する教育」等のうち、必要な事項を実施すること。除染等の作業を行う自営業者、住民、ボランティアについても同様とすることが望ましいこと。

第3 被ばく線量管理の対象及び被ばく線量管理の方法

1 基本原則

（1） 除染等事業者は、労働者が電離放射線を受けることをできるだけ少なくするように努めること。

（2） 特定汚染土壌等取扱業務を実施する際には、特定汚染土壌等取扱業務に従事する労働者（以下「特定汚染土壌等取扱業務従事者」という。）の被ばく低減を優先し、あらかじめ、作業場所における除染等の措置が実施されるように努めること。

ア　（1）は、国際放射線防護委員会（ICRP）の最適化の原則に基づき、事業者は、作業を実施する際、被ばくを合理的に達成できる限り低く保つべきであることを述べたものであること。

イ　（2）については、ICRPで定める正当化の原則（以下「正当化原則」という。）から、一定以上の被ばくが見込まれる作業については、被ばくによるデメリットを上回る公益性や必要性が求められることに基づき、特定汚染土壌等取扱業務従事者の被ばく低減を優先して、作業を実施する前にあらかじめ、除染等の措置を実施するよう努力する必要があること。

ウ　ただし、特定汚染土壌等取扱業務のうち、除染等の措置を実施するために最低限必要な水道や道路の復旧等については、除染や復旧を進めるために必要不可欠という高い公益性及び必要性に鑑み、あらかじめ除染等の措置を実施できない場合があること。また、覆土、舗装、農地における反転耕等、除染等の措置と同等以上の放射線量の低減効果が見込まれる作業については、除染等の措置を同時に実施しているとみなしても差し支えないこと。

エ　正当化原則に照らし、営農等の事業を行う事業者は、労働時間が長いことに伴って被ばく線量が高くなる傾向があること、必ずしも緊急性が高いとはいえないことも踏まえ、あらかじめ、作業場所周辺の除染等の措置を実施し、可能な限り線量低減を図った上で、原則として、被ばく線量管理を行う必要がない平均空間線量率（2.5μSv/h以下）のもとで作業に就かせることが求められること。

2 線量の測定

（1） 除染等事業者は、除染特別地域等において除染等業務に従事する労働者（有期契約労働者及び派遣労働者を含む。除染等業務のうち労働者派遣が禁止される業務については、別紙2参照。以下「除染等業務従事者」という。）に対して、以下のア及びイの場合ごとに、それぞれ定められた方法で除染等業務に係る作業（以下「除染等作業」という。）による被ばく実効線量を測定すること。

ア　作業場所の平均空間線量率が2.5μSv/h（週40時間、52週換算で、5mSv/年相当）を超える場所において除染等作業を行わせる場合は、個人線量計による外部被ばく線量測定とともに作業内容及び取り扱う汚染土壌等の放射性物質の濃度等に応じた内部被ばく線量測定を行うこと。なお、特定汚染土壌等取扱業務に係る作業のうち、事業の性質上、作業場所を限定することができない生活基盤の復旧作業等については、平均空間線量率が2.5μSv/hを超える場所において労働者を従事させることが見込まれる作業に限り、外部被ばく線量測定及び内部被ばく線量

　　　測定を行うこと。

　イ　作業場所の平均空間線量率が2.5μSv/h以下の場所において除染等作業（特定汚染土壌等取扱業務に係る作業を除く。）を行わせる場合は、個人線量計による外部被ばく線量測定によるほか、平均空間線量率に除染等業務従事者ごとの1日の労働時間を乗じて得られた値又は除染等作業により受ける外部被ばくの線量が平均的な数値であると見込まれる代表者による測定結果のいずれかを外部被ばく線量とみなすことができること。

（2）　除染等事業者以外の事業者は、自らの敷地や施設などに対して土壌の除染等の業務を行う場合、作業による実効線量が1mSv/年を超えることのないよう、作業場所の平均空間線量率が2.5μSv/h以下の場所であって、かつ、年間数十回（日）の範囲内で除染等の作業を行わせること。土壌の除染等の業務を行う自営業者、住民、ボランティアについても、次の事項に留意の上、同様とすること。

　ア　住民、自営業者については、自らの住居、事業所、農地等の土壌の除染等の業務を実施するために必要がある場合は、平均空間線量率が2.5μSv/hを超える地域で、コミュニティ単位による除染等の作業を実施することが想定される。この場合、作業による実効線量が1mSv/年を超えることのないよう、作業頻度は年間数十回（日）よりも少なくすること。

　イ　除染特別地域等でない場所からボランティアを募集する場合、ボランティア組織者は、ICRPにより勧告された計画被ばく状況における一般公衆の被ばく限度が1mSv/年であることに留意すること。

（3）　特定汚染土壌等取扱業務を行う自営業者、個人事業者については、被ばく線量管理等を実施することが困難であることから、あらかじめ除染等の措置を適切に実施する等により、特定汚染土壌等取扱業務に該当する作業に就かないことが望ましいこと。

　ア　やむを得ず、特定汚染土壌等取扱業務を行う個人事業主、自営業者については、特定汚染土壌等取扱業務を行う事業者とみなして、このガイドラインを適用すること。

　イ　ボランティアについては、作業による実効線量が1mSv/年を超えることのないよう、作業場所の平均空間線量率が2.5μSv/h（週40時間、52週換算で、5mSv/年相当）以下の場所であって、かつ、年間数十回（日）の範囲内で作業を行わせること。

（4）　（1）のアの内部被ばく測定については、除染等業務で取り扱う汚染土壌等の事故由来放射性物質の濃度及び作業中の粉じんの濃度に応じ、下表に定める方法で実施すること。なお、高濃度汚染土壌等を扱わず、かつ、高濃度粉じん作業でない場合は、スクリーニング検査は、突発的に高い粉じんにばく露された場合に実施すれば足りること。

	50万Bq/kgを超える汚染土壌等 （高濃度汚染土壌等）	高濃度汚染土壌等以外
粉じんの濃度が10 mg/m³を 超える作業 （高濃度粉じん作業）	3月に1回の内部被ばく測定	スクリーニング検査
高濃度粉じん作業以外の作業	スクリーニング検査	スクリーニング検査 （突発的に高い粉じんに ばく露された場合に限る）

(5)　高濃度粉じん作業に該当するかどうかの判断については、以下の事項に留意すること。

　　ア　土壌等のはぎ取り、アスファルト・コンクリートの表面研削・はつり、除草作業、除去土壌
　　　等のかき集め・袋詰め、建築・工作物の解体等を乾燥した状態で行う場合は、10mg/m³を超え
　　　るとみなして2（4）、第5の5に定める措置を講ずること。

　　イ　アにかかわらず、作業中に粉じん濃度の測定を行った場合は、その測定結果によって高濃度
　　　粉じん作業に該当するかどうか判断すること。測定による判断方法については、別紙3による
　　　こと。

(6)　内部被ばくスクリーニング検査の方法は、別紙4によること。

　　　また、内部被ばくによる線量の計算方法については、「東日本大震災により生じた放射性物質
　　により汚染された土壌等を除染するための業務等に係る電離放射線障害防止規則第2条第7項等
　　の規定に基づく厚生労働大臣が定める方法、基準及び区分」（平成23年厚生労働省告示第468号）
　　第6条に定めるところによること。

3　被ばく線量限度

(1)　除染等事業者は、2の（1）のア及びイの場合ごとに、それぞれ定められた方法で測定された
　　除染等業務従事者の受ける実効線量の合計が、次に掲げる限度を超えないようにすること。

　　ア　男性又は妊娠する可能性がないと診断された女性：5年間につき実効線量100mSv、かつ、1
　　　年間につき実効線量50mSv

　　イ　女性（妊娠する可能性がないと診断されたものおよびウのものを除く。）：3月間につき実効
　　　線量5mSv

　　ウ　妊娠と診断された女性：妊娠と診断されたときから出産までの間（以下「妊娠中」という。）
　　　につき内部被ばくによる実効線量が1mSv、腹部表面に受ける等価線量が2mSv

(2)　除染等事業者は、電離則第3条で定める管理区域内において放射線業務に従事した労働者又
　　は特定線量下業務に従事した労働者を除染等業務に就かせるときは、当該労働者が放射線業務又
　　は特定線量下業務で受けた実効線量と2の（1）により測定された実効線量の合計が（1）の限度
　　を超えないようにすること。

(3)　（1）のアの「5年間」については、異なる複数の事業場において除染等業務に従事する労働
　　者の被ばく線量管理を適切に行うため、全ての除染等業務を事業として行う事業場において統一
　　的に平成24年1月1日を始期とする5年ごとに区分した期間とすること。当該5年間の間に新たに

除染等業務を事業として実施する事業者についても同様とし、この場合、事業を開始した日から当該5年間の末日までの残り年数に20mSvを乗じた値を、当該5年間の末日までの被ばく線量限度とみなして関係規定を適用すること。

（4）　（1）のアの「1年間」については、「5年間」の始期の日を始期とする1年ごとに区分した期間とすること。ただし、平成23年3月11日から平成23年12月31日までに受けた線量は、平成24年1月1日に受けた線量とみなして合算すること。

（5）　特定汚染土壌等取扱業務については、平成24年1月1日から平成24年6月30日までに受けた線量を把握している場合は、それを平成24年7月1日以降に被ばくした線量に合算して被ばく管理すること。

（6）　除染等事業者は、「1年間」又は「5年間」の途中に新たに自らの事業場において除染等業務に従事することとなった労働者について、雇入れ時の特殊健康診断において、当該「1年間」又は「5年間」の始期より当該除染等業務に従事するまでの被ばく線量を当該労働者が前の事業者から交付された線量の記録（労働者がこれを有していない場合は前の事業場から再交付を受けさせること。）により確認すること。

（7）　（3）及び（4）の規定に関わらず、放射線業務を主として行う事業者については、事業場で統一された別の始期により被ばく線量管理を行っても差し支えないこと。

（8）　始期を除染等業務従事者に周知させること。

4　線量の測定結果の記録等

（1）　除染等事業者は、2の測定又は計算の結果に基づき、次に掲げる除染等業務従事者の被ばく線量を算定し、これを記録し、これを30年間保存すること。ただし、当該記録を5年間保存した後又は当該除染等業務従事者が離職した後に、当該除染等業務従事者に係る記録を厚生労働大臣が指定する機関（公益財団法人放射線影響協会）に引き渡すときはこの限りではないこと。この場合、記録の様式の例として、様式1があること。

なお、除染等業務従事者のうち電離則第4条第1項の放射線業務従事者であった者又は特定線量下業務に従事した労働者については、当該者が放射線業務又は特定線量下業務に従事する際に受けた線量を除染等業務で受ける線量に合算して記録し、保存すること。

ア　男性又は妊娠する可能性がないと診断された女性の実効線量の3月ごと、1年ごと、及び5年ごとの合計（5年間において、実効線量が1年間につき20mSvを超えたことのない者にあっては、3月ごと及び1年ごとの合計）

イ　医学的に妊娠可能な女性の実効線量の1月ごと、3月ごと及び1年ごとの合計（1月間受ける実効線量が1.7mSvを超えるおそれのないものにあっては、3月ごと及び1年ごとの合計）

ウ　妊娠中の女性の内部被ばくによる実効線量及び腹部表面に受ける等価線量の1月ごと及び妊娠中の合計

（2）　除染等事業者は、（1）の記録を、遅滞なく除染等業務従事者に通知すること。

（3）　除染等事業者は、その事業を廃止しようとするときには、（1）の記録を厚生労働大臣が指定する機関（公益財団法人放射線影響協会）に引き渡すこと。

（4）　除染等事業者は、除染等業務従事者が離職するとき又は事業を廃止しようとするときには、

（1）の記録の写しを除染等業務従事者に交付すること。

（5）　除染等事業者は、有期契約労働者又は派遣労働者を使用する場合には、放射線管理を適切に行うため、以下の事項に留意すること。

ア　3月未満の期間を定めた労働契約又は派遣契約による労働者を使用する場合には、被ばく線量の算定は、1月ごとに行い、記録すること。

イ　契約期間の満了時には、当該契約期間中に受けた実効線量を合計して被ばく線量を算定して記録し、その記録の写しを当該除染等業務従事者に交付すること。

第4　被ばく低減のための措置

1　事前調査

（1）　除染等事業者は、除染等業務を行うときは、あらかじめ、当該作業場所について次に掲げる項目を調査し、その結果を記録すること。

なお、特定汚染土壌等取扱業務を同一の場所で継続して行う場合は、当該場所について、継続して作業を行っている間2週間につき一度、次に掲げる項目を調査し、その結果を記録すること。ただし、測定結果が、平均空間線量率2.5μSv/h、放射性物質濃度1万Bq/kgを安定的に下回った場合は、それ以降の測定を行う必要はないこと。

ア　除染等作業の場所の状況

イ　除染等作業の場所の平均空間線量率（μSv/h）

ウ　除染等作業の対象となる汚染土壌等又は除去土壌若しくは汚染廃棄物に含まれるセシウム134及びセシウム137の放射能濃度の値（Bq/kg）

（2）　除染等事業者は、あらかじめ、（1）の調査が終了した年月日、調査方法及びその結果の概要を除染等作業に従事させる労働者に書面の交付等により明示すること。

（3）　平均空間線量率の測定に当たっては、以下の事項に留意すること。

ア　平均空間線量率の測定・評価の方法は別紙5によること。

イ　特定汚染土壌等取扱業務に係る事前調査の平均空間線量率については、作業場所が2.5μSv/hを超えて被ばく線量管理が必要か否かを判断するために行われるものであるため、原子力規制委員会が公表している航空機モニタリング等の結果を踏まえ、事業者が、作業場所が明らかに2.5μSv/hを超えていると判断する場合、個別の作業場所での航空機モニタリング等の結果をもって平均空間線量率の測定に代えることができること。

（4）　放射性物質の濃度測定に当たっては、以下の事項に留意すること。

ア　汚染土壌等又は除去土壌若しくは汚染廃棄物に含まれる事故由来放射性物質の濃度測定の方法については、別紙6によること。

イ　平均空間線量率が2.5μSv/h以下の場所における特定汚染土壌等取扱業務の対象となる農地土壌及び森林の落葉層及び土壌の放射能濃度測定については、別紙6－2、6－3の平均空間線量率からの汚染土壌等の放射能濃度の推定によることができること。また、その推計値が1万Bq/kgを下回っている場合は、特定汚染土壌等取扱業務に該当しないとして取り扱って差し支

えないこと。

　ただし、耕起されていない農地の地表近くの土壌のみを取り扱う作業や、森林の落葉層や地表近くの土壌のみを取り扱う場合は、別紙6－1の簡易測定により、地表近くの土壌の濃度によって判断する必要があること。

ウ　生活圏（建築物、工作物、道路等の周辺）における作業については、別紙6－1の簡易測定により、作業で取り扱う土壌等の掘削深さまでの土壌等の放射能濃度が1万Bq/kgを下回る場合は、地表面近くでの土壌等の放射能濃度に関わらず、特定汚染土壌等取扱業務に該当しないとして取り扱って差し支えないこと。

　ただし、掘削等を行うことなく地表近くの土壌のみを取り扱う場合は、地表近くでの土壌等の放射能濃度によって判断する必要があること。

エ　特定汚染土壌等取扱業務に係る事前調査の汚染土壌等放射性物質の濃度測定については、取り扱う汚染土壌等の濃度が1万Bq/kg又は50万Bq/kgを超えているかどうかを判断するために行われるものであるため、原子力規制委員会が公表している航空機モニタリング等の結果を踏まえ、除染等事業者が取り扱う汚染土壌等の放射性物質濃度が明らかに1万Bq/kgを超えていると判断する場合は、航空機モニタリング等の空間線量率からの推定結果をもって放射能濃度測定の結果に代えることができるものであること。また、別紙6-2又は6-3の早見表その他の知見に基づき、土壌の掘削深さ及び作業場所の平均空間線量率等から、作業の対象となる汚染土壌等の放射能濃度が1万Bq/kgを明らかに下回り、特定汚染土壌等取扱業務に該当しないことを明確に判断できる場合にまで、放射能濃度測定を求める趣旨ではないこと。

2　作業計画の策定とそれに基づく作業

（1）　除染等事業者は、除染等業務（特定汚染土壌等取扱業務については、作業場所の平均空間線量率が2.5μSv/hを超える場合に限る。）を行うときは、あらかじめ、事前調査により知り得たところに適応する作業計画を定め、かつ、当該作業計画により作業を行うこと。

（2）　作業計画は、次の事項が示されているものとすること。

ア　除染等作業の場所

イ　除染等作業の方法

ウ　除染等業務従事者の被ばく線量の測定の方法

エ　除染等業務従事者の被ばくを低減させるための措置

オ　除染等作業に使用する機械、器具その他の設備（以下「機械等」という。）の種類及び能力

カ　労働災害が発生した場合の応急の措置

（3）　除染等事業者は、作業計画を定めたときは、その内容を関係労働者に周知すること。

（4）　除染等事業者は、作業計画を定める際に以下の事項に留意すること。

ア　作業の場所には、次の事項を含むこと。

①　飲食・喫煙が可能な休憩場所

②　退去者及び持ち出し物品の汚染検査場所

イ　作業の方法には、次の事項を含むこと。

作業者の構成、機械等の使用方法、作業手順、作業環境等

ウ　被ばく低減のための措置には、次の事項を含むこと。

①　平均空間線量測定の方法

②　作業時間短縮等被ばくを低減するための方法

③　被ばく線量の推定に基づく被ばく線量目標値の設定

（5）　飲食・喫煙が可能な休憩場所の設置基準

ア　飲食場所は、原則として、車内等、外気から遮断された環境とすること。これが確保できない場合、以下の要件を満たす場所で飲食を行うこと。喫煙については、屋外であって、以下の要件を満たす場所で行うこと。

①　高濃度の土壌等が近傍にないこと。

②　粉じんの吸引を防止するため、休憩は一斉にとることとし、作業中断後、20分間程度、飲食・喫煙をしないこと。

③　作業場所の風上であること。風上方向に移動できない場合、少なくとも風下方向に移動しないこと。

イ　飲食・喫煙を行う前に、手袋、防じんマスク等、汚染された装具を外した上で、手を洗う等の洗浄措置を講ずること。高濃度汚染土壌等を取り扱った場合は、飲食前に身体等の汚染検査を行うこと。

ウ　作業中に使用したマスクは、飲食・喫煙中に放射性微粒子が内面に付着しないように保管するか、廃棄する（スクリーニング検査を行う場合は、廃棄する前に、マスク表面の事故由来放射性物質の表面密度を測定する）こと。

エ　作業中の水分補給については、熱中症予防等のためやむを得ない場合に限るものとし、作業場所の風上に移動した上で、手袋を脱ぐ等の汚染防止措置を行った上で行うこと。

（6）　汚染検査場所の設置基準

ア　除染等事業者は、除染等業務の作業場所又はその近隣の場所に汚染検査場所を設けること。この場合、汚染検査場所は、除染等事業者が除染等業務を請け負った場所とそれ以外の場所の境界に設置することを原則とするが、地形等などのため、これが困難な場合は、境界の近傍に設置すること。

イ　上記にかかわらず、一つの除染等事業者が複数の作業場所での除染等業務を請け負った場合、密閉された車両で移動する等、作業場所から汚染検査場所に移動する間に汚染された労働者や物品による汚染拡大を防ぐ措置が講じられている場合は、複数の作業場所を担当する集約汚染検査場所を任意の場所に設けることができること。複数の除染事業者が共同で集約汚染検査場所を設ける場合、発注者が設置した汚染検査場所を利用する場合も同様とすること。

ウ　汚染検査場所には、汚染検査のための放射線測定機器を備え付けるほか、洗浄設備等除染のための設備、汚染土壌等又は除去土壌若しくは汚染廃棄物の一時保管のための設備を設けること。汚染検査場所は屋外であっても差し支えないが、汚染拡大防止のためテント等により覆われていること。

3　作業指揮者

（1）　除染等事業者は、除染等業務（特定汚染土壌等取扱業務については、作業場所の平均空間線

量率が2.5μSv/hを超える場合に限る。）を行うときは、作業の指揮をするため必要な能力を有すると認める者のうちから作業指揮者を定め、作業計画に基づき作業の指揮を行わせるとともに、次の事項を行わせること。

ア　作業計画に適応した作業手順及び除染等業務従事者の配置を決定すること

イ　作業前に、除染等業務従事者と作業手順に関する打ち合わせを実施すること

ウ　作業前に、使用する機械・器具を点検し、不良品を取り除くこと

エ　放射線測定器及び保護具の使用状況を監視すること

オ　当該作業を行う箇所には、関係者以外の者を立ち入らせないこと

（2）　作業手順には、以下の事項が含まれること。

ア　作業手順ごとの作業の方法

イ　作業場所、待機場所、休憩場所

ウ　作業時間管理の方法

4　作業届の提出

（1）　除染等事業者であって、発注者から直接作業を受注した者（以下「元方事業者」という。）は、作業場所の平均空間線量率が2.5μSv/hを超える場所において土壌等の除染等の業務又は特定汚染土壌等取扱業務を実施する場合には、あらかじめ、「土壌等の除染等の業務・特定汚染土壌等取扱業務に係る作業届」（様式2）を事業場の所在地を所轄する労働基準監督署（以下「所轄労働基準監督署長」という。）に提出すること。

なお、作業届は、発注単位で提出することを原則とするが、発注が複数の離れた作業を含む場合は、作業場所ごとに提出すること。

（2）　作業届には、以下の項目を含むこと。

ア　作業件名（発注件名）

イ　作業の場所

ウ　元方事業者の名称及び所在地

エ　発注者の名称及び所在地

オ　作業の実施期間

カ　作業指揮者の氏名

キ　作業を行う場所の平均空間線量率

ク　関係請負人の一覧及び除染等業務従事者数の概数

5　医師による診察等

（1）除染等事業者は、除染等業務従事者が次のいずれかに該当する場合、速やかに医師の診察又は処置を受けさせること。

ア　被ばく線量限度を超えて実効線量を受けた場合

イ　事故由来放射性物質を誤って吸入摂取し、又は経口摂取した場合

ウ　事故由来放射性物質により汚染された後、洗身等によっても汚染を40Bq/cm^{2}以下にすることができない場合

エ　傷創部が事故由来放射性物質により汚染された場合

（2）　（1）イについては、事故等で大量の土砂等に埋まった場合で鼻スミアテスト等を実施してその基準値を超えた場合、大量の土砂や汚染水が口に入った場合等、一定程度の内部被ばくが見込まれるものに限るものであること。

第5　汚染拡大防止、内部被ばく防止のための措置

1　粉じんの発散の抑制

除染等事業者は、除染等業務（特定汚染土壌等取扱業務を除く。）において、土壌のはぎ取り等第3の2の（4）の表のうち、高濃度汚染土壌等を扱わず、かつ、高濃度粉じん作業でない場合を除き、あらかじめ、除去する土壌等を湿潤な状態とする等、粉じんの発生を抑制する措置を講ずること。

なお、湿潤にするためには、汚染水の発生を抑制するため、ホース等による散水ではなく、噴霧（霧状の水による湿潤）とすること。

2　廃棄物収集等業務を行う際の容器の使用、保管の場合の措置

（1）　除染等事業者は、廃棄物収集等業務において、除去土壌又は汚染廃棄物を収集、運搬、保管するときは、除去土壌又は汚染廃棄物が飛散、流出しないよう、次に定める構造を具備した容器を用いるとともに、その容器に除去土壌又は汚染廃棄物が入っている旨を表示すること。

ただし、大型の機械、容器の大きさを超える伐木、解体物等のほか、非常に多量の汚染土壌等であって、容器に小分けして入れるために高い外部被ばくや粉じんばく露が見込まれる作業が必要となるもの等、容器に入れることが著しく困難なものについては、遮水シート等で覆うなど、除去土壌又は汚染廃棄物が飛散、流出することを防止するため必要な措置を講じたときはこの限りでないこと。

なお、「廃棄物収集等業務」には、土壌の除染等の業務又は特定汚染土壌等業務の一環として、作業場所において発生した土壌を、作業場所内において移動、埋め戻し、仮置き等を行うことは含まれないこと。

ア　除去土壌又は汚染廃棄物の収集又は保管に用いる容器

①　除去土壌又は汚染廃棄物が飛散、流出するおそれがないものであること

イ　除去土壌又は汚染廃棄物の運搬に用いる容器

①　除去土壌又は汚染廃棄物が飛散、流出するおそれがないものであること

②　容器の表面（容器を梱包するときは、その梱包の表面）から1mの距離での線量率（1cm線量当量）が0.1mSv/hを超えないもの

ただし、容器を専用積載で運搬する場合に、運搬車の前面、後面、両側面（車両が開放型の場合は、一番外側のタイヤの表面）から1mの距離における線量率（1cm線量当量率）の最大値が0.1mSv/hを超えない車両を用いた場合はこの限りではないこと

（2）　除染等事業者は、除染等業務において、除去土壌又は汚染廃棄物を保管するときは、（1）の

措置を講ずるとともに、次に掲げる措置を実施すること。

　ア　除去土壌又は汚染廃棄物を保管していることを標識により明示すること。

　イ　関係者以外の立入を禁止するため、カラーコーン等、簡易な囲い等を設けること。

（3）　除染等事業者は、特定汚染土壌等取扱業務を実施する際には、覆土、舗装、反転耕等、汚染土壌等の除去と同等以上の線量低減効果が見込まれる作業を実施する場合を除き、あらかじめ、当該業務を実施する場所の高濃度の汚染土壌等をできる限り除去するよう努めること。ただし、水道、電気、道路の復旧等、除染等の措置を実施するために必要となる必要最低限の生活基盤の整備作業はこの限りではないこと。

3　汚染検査の実施

（1）　汚染限度

　　汚染限度は、40Bq/cm^2（GM計数管のカウント値としては、13,000cpm）とすること。周辺の空間線量が高いため、汚染検査のための放射線測定が困難な場合は、第4の2の（6）イの規定による集約汚染検査場所を空間線量が十分に低い場所に設置すること。

（2）　退出者の汚染検査

　ア　除染等事業者は、汚染検査場所において、除染等作業を行った除染等業務従事者が作業場所から退去するときに、その身体及び装具（衣服、履物、作業衣、保護具等身体に装着している物）の汚染の状態を検査すること。

　イ　除染等事業者は、この検査により、汚染限度を超えて汚染されていると認められるときは、次の措置を講じなければ、その除染等業務従事者を退出させないこと。

　　①　身体が汚染されているときは、汚染限度以下になるように洗身等をさせること

　　②　装具が汚染されているときは、その装具を脱がせ、又は取り外させること

（3）　持ち出し物品の汚染検査

　ア　除染等事業者は、汚染検査場所において、作業場所から持ち出す物品について、持ち出しの際に、その汚染の状況を検査すること。ただし、容器に入れる又はビニールシートで覆う等除去土壌又は汚染廃棄物が飛散、流出することを防止するため必要な措置を講じた上で、他の除染等作業を行う作業場所に運搬する場合は、その限りではないこと。

　イ　除染等事業者は、この検査において、当該物品が汚染限度を超えて汚染されていると認められるときは、その物品を持ち出してはならないこと。ただし、容器に入れる又はビニールシートで覆う等除去土壌又は汚染廃棄物が飛散、流出することを防止するため必要な措置を講じた上で、汚染を除去するための施設、貯蔵施設若しくは廃棄のための施設、又は他の除染等業務が行われる作業場まで運搬する場合はその限りではないこと。

　ウ　車両については、車両に付着した汚染土壌等を洗い流した後、次の事項に留意の上、汚染検査を行うこと。

　　①　タイヤ等地面に直接触れる部分について、汚染検査場所で除染を行って汚染限度を下回っても、その後の運行経路で再度汚染される可能性があるため、タイヤ等地面に直接触れる部分については、汚染検査を行う必要はないこと。

　　②　車内、荷台等、タイヤ等以外の部分については、汚染限度を超えている部分について、除

染措置を講ずる必要があること。

③　除去土壌又は汚染廃棄物を運搬したトラック等については、荷下ろし場所において、荷台等の除染及び汚染検査を行うことが望ましいが、それが困難な場合、ビニールシートで包む等、荷台等から除去土壌又は汚染廃棄物が飛散、流出することを防止した上で再度汚染検査場所に戻り、そこで汚染検査及び除染を行うこと。

4　汚染を防止するための措置

　除染等事業者は、身体、装具又は物品が汚染限度を超えることを防止するため、次に掲げる措置等、有効な措置を講ずること。

　　ア　靴の交換、衣服・手袋、保護具の交換・廃棄

　　イ　機械等の事前養生、事後除染

　　ウ　除去土壌等の運搬時の養生の実施

　　エ　作業場所の清潔の維持

5　身体・内部汚染の防止

（1）　除染等事業者は、除染等業務従事者に、次に掲げる作業の区分及び汚染土壌等の濃度の区分に応じた捕集効率を持つ防じんマスク又はそれと同等以上の有効な呼吸用保護具を備え、これらをその作業に従事する除染等業務従事者に使用させること。除染等業務従事者は、これら呼吸用保護具を使用すること。

	50万Bq/kgを超える汚染土壌等 （高濃度汚染土壌等）	高濃度汚染土壌等以外
粉じんの濃度が10 mg/m^{3}を超える作業 （高濃度粉じん作業）	捕集効率95%以上	捕集効率80%以上
高濃度粉じん作業以外の作業	捕集効率80%以上	捕集効率80%以上

　　なお、高濃度汚染土壌等を取り扱わず、かつ、高濃度粉じん作業を行わない場合であって、「粉じん障害防止規則」（昭和54年労働省令第18号）第27条（呼吸用保護具の使用）に該当しない作業（草木や腐葉土の取扱等）では、防じんマスクでなく、不織布製マスク（国家検定による防じんマスク以外のマスクであって、風邪予防、花粉症対策等で一般的に使用されている不織布でできたマスク。サージカルマスク、プリーツマスク、フェイスマスク等と呼ばれることもある。ガーゼ生地でできたマスクは含まれない。）を着用することとして差し支えないこと。

（2）　除染等事業者は、汚染限度を超えて汚染されるおそれのある除染等作業を行うときは、次に掲げる作業の区分及び取り扱う汚染土壌等の濃度の区分に応じて、次の事項に留意の上、汚染を防止するために有効な保護衣類、手袋又は履物を備え、これらをその作業に従事する除染等業務従事者に使用させること。除染等業務従事者は、これら保護具を使用すること。

　　ア　ゴム手袋の材質によってアレルギー症状が発生することがあるので、その際にはアレルギーの生じにくい材質の手袋を与えるなど配慮すること。

イ　作業の性質上、ゴム長靴を使用することが困難な場合は、靴の上をビニールにより養生する等の措置が必要であること。

ウ　高圧洗浄等により水を扱う場合は、必要に応じ、雨合羽等の防水具を着用させること。

	50万Bq/kgを超える汚染土壌等 （高濃度汚染土壌等）	高濃度汚染土壌等以外
粉じんの濃度が10 mg/m^{3}を超える作業 （高濃度粉じん作業）	長袖の衣服の上に全身化学防護服（例：密閉型タイベックスーツ）、ゴム手袋（綿手袋と二重）、ゴム長靴	長袖の衣服、綿手袋、ゴム長靴
高濃度粉じん作業以外の作業	長袖の衣服、ゴム手袋（綿手袋と二重）、ゴム長靴	長袖の衣服、綿手袋、ゴム長靴

（3）　除染等事業者は、除染等業務従事者に使用させる保護具が汚染限度（40Bq/cm^2（GM計数管のカウント値としては、13,000cpm））を超えて汚染されていると認められるときは、あらかじめ、洗浄等により、汚染限度以下となるまで汚染を除去しなければ、除染等業務従事者に使用させないこと。

なお、使用した使い捨て式防じんマスク又は不織布製マスクは、1日の作業が終了した時点で廃棄すること。1日の中で作業が中断するためにマスクを外す場合は、マスクの内面が粉じんや土壌等で汚染されないように保管するか、廃棄すること。取替え式防じんマスクを使用するときは、使用したフィルタは、1日の作業が終了した時点で廃棄し、面体はメーカーが示す洗浄方法で洗浄し、埃や汗などが面体表面に残らないように手入れすると同時に、排気弁・吸気弁・しめひもなどの交換可能な部品によごれや変形などがないか観察し、もし交換が必要な場合には新しい部品と交換して次回の使用に備えること。

（4）　除染等事業者は、第4の2（5）で定める場所以外の場所において、労働者が喫煙し、又は飲食することを禁止し、あらかじめ、その旨を書面の交付、掲示等により労働者に明示すること。労働者は、当該場所で喫煙し、又は飲食しないこと。

第6　労働者に対する教育

1　作業指揮者に対する教育

（1）　除染等事業者は、除染等業務（特定汚染土壌等取扱業務については、作業場所の平均空間線量率が2.5μSv/hを超える場合に限る。）における作業の指揮をする者を定めるときは、当該者に対し、次の科目について、教育を行うこと。

ア　作業の方法の決定及び除染等業務従事者の配置に関すること

イ　除染等業務従事者に対する指揮の方法に関すること

ウ　異常時における措置に関すること

（2）　その他、教育の実施の詳細については、別紙7によること。

2　除染等業務従事者に対する特別の教育

（1）　除染等事業者は、除染等業務に労働者を就かせるときは、当該労働者に対し、次の科目について、学科及び実技による特別の教育を行うこと。

　ア　学科教育

　　①　電離放射線の生体に与える影響及び被ばく線量の管理の方法に関する知識

　　②　除染等作業の方法に関する知識

　　③　除染等作業に使用する機械等の構造及び取扱いの方法に関する知識（特定汚染土壌等取扱業務を除く。）

　　④　除染等作業に使用する機械等の名称及び用途に関する知識（特定汚染土壌等取扱業務に限る。）

　　⑤　関係法令

　イ　実技教育

　　①　除染等作業の方法及び使用する機械等の取扱い（特定汚染土壌等取扱業務を除く。）

　　②　除染等作業の方法（特定汚染土壌等取扱業務に限る。）

（2）　その他、特別教育の実施の詳細については、別紙8によること。

3　その他必要な者に対する教育等

（1）　除染等事業者以外の事業者で自らの敷地や施設等において除染等作業を行う事業者又は除染特別地域等でない場所で除染等作業を行う事業者は、労働者に対して、作業を実施する上で必要な項目について教育を実施すること。自営業者、個人事業者、ボランティア等、雇用されていない者に対しても同様とすることが望ましいこと。

（2）　除染等業務の発注者は、教育を受けた作業指揮者及び労働者を、作業開始までに業務の遂行上必要な人数を確保できる体制が整っていることを確認した上で発注を行うことが望ましいこと。

第7　健康管理のための措置

1　特殊健康診断

（1）　除染等事業者は、除染等業務（特定汚染土壌等取扱業務については、作業場所の平均空間線量率が2.5μSv/hを超える場合に限る。）に常時従事する除染等業務従事者に対し、雇入れ時又は当該業務に配置換えの際及びその後6月以内ごとに1回、定期に、次の項目について医師による健康診断を行うこと。

　　なお、6月未満の期間の定めのある労働契約又は派遣契約を締結した労働者又は派遣労働者に対しても、被ばく歴の有無、健康状態の把握の必要があることから、雇入れ時に健康診断を実施すること。

　ア　被ばく歴の有無（被ばく歴を有する者については、作業の場所、内容及び期間、放射線障害の有無、自覚症状の有無その他放射線による被ばくに関する事項）の調査及びその評価

　イ　白血球数及び白血球百分率の検査

ウ　赤血球数の検査及び血色素量又はヘマトクリット値の検査

エ　白内障に関する眼の検査

オ　皮膚の検査

(2)　(1)の規定にかかわらず、健康診断（定期に行われるもの）の前年の実効線量が5mSvを超えず、かつ、当年の実効線量が5mSvを超えるおそれのない者については、イからオの項目は、医師が必要と認めないときには、行うことを要しないこと。

(3)　除染等事業者は、(1)の健康診断の結果に基づき、「除染等電離放射線健康診断個人票」（様式3）を作成し、これを30年間保存すること。ただし、5年間保存した後に当該記録を、又は当該除染等業務従事者が離職した後に当該除染等業務従事者に係る記録を、厚生労働大臣が指定する機関（公益財団法人放射線影響協会）に引き渡すときはこの限りではないこと。

2　一般健康診断

(1)　除染等事業者（派遣労働者に対する一般健康診断にあっては、派遣元事業者。以下同じ。）は、除染等業務（特定汚染土壌等取扱業務については、作業場所の平均空間線量率が2.5μSv/hを超える場合に限る。）に常時従事する除染等業務従事者に対し、雇入れ時又は当該業務に配置換えの際及びその後6月以内ごとに1回、定期に、次の項目について医師による健康診断を行うこと。

ア　既往歴及び業務歴の調査

イ　自覚症状及び他覚症状の有無の検査

ウ　身長、体重、腹囲、視力及び聴力の検査

エ　胸部エックス線検査及び喀痰検査

オ　血圧の測定

カ　貧血検査

キ　肝機能検査

ク　血中脂質検査

ケ　血糖検査

コ　尿検査

サ　心電図検査

(2)　除染等事業者は、(1)以外の特定汚染土壌等取扱業務に常時従事する労働者に対し、雇入れ時又は当該業務に配置換えの際及びその後1年以内ごとに1回、定期に、(1)のアからサまでの項目について医師による健康診断を行うこと。

(3)　(1)又は(2)の健康診断（定期のものに限る）は、前回の健康診断においてカからケまで及びサに掲げる項目については健康診断を受けた者については、医師が必要でないと認めるときは、当該項目の全部又は一部を省略することができること。

(4)　(1)のウ、エ、カからケまで及びサに掲げる項目については、厚生労働大臣が定める基準に基づき、医師が必要ないと認めるときは省略することができること。

(5)　(1)のウの聴力検査（定期の健康診断におけるものに限る。）は、前回の健康診断において当該項目について健康診断を受けた者又は45歳未満の者（35歳及び40歳の者を除く。）につい

ては、医師が適当と認める聴力（1,000Hz又は4,000Hzの音に係る聴力を除く。）の検査をもって代えることができること。

（6）　除染等事業者は、（1）又は（2）の健康診断の結果に基づき、個人票を作成し、これを5年間保存すること。

3　健康診断の結果についての事後措置等

（1）　除染等事業者は、1又は2の健康診断の結果（当該健康診断の項目に異常の所見があると診断された労働者に係るものに限る。）に基づく医師からの意見聴取は、次に定めるところにより行うこと。

　ア　健康診断が行われた日から3月以内に行うこと

　イ　聴取した医師の意見を個人票に記載すること

（2）　除染等事業者は、健康診断を受けた除染等業務従事者に対し、遅滞なく、健康診断の結果を通知すること。

（3）　除染等事業者は、1の健康診断（定期のものに限る。）を行ったときは、遅滞なく、「除染等電離放射線健康診断結果報告書」を所轄労働基準監督署長に提出すること。

（4）　除染等事業者は、健康診断の結果、放射線による障害が生じており、若しくはその疑いがあり、又は放射線による障害が生ずるおそれがあると認められる者については、その障害、疑い又はおそれがなくなるまで、就業する場所又は業務の転換、被ばく時間の短縮、作業方法の変更等健康の保持に必要な措置を講ずること。

4　記録等の引渡等

（1）　除染等事業者は、事業を廃止しようとするときは、1の（3）の除染等電離放射線健康診断個人票を厚生労働大臣が指定する機関（公益財団法人放射線影響協会）に引き渡すこと。

（2）　除染等事業者は、除染等業務従事者が離職するとき又は事業を廃止しようとするときは、当該除染等業務従事者に対し、1の（3）の除染等電離放射線健康診断個人票の写しを交付すること。

第8　安全衛生管理体制等

1　元方事業者による安全衛生管理体制の確立

（1）　安全衛生統括者の選任

　　元方事業者は、除染等業務に係る安全衛生管理が適切に行われるよう、除染等業務の実施を統括管理する者から安全衛生統括者を選任し、同人に（2）から（4）の事項を実施させること。

（2）　関係請負人における安全衛生管理の職務を行う者の選任等

　　関係請負人に対し、安全衛生管理の職務を行う者を選任させ、次に掲げる事項を実施させること。

　ア　安全衛生統括者との連絡

　イ　以下に掲げる事項のうち、当該関係請負人に係るものが円滑に行われるようにするための安

全衛生統括者との調整

　　ウ　当該関係請負人がその仕事の一部を他の請負人に請け負わせている場合における全ての関係請負人に対する作業間の連絡及び調整

（3）　全ての関係請負人による安全衛生協議組織の開催等

　　ア　全ての関係請負人を含めた安全衛生協議組織を設置し、1月以内ごとに1回、定期に開催すること

　　イ　安全衛生協議組織において協議すべき事項は、次のとおりとすること

　　　①　新規に除染等業務に従事する者に対する特別教育等必要な安全衛生教育の実施に関すること

　　　②　事前調査の実施、作業計画の作成又は改善に関すること

　　　③　汚染検査場所の設置、汚染検査の実施に関すること

　　　④　労働災害の発生等異常な事態が発生した場合の連絡、応急の措置に関すること

（4）　作業計画の作成等に関する指導又は援助

　　ア　関係請負人が実施する事前調査、作成する作業計画について、その内容が適切なものとなるよう必要に応じて関係請負人を指導し、又は援助すること

　　イ　関係請負人が、関係労働者に、事前調査の結果及び作業計画の内容の周知を適切に実施できるよう、関係請負人を指導し、又は援助すること

2　元方事業者による被ばく状況の一元管理

　元方事業者は、第3の2から4の被ばく線量管理が適切に実施されるよう、放射線管理者を選任し、1の（1）の安全衛生統括者の指揮のもと、次の事項を含む、関係請負人の労働者の被ばく管理も含めた一元管理を実施させること。

　なお、放射線管理者は、放射線関係の国家資格保持者又は専門教育機関等による放射線管理に関する講習等の受講者から選任することが望ましいこと。

（1）　発注者と協議の上、汚染検査場所の設置及び汚染検査の適切な実施を図ること。

（2）　関係請負人による第3の2から4及び第8の4に定める措置が適切に実施されるよう、関係請負人の放射線管理担当者を指導、又は援助すること。

（3）　労働者の過去の累積被ばく線量の適切な把握、被ばく線量記録等の散逸の防止を図るため、「除染等業務従事者等被ばく線量登録管理制度」に参加すること。

（4）　その他、放射線管理のために必要な事項を実施すること。

3　除染等事業者における安全衛生管理体制

（1）　除染等事業者は、事業場の規模に応じ、衛生管理者又は安全衛生推進者を選任し、第3の2及び4の線量の測定及び結果の記録等の業務、第5の3の汚染検査等の業務、第5の4及び5の身体・内部汚染の防止、第6の労働者に対する教育、第7の健康管理のための措置に関する技術的事項を管理させること。

　　なお、労働者数が10人未満の事業場にあっても、安全衛生推進者の選任が望ましいこと。

（2）　除染等事業者は、事業場の規模に関わらず、放射線管理担当者を選任し、第3の2及び4の線

量の測定及び結果の記録等の業務、第5の3の汚染検査等の業務、第5の4及び5の身体・内部汚染の防止に関する業務を行わせること。

4　東電福島第一原発緊急作業従事者に対する健康保持増進の措置等

　　除染等事業者は、東京電力福島第一原子力発電所における緊急作業に従事した労働者を除染等業務に就かせる場合は、次に掲げる事項を実施すること。

（1）　電離則第59条の2に基づく報告を厚生労働大臣（厚生労働省労働基準局安全衛生部労働衛生課電離放射線労働者健康対策室あて）に行うこと。

　　ア　第7の1（3）及び第7の2（6）の個人票の写しを、健康診断実施後、遅滞なく提出すること。

　　イ　3月ごとの月の末日に、「指定緊急作業従事者等に係る線量等管理実施状況報告書」（電離則様式第3号）を提出すること。なお、提出に当たっては、原則としてCSVによる電磁的記録により行うこと。

（2）　「東京電力福島第一原子力発電所における緊急作業従事者等の健康の保持増進のための指針」（平成23年東京電力福島第一原子力発電所における緊急作業従事者等の健康の保持増進のための指針公示第5号）に基づき、保健指導等を実施するとともに、緊急作業従事期間中に50mSvを超える被ばくをした者に対して、必要な検査等を実施すること。

別紙1　除染特別地域等の一覧

1　除染特別地域

・指定対象

　旧警戒区域又は計画的避難区域の対象区域等

	市町村数	指定地域
福島県	11	楢葉町、富岡町、大熊町、双葉町、浪江町、葛尾村及び飯舘村。並びに田村市、南相馬市、川俣町、川内村で警戒区域又は計画的避難区域であった地域

2　汚染状況重点調査地域

・指定対象

　放射線量が 0.23μSv/h 以上の地域等

	市町村数	指定地域
岩手県	3	一関市、奥州市及び平泉町の全域
宮城県	8	白石市、角田市、栗原市、七ヶ宿町、大河原町、丸森町、亘理町及び山元町の全域
福島県	36	福島市、郡山市、いわき市、白河市、須賀川市、相馬市、二本松市、伊達市、本宮市、桑折町、国見町、大玉村、鏡石町、天栄村、会津坂下町、湯川村、会津美里町、西郷村、泉崎村、中島村、矢吹町、棚倉町、鮫川村、石川町、玉川村、平田村、浅川町、古殿町、三春町、小野町、広野町及び新地町の全域並びに田村市、南相馬市、川俣町及び川内村で警戒区域又は計画的避難区域であった地域を除く区域
茨城県	19	日立市、土浦市、龍ケ崎市、常総市、常陸太田市、高萩市、北茨城市、取手市、牛久市、つくば市、ひたちなか市、鹿嶋市、守谷市、稲敷市、つくばみらい市、東海村、美浦村、阿見町及び利根町の全域
栃木県	7	鹿沼市、日光市、大田原市、矢板市、那須塩原市、塩谷町及び那須町の全域
群馬県	8	桐生市、沼田市、渋川市、みどり市、下仁田町、高山村、東吾妻町及び川場村の全域
埼玉県	2	三郷市及び吉川市の全域
千葉県	9	松戸市、野田市、佐倉市、柏市、流山市、我孫子市、鎌ケ谷市、印西市及び白井市の全域
計	92	

※環境省環境再生・資源循環局環境再生事業担当参事官室作成（平成30年1月）

＜編注：上記の「2　汚染状況重点調査地域」のうち、福島県会津坂下町、湯川村、会津美里町の3町村が平成31年3月25日に指定解除され、計89市町村になっています。最新の情報は、環境省ホームページ（https://www.env.go.jp/）の除染情報サイトで確認できます。＞

別紙2　除染等業務のうち労働者派遣が禁止される業務

　労働者派遣事業の適正な運営の確保及び派遣労働者の就業条件の整備等に関する法律第4条第1項において労働者派遣事業を行ってはならない業務として、建設業務（土木、建築その他工作物の建設、改造、保存、修理、変更、破壊若しくは解体の作業又はこれらの作業の準備の作業に係る業務をいう。以下同じ。）が規定されており、除染等業務に関する業務であっても建設業務に該当する場合は、労働者派遣が禁止されること。

　したがって、一般的には、派遣先が建設現場である場合、単独で実施すれば建設業務に当たらない業務であっても、それが土木・建築等の作業の準備作業に当たるものとみなされることがほとんどであることから、禁止業務に該当する場合が多いこと。

　また、参考として以下に例を示したが、当該除染等業務が建設業務に当たるか否かは実態に即して判断されること、また、個々の業務は土木・建築等の作業に当たらないが、土木・建築等の作業の準備作業となる場合は建設業務に該当するため禁止されることに留意が必要であること。

業務内容 （使用機械等）	可否の考え方
森林（落葉、枝葉等の除去、立木の枝打ち）の除染（電動のこぎり）	一般的には、左記の業務は可能と考えられるが、実態として土木・建築等の作業の準備作業として行われる場合には建設業務に当たり不可。
土壌等の散水（ホース等）	一般的には、左記の業務のみの単独で当該業務が終了するものであれば可能と考えられるが、実態として土木・建築等の作業の準備作業として行われる場合には建設業務に当たり不可。
草刈り、表土のはぎ取り、土砂・草・コケ・落枝・落葉・ゴミの除去（草刈り機、スコップ、ほうき、熊手、土嚢袋）	一般的には、草刈り、草・コケ・落枝・落葉・ゴミの除去の業務は可能と考えられるが、実態として土木・建築等の作業の準備作業として行われる場合には建設業務に当たり不可。また、表土のはぎ取りや土砂の除去はそれ自体が建設業務に当たる業務と考えられるため不可。
表土等のはぎ取り、土砂・草・コケ・落枝・落葉・ゴミの除去（バックホー等の重機、土嚢袋）	建設業務に当たる業務と考えられるため不可。
側溝等の汚泥の除去（スコップ、ほうき、熊手、土嚢袋）	一般的には、左記の業務のみの単独で当該業務が終了するものであれば可能と考えられるが、実態として土木・建築等の作業の準備作業として行われる場合には建設業務に当たり不可。
屋根・外壁・道路・側溝等の洗浄（高圧洗浄機、ブラシ、バケツ、雑巾）	一般的には、左記の業務のみの単独で当該業務が終了するものであれば可能と考えられるが、実態として土木・建築等の作業の準備作業として行われる場合には建設業務に当たり不可。

除去土壌等の仮置き、埋設（スコップ、土嚢、遮水シート、遮蔽物）	除去土壌等の埋設は建設業務に当たる業務と考えられるため不可。 また、除去土壌等の仮置きは一般的には、既に除去された土壌が集積され、単にそれを移動させるのみであれば可能と考えられるが、実態として土木・建築等の作業の準備作業として行われる場合が多く、そのような場合には建設業務に当たり不可。
除去土壌等の仮置き場等への移動（バックホー）	建設業務に当たる業務と考えられるため不可。
除去土壌等の運搬（運搬車両）	除去すべき土壌等の存在する場所から直接運搬する場合は、実態として土木・建築等の作業の準備作業として行われる場合が多く、そのような場合には建設業務に当たり不可。一方、仮置場からの2次的な運搬は可能。
建物の屋根瓦・側壁のはぎ取り（工具）	建設業務に当たる業務と考えられるため不可。
アスファルトのはぎ取り（電動カッター）	建設業務に当たる業務と考えられるため不可。
がれきの除去・撤去、運搬	土地に定着していないがれきを人力等で撤去する作業の業務や、家の中に流れ込んだ土砂や敷地・道路に残った土砂・がれきを人力等で撤去する業務については可能と考えられるが、重機を使用する場合や土木・建築等の作業の準備作業として行われる場合には建設業務に当たり不可。

別紙3　高濃度粉じん作業に該当するかの判断方法

1　目的

　高濃度粉じん作業の判断は、事業者が、作業中に高濃度粉じんの下限値である10mg/m³を超える粉じん濃度が発生しているかどうかを知り、内部被ばくの線量管理のために必要となる測定方法を決定するためのものであること。

2　基本的考え方

（1）　高濃度粉じんの下限値である10mg/m³を超えているかどうかを判断できればよく、厳密な測定ではなく、簡易な測定で足りること。

（2）　測定は、専門の測定業者に委託して実施することが望ましいこと。

3　測定の方法

（1）　高濃度粉じん作業の判定は、作業中に、個人サンプラーを用いるか、作業者の近傍で、粉じん作業中に、原則としてデジタル粉じん計による相対濃度指示方法によること。

（2）　測定の方法は、以下によること。

　ア　粉じん作業を実施している間、粉じん作業に従事する労働者の作業に支障を来さない程度に近い所（風下）でデジタル粉じん計（例：LD－5）により、2～3分間程度、相対濃度（cpm）の測定を行うこと。

イ　アの相対濃度測定は、粉じん作業に従事する者の全員について行うことが望ましいが、同様の作業を数メートル以内で行う労働者が複数いる場合は、そのうちの代表者について行えば足りること。

ウ　アの簡易測定の結果、最も高い相対濃度（cpm）を示した労働者について、作業に支障を来さない程度に近い所（風下）において、デジタル粉じん計とインハラブル粉じん濃度測定器を並行に設置し、10分以上の継続した時間で測定を行い、質量濃度変換係数を求めること。

①　粉じん濃度測定の対象粒径は、気中から鼻孔又は口を通って吸引されるインハラブル粉じん（吸引性粉じん、粒径100μm、50% cut）を測定対象とすること。

②　インハラブル粉じんは、オープンフェイス型サンプラーを用い、捕集ろ紙の面速を19（cm/s）で測定すること。

③　分粒装置の粒径と、測定位置以外については、作業環境測定基準（昭和51年労働省告示第46号）第2条によること。

(3)　ウの結果求められた質量濃度変換係数を用いて、アの相対濃度測定から粉じん濃度（mg/m³）を算定し、測定結果のうち最も高い値が10mg/m³を超えている場合は、同一の粉じん作業を行う労働者全員について、10mg/m³を超えていると判断すること。

4　測定方法（所定の質量濃度変換係数を使用する場合）

(1)　適用条件

この測定方法は、主に土壌を取り扱う場合のみに適用すること。落葉落枝、稲わら、牧草、上下水汚泥など有機物を多く含むものや、ガレキ、建築廃材等の土壌以外の粉じんが多く含まれるものを取り扱う場合には、3に定める測定方法によること。

(2)　測定点の設定

ア　高濃度粉じん作業の測定は、粉じん作業中に作業者の近傍で、原則としてデジタル粉じん計による相対濃度指示方法によって行うこと。測定位置は、粉じん濃度が最大になると考えられる発じん源の風下で、重機等の排気ガス等の影響を受けにくい位置とする。測定は、粉じんの発生すると考えられる作業内容ごとに行うこと。

イ　同一作業を行う作業者が複数いる場合には、代表して1名について測定を行うこと。

ウ　作業の邪魔にならず、測定者の安全が確保される範囲で、作業者になるべく近い位置で測定を行うこと。可能であれば、測定者がデジタル粉じん計を携行し、作業者に近い位置で測定を行うことが望ましいこと。また、作業の安全上問題がない場合は、作業者自身がLD－6Nを装着して測定を行う方法もあること。

(3)　測定時間

ア　測定時間は、濃度が最大となると考えられる作業中の継続した10分間以上とすること、作業の1サイクルが数分程度の短時間の作業が繰り返し行われる場合は、作業が行われている時間を含む10分間以上の測定を行うこと。

イ　作業の1サイクルが10分から1時間程度までであれば作業1サイクル分の測定を行い、それより長い連続作業であれば作業の途中で10分程度の測定を数回行い、その最大値を測定結果とすること。

（4）　評価

ア　デジタル粉じん計により測定された相対濃度指示値（1分間当たりのカウント数。cpm。）に質量濃度換算係数を乗じて質量濃度を算出し、10mg/m³を超えているかどうかを判断すること。

イ　質量濃度換算係数について

この測定方法で使用する質量濃度換算係数については、0.15mg/m³/cpmとすること。ただし、この係数の使用に当たっては、次に掲げる事項に留意すること。

①　この係数は、限られた測定結果に基づき設定されたものであり、今後の研究の進展により、適宜見直しを行う必要があるものであること。

②　本係数は、光散乱方式のデジタル粉じん計であるLD−5及びLD−6に適用することが想定されていること。

別紙4　内部被ばくスクリーニング検査の方法

1　目的

スクリーニング検査は、除染等事業者が、内部被ばく測定を実施する必要のある者を判断するために実施されるものであること。

2　基本的考え方

（1）　高濃度粉じん作業（10mg/m³）かつ高濃度汚染土壌（50万Bq/kg）の状態にあっては、防じんマスクが全く使用されない無防備な状況を想定した場合、内部被ばく実効線量が1mSv/年を超える可能性があることから、3月以内ごとに一度の内部被ばく測定を実施すること。

（2）　その他の場合にあっては、1日ごとに作業終了時にスクリーニング検査を実施し、その限度を超えたことがあった場合は、3月以内ごとに1回、内部被ばく測定を実施すること。

なお、高濃度粉じん作業（10mg/m³）でなく、かつ高濃度汚染土壌（50万Bq/kg）でない場合は、最大予測値の試算を行っても内部被ばくは0.153mSv/年を超えることはないため、突発的に高い濃度の粉じんにばく露された場合に実施すれば足りること。

3　スクリーニング検査の実施方法

（1）　スクリーニング検査は、次の方法によること。

ア　1日の作業の終了時において、防じんマスクに付着した放射性物質の表面密度を放射線測定器を用いて測定すること。

イ　1日の作業の終了時において、鼻腔内の放射性物質の表面密度を測定すること（鼻スミアテスト）。

（2）　スクリーニング検査の基準値は、防じんマスク又は鼻腔内に付着した放射性物質の表面密度について、除染等業務従事者が除染等作業により受ける内部被ばくによる線量の合計が、3月間につき1mSvを十分下回るものとなることを確認するに足る数値とすること。目安としては以下のものがあること。

ア　スクリーニング検査の基準値の設定のための目安として、マスク表面については10,000cpm（通常、防護係数は3を期待できるところ2と厳しい仮定を置き、マスク表面に50％の放射性物質が付着して残りの50％を吸入すると仮定して試算した場合で、0.01mSv相当）があること。

イ　鼻スミアテストは2次スクリーニング検査とすることを想定し、スクリーニング検査の基準値設定の目安としては、1,000cpm（内部被ばく実効線量約0.03mSv相当）、10,000cpm（内部被ばく実効線量約0.3mSv相当）があること。

(3)　測定後の措置

ア　防じんマスクによる検査結果が基準値を超えた場合は、鼻スミアテストを実施すること。

① 鼻スミアテストにより10,000cpmを超えた場合は、3月以内ごとに1回、内部被ばく測定を実施すること。なお、医学的に妊娠可能な女性にあっては、鼻スミアテストの基準値を超えた場合は、直ちに内部被ばく測定を実施すること。

② 鼻スミアテストにより、1,000cpmを超えて10,000cpm以下の場合は、その結果を記録し、1,000cpmを超えることが数回以上あった場合は、3月以内ごとに1回内部被ばく測定を実施すること。

イ　(1) イの防じんマスクの表面線量率の検査にあたっては、防じんマスクの装着が悪い場合は表面密度が低くでる傾向があるため、同様の作業を行っていた労働者の中で特定の労働者の表面密度が他の労働者と比較して大幅に低い場合は、当該労働者に対し、マスクの装着方法を再指導すること。

別紙5　平均空間線量率の測定・評価の方法

1　目的

平均空間線量率の測定・評価は、事業者が、除染等業務に労働者を従事させる際、作業場所の平均空間線量率が2.5μSv/hを超えるかどうかを測定・評価し、実施する線量管理の内容を判断するために実施するものであること。

2　基本的考え方

(1)　作業の開始前にあらかじめ測定を実施すること

(2)　特定汚染土壌等取扱業務を実施する場合で、同じ場所で作業を継続するときは、作業の開始前に加え、2週間につき1度、測定を実施すること。この場合、測定値が2.5μSv/hを下回った場合でも、天候等による測定値の変動がありえるため、測定値が2.5μSv/hのおよそ9割（2.2μSv/h）を下回るまで、測定を継続する必要があること。また、台風や洪水、地滑り等、周辺環境に大きな変化があった場合は、測定を実施すること。

(3)　労働者の被ばくの実態を適切に反映できる測定とすること

3　平均空間線量率の測定・評価について

（1）　共通事項

　ア　空間線量率の測定は、地上1mの高さで行うこと。

　イ　測定器等については、作業環境測定基準第8条によること。

（2）　空間線量率のばらつきが少ないことが見込まれる場合（特定汚染土壌等取扱業務を除く。）

　ア　作業場の区域（当該作業場の面積が1,000m²を超えるときは、当該作業場を1,000m²以下の区域に区分したそれぞれの区域をいう。）の形状が、四角形である場合は、区域の四隅と2つの対角線の交点の計5点の空間線量率を測定し、その平均値を平均空間線量率とすること。

　イ　作業場所が四角形でない場合は、区域の外周をほぼ4等分した点及びこれらの点により構成される四角形の2つの対角線の交点の計5点を測定し、その平均値を平均空間線量率とすること。

（3）　空間線量率のばらつきが少ないことが見込まれる場合（特定汚染土壌等取扱業務に限る。）

　ア　作業場の区域の中で、最も線量が高いと見込まれる点の空間線量率を少なくとも3点測定し、測定結果の平均を平均空間線量率とすること。

　イ　あらかじめ除染等作業を実施し、放射性物質の濃度が高い汚染土壌等を除去してある場合は、基本的に、空間線量のばらつきが少ないと見なすことができること。

（4）　空間線量率のばらつきが大きいことが見込まれる場合

　ア　作業場の特定の場所に放射性物質が集中している場合その他作業場における区間線量率に著しい差が生じていると見込まれる場合にあっては、（2）の規定にかかわらず、次の式により計算することにより、平均空間線量率を計算すること。

　イ　計算にあたっては、次の事項に留意すること。

　　①　空間線量率が高いと見込まれる場所の付近の地点（以下「特定測定点」という。）を1,000m²ごとに数点測定すること。

　　②　最も被ばく線量が大きいと見込まれる代表的個人について計算すること。

　　③　同一場所での作業が複数日にわたる場合は、最も被ばく線量が大きい作業を実施する日を想定して算定すること。

$$R=\left(\sum_{i=1}^{n}(B^i \times WH^i)+A \times \left(WH-\sum_{i=1}^{n}(WH^i)\right)\right) \div WH$$

　R：平均空間線量率（μSv/h）

　n：特定測定点の数

　A：（2）により計算された平均空間線量率（μSv/h）

　B^i：各特定測定点における空間線量率の値とし、当該値を代入してRを計算するもの（μSv/h）

　WH^i：各特定測定点の近隣の場所において除染等業務を行う除染等業務従事者のうち最も被ばく線量が多いと見込まれる者の当該場所における1日あたりの労働時間（h）

　WH：当該除染等業務従事者の1日の労働時間（h）

別紙6　汚染土壌等の放射能濃度の測定方法

1　目的

除染等作業の対象となる汚染土壌等、除去土壌又は汚染廃棄物の放射能濃度の測定は、事業者が、除染等業務に労働者を従事させる際に、汚染土壌等が基準値（1万Bq/kg又は50万Bq/kg）を超えるかどうかを判定し、必要となる放射線防護措置を決定するために実施する。

2　基本的考え方

（1）　作業の開始前にあらかじめ測定を実施すること。

（2）　特定汚染土壌等取扱業務を実施する場合で、同一の場所で事業を継続するときは、事業開始前に加え、2週間に一度、測定を実施すること。なお、放射性物質濃度が1万Bq/kgを下回った場合、測定値の変動に備え、測定値が1万Bq/kgを明らかに下回る場合を除き、測定値が低位安定するまでの間（概ね10週間）は、測定を継続する必要があること。また、台風や洪水、地滑り等、周辺環境に大きな変化があった場合も、測定を実施すること。

（3）　測定は、専門の測定業者に委託して実施することが望ましいこと。

（4）　作業において実際に取り扱う土壌等を測定すること。

（5）　放射性物質の濃度はばらつきが激しいため、測定された最も高い濃度を代表値とすること。

（6）　作業開始前の測定は、別紙6-2又は6-3の早見表その他の知見に基づき、土壌の掘削深さ及び作業場所の平均空間線量率等から、作業の対象となる汚染土壌等の放射能濃度が1万Bq/kgを明らかに下回り、特定汚染土壌等取扱業務に該当しないことを明確に判断できる場合にまで、放射能濃度測定を求める趣旨ではないこと。

3　試料採取

（1）試料採取の原則

ア　試料は、以下のいずれかを採取すること。

①　作業場所の空間線量率の測定点のうち最も高い空間線量率が測定された地点における汚染土壌等、除去土壌又は汚染廃棄物

②　作業で取り扱う汚染土壌等、除去土壌又は汚染廃棄物のうち、最も放射線濃度が高いと見込まれるもの

イ　試料は、作業場所ごとに（1,000m²を上回る場合は1,000m²ごとに）数点採取すること。なお、作業場所が1,000m²を大きく上回る場合で、農地等、汚染土壌等、除去土壌又は汚染廃棄物の濃度が比較的均一であると見込まれる場合は、試料採取の数は1,000m²ごとに少なくとも1点とすることで差し支えない。

ウ　地表から一定の深さまでの土壌等を採取する場合は、採取した土壌等の平均濃度を測定可能な試料とすること。

（2）　試料採取の箇所（特定汚染土壌等取扱業務を除く。）

　　　放射性物質の濃度が高いと見込まれる除染等対象物は以下のとおりであること。

　　ア　　農地

　　　　深さ5cm程度の土壌

　　イ　森林

　　　①　樹木の葉、表皮、落葉、落枝の代表的な部分

　　　②　落葉層（腐葉土）の場合は、深さ3cm程度の腐葉土

　　ウ　生活圏（建物など工作物、道路の周辺）

　　　　雨水が集まるところ及びその出口、植物及びその根元、雨水・泥・土がたまりやすいところ、微粒子が付着しやすい構造物の近傍にある汚泥等除去対象物

（3）　試料採取の箇所（特定汚染土壌等取扱業務に限る。）

　　　放射能濃度が高いと見込まれる汚染土壌等は以下のとおりであること。

　　ア　農地

　　　　地表から深さ15cm程度までの土壌

　　イ　森林

　　　　樹木の葉、表皮、落葉、落枝のうち、最も濃度が高いと見込まれるもの（落葉層（腐葉土）を測定する場合、その下の土壌を含めた地表から深さ15cm程度までの土壌等）

　　ウ　生活圏（建物など工作物、道路の周辺）

　　　　作業により取り扱う土壌等のうち、雨水が集まるところ及びその出口、植物及びその根元、雨水・泥・土がたまりやすいところ、微粒子が付着しやすい構造物の近傍にある土壌等（地表面から実際に取り扱う土壌等の深さまでの土壌等。深さは、作業で実際に掘削等を行う深さに応じるものとする。）

4　分析方法

分析方法は、以下のいずれかによること。

（1）　作業環境測定基準第9条第1項第2号に定める、全ガンマ放射能計測方法又はガンマ線スペクトル分析方法

（2）　簡易な方法

　　ア　試料の表面の線量率とセシウム134とセシウム137の放射能濃度の合計の相関関係が明らかになっている場合は、次の方法で放射能濃度を算定することができること。（詳細については、別紙6－1参照）

　　　①　採取した試料を容器等に入れ、その重量を測定すること。

　　　②　容器等の表面の線量率の最大値を測定すること。

　　　③　測定した重量及び線量率から、容器内の試料のセシウム134とセシウム137の濃度の合計を算定すること。

　　イ　一般のNaIシンチレーターによるサーベイメーターの測定上限値は30μSv/h程度であるため、簡易測定では、V5容器を使用しても、30万Bq/kg以上の測定は困難である。このため、サーベイメーターの指示値が30μSv/hを振り切った場合には、測定対象物の濃度が50万Bq/kgを超え

るとして関連規定を適用するか、(1)の方法による分析を行うかいずれかとすること。

ウ　1万Bq/kg前後と見込まれる試料を測定する場合は、測定される表面線量率が周囲の空間線量率を下回る可能性があるため、土のう袋を使用した測定を行うとともに、空間線量率が十分に低い場所で表面線量率の測定を行うこと。

(3)　空間線量率と放射性物質濃度の関係に基づく簡易測定

ア　平均空間線量率が2.5μSv/h以下の地域において、地表から1mにおける空間線量率と土壌中のセシウム134とセシウム137の放射能濃度（地表から15cmまでの平均）の合計との間に相関関係が明らかになっている場合は、次の方法で放射能濃度を算定することができること。(詳細については、別紙6－2及び6－3を参照。)

ただし、地表1cmまでの範囲に放射性物質の約5割（耕起していない農地土壌）、又は約6割（学校の運動場）が集中し、森林についても落葉層に放射性物質が集中しているというデータがあることから、耕起されていない農地の地表近くの土壌のみを取り扱う作業又は、落葉層若しくは地表近くの土壌のみを取り扱う作業には、この簡易測定は適用しないこと。

イ　生活圏（建築物、工作物、道路等の周辺）の汚染土壌等については、建築物、工作物、道路、河川等、土壌等の態様が多様であることから、農地土壌のように、一律の推定結果を適用することは実態に即していないため、作業において実際に取り扱う土壌等について、(2)の簡易測定を実施すること。

ウ　測定方法

①　農地土壌について

・地表から1mの平均空間線量率を測定する。(別紙5による)

・農地の種類及び土の種類により、推定式を選択し、換算係数を選択する。

・推定式により、土壌中のセシウム134とセシウム137の放射能濃度の合計を推定

②　森林の落葉層等について

・地表から1mの平均空間線量率を測定する。(別紙5による)

・推定式により、土壌中のセシウム134とセシウム137の放射能濃度の合計を推定

別紙6－1　放射能濃度の簡易測定手順

1　使用可能な容器の種類

(1)　丸型V式容器（128mmφ×56mmHのプラスチック容器。以下「V5容器」という。）

(2)　土のう袋

(3)　フレキシブルコンテナ

(4)　200Lドラム缶

(5)　2Lポリビン

2　事故由来廃棄物等を収納した容器の放射能濃度が1万Bq/kg、50万Bq/kg又は200万Bq/kgを下回っているかどうかの判別方法は、次のとおり。

1) 事故由来廃棄物等を収納した容器の表面の放射線量率を測定し、最も大きい値をA（μSv/h）とする。
2) 事故由来廃棄物等を収納した容器の放射能量B（Bq）を、下記式に測定日に応じた係数Xと測定した放射線量率A（μSv/h）を代入して求める。測定日及び容器の種類に応じた係数Xを表1に示す。

$$\boxed{A} \times \boxed{係数X} = B$$

3) 事故由来廃棄物等を収納した容器の重量を測定する。これをC（kg）とする。
4) 事故由来廃棄物等を収納した容器の放射能濃度D（Bq/kg）を、下記式に事故由来廃棄物等を収納した袋等の放射能量B（Bq）と重量C（kg）とを代入して求める。

$$\boxed{B} \div \boxed{C} = D$$

これより、事故由来廃棄物等を収納した容器の放射能濃度Dが1万Bq/kg、50万Bq/kg又は200万Bq/kgを下回っているかどうかが確認できる。

表1 除去物収納物の種類および測定日に応じた係数X

測定日	係数X				
	V5容器	土のう袋	フレキシブルコンテナ	200リットルドラム缶	2Lポリビン
平成30年01月 以内	4.4E+04	9.9E+05	1.3E+07	3.5E+06	1.3E+05
平成30年04月 以内	4.4E+04	1.0E+06	1.3E+07	3.5E+06	1.3E+05
平成30年07月 以内	4.5E+04	1.0E+06	1.3E+07	3.5E+06	1.3E+05
平成30年10月 以内	4.5E+04	1.0E+06	1.4E+07	3.5E+06	1.3E+05
平成31年01月 以内	4.5E+04	1.0E+06	1.4E+07	3.6E+06	1.3E+05
平成31年04月 以内	4.6E+04	1.0E+06	1.4E+07	3.6E+06	1.3E+05
令和元年07月 以内	4.6E+04	1.0E+06	1.4E+07	3.6E+06	1.3E+05
令和元年10月 以内	4.6E+04	1.0E+06	1.4E+07	3.7E+06	1.3E+05
令和2年01月 以内	4.7E+04	1.1E+06	1.4E+07	3.7E+06	1.3E+05
令和2年04月 以内	4.7E+04	1.1E+06	1.4E+07	3.7E+06	1.4E+05
令和2年07月 以内	4.7E+04	1.1E+06	1.4E+07	3.7E+06	1.4E+05
令和2年10月 以内	4.7E+04	1.1E+06	1.4E+07	3.7E+06	1.4E+05
令和3年01月 以内	4.8E+04	1.1E+06	1.4E+07	3.8E+06	1.4E+05
令和3年04月 以内	4.8E+04	1.1E+06	1.4E+07	3.8E+06	1.4E+05
令和3年07月 以内	4.8E+04	1.1E+06	1.5E+07	3.8E+06	1.4E+05
令和3年10月 以内	4.8E+04	1.1E+06	1.5E+07	3.8E+06	1.4E+05
令和4年01月 以内	4.8E+04	1.1E+06	1.5E+07	3.8E+06	1.4E+05

※国立研究開発法人日本原子力研究開発機構の協力を得て厚生労働省労働基準局安全衛生部労働衛生課電離放射線労働者健康対策室作成 （編注：測定日の年号部分を現年号に合わせ改変）

別紙6−2 農地土壌の放射能濃度の簡易測定手順

1 地表面から1mの高さの平均空間線量率から、農地土壌におけるセシウム134及びセシウム137の放射能濃度の合計が1万Bq/kgを下回っていることの判別方法

1) 作業の開始前にあらかじめ作業場所の平均空間線量率 ［ A ］ （μSv/h）を測定する。（測定方法は別紙5による。）
2) 農地の種類、土の種類（※1）から、以下の表により推定式を選択する。
3) 測定された値 ［ A ］ （μSv/h）を2）で選択した推定式に代入して農地土壌（15cm深）における放射性セシウム濃度を推定する。

空間線量率 ［ A ］ （μSv/h）× ［係数X］ − ［係数Y］

= Cs-137 及び Cs-134 の放射能濃度の合計（Bq/kg）

（例）「その他の地域」の「田（黒ボク土）」で平均空間線量率0.2μSv/hの場合の放射性セシウム濃度（推定式Cを使用）（※2）

0.2 × 7,800 − 321 = 1,239 Bq/kg （推定値）

（表1）推定式の選択表（※3）

地域	農地の種類	土の種類	推定式	係数X	係数Y
避難指示区域	未除染農地		A	5,370	0
	除染農地（※4）		B	4,080	0
その他の地域	田	黒ボク土	C	7,800	321
		非黒ボク土	D	6,410	186
	畑	黒ボク土	E	5,830	184
		非黒ボク土	F	5,720	183
	樹園地・牧草地		G	3,490	0

※1 農地の土壌が黒ボク土かどうかは国立研究開発法人農業・食品産業技術総合研究機構農業環境変動研究センターのウェブサイト「日本土壌インベントリー」中の土壌図で確認できる。【https://soil-inventory.dc.affrc.go.jp/】
※2 時間の経過に伴い、減衰による換算係数の変動が生じるため、今後この変動が無視できないほど大きくなる前に推定式を見直す予定。
※3 国立研究開発法人農業・食品産業技術総合研究機構農業環境変動研究センター作成（平成30年1月）
※4 深耕、表土はぎ取りを行った農地

（表２）避難指示区域の未除染農地における放射性セシウム濃度と平均空間線量率の早見表

平均空間線量率 （μSv/h）	Cs濃度 （Bq/kg）	平均空間線量率 （μSv/h）	Cs濃度 （Bq/kg）	平均空間線量率 （μSv/h）	Cs濃度 （Bq/kg）
0.1	537	1.1	5,907	2.1	11,277
0.2	1,074	1.2	6,444	2.2	11,814
0.3	1,611	1.3	6,981	2.3	12,351
0.4	2,148	1.4	7,518	2.4	12,888
0.5	2,685	1.5	8,055	2.5	13,425
0.6	3,222	1.6	8,592	2.6	13,962
0.7	3,759	1.7	9,129	2.7	14,499
0.8	4,296	1.8	9,666	2.8	15,036
0.9	4,833	1.9	10,203	2.9	15,573
1.0	5,370	2.0	10,740	3.0	16,110

※国立研究開発法人農業・食品産業技術総合研究機構農業環境変動研究センター作成（平成30年1月）

別紙６−３　森林土壌等の放射能濃度の簡易測定手順

1　地表面から１mの高さの平均空間線量率から、森林の落葉層及び土壌（以下「森林土壌等」という。）におけるセシウム134及びセシウム137の放射能濃度の合計が1万Bq/kgを下回っていることの判別方法

1）　作業の開始前にあらかじめ作業場所の平均空間線量率　A　（μSv/h）を測定する。（測定方法は別紙５による。）

2）　測定された値　A　（μSv/h）を代入して森林土壌等（15cm深）における放射性セシウム濃度を推定する。

$$\boxed{A}\ (μSv/h) \times 10,580 - 590$$
$$= \text{Cs-134 及び Cs-137 の放射能濃度の合計（Bq/kg）（※ 1、2）}$$

（例）平均空間線量率1.0μSv/hにおける放射性セシウム濃度

1.0μSv/h　×　10,580 − 590　＝　9,990（Bq/kg）（推定値）

早見表（※3）

平均空間線量率 （μSv/h）	Cs濃度 （Bq/kg）	平均空間線量率 （μSv/h）	Cs濃度 （Bq/kg）	平均空間線量率 （μSv/h）	Cs濃度 （Bq/kg）
0.1	468	1.1	11,048	2.1	21,628
0.2	1,526	1.2	12,106	2.2	22,686
0.3	2,584	1.3	13,164	2.3	23,744
0.4	3,642	1.4	14,222	2.4	24,802
0.5	4,700	1.5	15,280	2.5	25,860
0.6	5,758	1.6	16,338		
0.7	6,816	1.7	17,396		
0.8	7,874	1.8	18,454		
0.9	8,932	1.9	19,512		
1.0	9,990	2.0	20,570		

※1 出典：金子真司「森林の放射性セシウム量と空間線量率の経年変化」『日本土壌肥料学会講演要旨集』第63集、2017.9, p.15
※2 時間の経過に伴い、減衰による換算係数の変動が生じるため、今後この変動が無視できないほど大きくなる前に推定式を見直す予定。
※3 国立研究開発法人森林研究・整備機構森林総合研究所の協力を得て林野庁林政部経営課林業労働対策室作成（平成30年1月）

別紙7　作業指揮者に対する教育

　除染等業務（特定汚染土壌等取扱業務については、作業場所の平均空間線量率が2.5μSv/hを超える場合に限る。）の作業指揮者に対する教育は、学科教育により行うものとし、次の表の左欄に掲げる科目に応じ、それぞれ、中欄に定める範囲について、右欄に定める時間以上実施すること。

科目	範囲	時間
作業の方法の決定及び除染等業務従事者の配置に関すること	①　放射線測定機器の構造及び取扱方法 ②　事前調査の方法 ③　作業計画の策定 ④　作業手順の作成	2時間30分
除染等業務従事者に対する指揮の方法に関すること	①　作業前点検、作業前打ち合わせ等の指揮及び教育の方法 ②　作業中における指示の方法 ③　保護具の適切な使用に係る指導方法	2時間
異常時における措置に関すること	①　労働災害が発生した場合の応急の措置 ②　病院への搬送等の方法	1時間

別紙8　労働者に対する特別教育

　除染等業務に従事する労働者に対する特別の教育は、学科教育及び実技教育により行うこと。

　学科教育は、次の表の左欄に掲げる科目に応じ、それぞれ、中欄に定める範囲について、右欄に定める時間以上実施すること。

科目	範囲	時間
電離放射線の生体に与える影響及び被ばく線量の管理の方法に関する知識	除染等業務（平均空間線量率が2.5μSv/h以下の場所においてのみ特定汚染土壌等を取り扱う業務を除く。）を行う者にあっては、次に掲げるもの ① 電離放射線の種類及び性質 ② 電離放射線が生体の細胞、組織、器官及び全身に与える影響 ③ 被ばく限度及び被ばく線量測定の方法 ④ 被ばく線量測定の結果の確認及び記録等の方法	1時間
	平均空間線量率が2.5μSv/h以下の場所においてのみ特定汚染土壌等取扱業務を行う者にあっては、次に掲げるもの ① 電離放射線の種類及び性質 ② 電離放射線が生体の細胞、組織、器官及び全身に与える影響 ③ 被ばく限度	1時間
除染等作業の方法に関する知識	土壌等の除染等の業務を行う者 ① 土壌等の除染等の業務に係る作業の方法及び順序 ② 放射線測定の方法 ③ 外部放射線による線量当量率の監視の方法 ④ 汚染防止措置の方法 ⑤ 身体等の汚染の状態の検査及び汚染の除去の方法 ⑥ 保護具の性能及び使用方法 ⑦ 異常な事態が発生した場合における応急の措置の方法	1時間
	除去土壌の収集、運搬又は保管に係る業務（以下「除去土壌の収集等に係る業務」という。）を行う者 ① 除去土壌の収集等に係る業務に係る作業の方法及び順序 ② 放射線測定の方法 ③ 外部放射線による線量当量率の監視の方法 ④ 汚染防止措置の方法 ⑤ 身体等の汚染の状態の検査及び汚染の除去の方法 ⑥ 保護具の性能及び使用方法 ⑦ 異常な事態が発生した場合における応急の措置の方法	1時間
	汚染廃棄物の収集、運搬又は保管に係る業務（以下「汚染廃棄物の収集等に係る業務」という。）を行う者 ① 汚染廃棄物の収集等に係る業務に係る作業の方法及び順序 ② 放射線測定の方法 ③ 外部放射線による線量当量率の監視の方法 ④ 汚染防止措置の方法 ⑤ 身体等の汚染の状態の検査及び汚染の除去の方法 ⑥ 保護具の性能及び使用方法 ⑦ 異常な事態が発生した場合における応急の措置の方法	1時間

	平均空間線量率が2.5μSv/hを超える場所において特定汚染土壌等を取り扱う業務を行う者 ① 特定汚染土壌等を取り扱う業務（以下「特定汚染土壌等取扱業務」という。）に係る作業の方法及び順序 ② 放射線測定の方法 ③ 外部放射線による線量当量率の監視の方法 ④ 汚染防止措置の方法 ⑤ 身体等の汚染の状態の検査及び汚染の除去の方法 ⑥ 保護具の性能及び使用方法 ⑦ 異常な事態が発生した場合における応急の措置の方法	1時間
	平均空間線量率が2.5μSv/h以下の場所においてのみ特定汚染土壌等取扱業務を行う者 ① 特定汚染土壌等取扱業務に係る作業の方法及び順序 ② 放射線測定の方法 ③ 汚染防止措置の方法 ④ 身体等の汚染の状態の検査及び汚染の除去の方法 ⑤ 保護具の性能及び使用方法 ⑥ 異常な事態が発生した場合における応急の措置の方法	1時間
除染等作業に使用する機械等の構造及び取扱いの方法に関する知識（特定汚染土壌等取扱業務に労働者を就かせるときは、機械等の名称及び用途に関する知識に限る。）	土壌等の除染等の業務を行う者 土壌等の除染等の業務に係る作業に使用する機械等の構造及び取扱いの方法	1時間
	除去土壌の収集等に係る業務を行う者 除去土壌の収集等に係る業務に係る作業に使用する機械等の構造及び取扱いの方法	1時間
	汚染廃棄物の収集等に係る業務を行う者 汚染廃棄物の収集等に係る業務に係る作業に使用する機械等の構造及び取扱いの方法	1時間
	特定汚染土壌等取扱業務を行う者にあっては、当該業務に係る作業に使用する機械等の名称及び用途	30分
関係法令	労働安全衛生法、労働安全衛生法施行令、労働安全衛生規則及び除染電離則中の関係条項	1時間

　実技教育は、次の表の左欄に掲げる科目に応じ、それぞれ、中欄に定める範囲について、右欄に定める時間以上実施すること。

除染等作業の方法及び使用する機械等の取扱い（特定汚染土壌等取扱業務に労働者を就かせるときは、除染等作業の方法に限る。）	土壌等の除染等の業務を行う者 ① 土壌等の除染等の業務に係る作業 ② 放射線測定器の取扱い ③ 外部放射線による線量当量率の監視 ④ 汚染防止措置 ⑤ 身体等の汚染の状態の検査及び汚染の除去 ⑥ 保護具の取扱い ⑦ 土壌等の除染等の業務に係る作業に使用する機械等の取扱い	1時間 30分
	除去土壌の収集等に係る業務を行う者 ① 除去土壌の収集等に係る業務に係る作業 ② 放射線測定器の取扱い ③ 外部放射線による線量当量率の監視 ④ 汚染防止措置 ⑤ 身体等の汚染の状態の検査及び汚染の除去 ⑥ 保護具の取扱い ⑦ 除去土壌の収集等に係る業務に係る作業に使用する機械等の取扱い	1時間 30分

汚染廃棄物の収集等に係る業務を行う者 ① 汚染廃棄物の収集等に係る業務に係る作業 ② 放射線測定器の取扱い ③ 外部放射線による線量当量率の監視 ④ 汚染防止措置 ⑤ 身体等の汚染の状態の検査及び汚染の除去 ⑥ 保護具の取扱い ⑦ 汚染廃棄物の収集等に係る業務に係る作業に使用する機械等の取扱い	1時間 30分
平均空間線量率が2.5μSv/hを超える場所において特定汚染土壌等取扱業務を行う者 ① 特定汚染土壌等取扱業務に係る作業 ② 放射線測定器の取扱い ③ 外部放射線による線量当量率の監視 ④ 汚染防止措置 ⑤ 身体等の汚染の状態の検査及び汚染の除去 ⑥ 保護具の取扱い	1時間
平均空間線量率が2.5μSv/h以下の場所においてのみ特定汚染土壌等取扱業務を行う者 ① 特定汚染土壌等取扱業務に係る作業 ② 放射線測定器の取扱い ③ 汚染防止措置 ④ 身体等の汚染の状態の検査及び汚染の除去 ⑤ 保護具の取扱い	1時間

様式1

除染等業務に従事する労働者の被ばく線量管理（様式）

1.個人識別項目

（フリガナ） 氏　　名		男 女	生年月日	大正 昭和　　　年　　　月　　　日 平成

2.個人識別項目の変更

年　月　日	変　更　前	変　更　後

3.個人異動履歴

事　業　場　名	入社年月日	退社年月日

4.被ばく前歴

期　　　間	業　務　内　容	実　効　線　量
．．．～　　．．．		
．．．～　　．．．		
．．．～　　．．．		
．．．～　　．．．		
．．．～　　．．．		

5.被ばく歴

①測　定　期　間	実　効　線　量		③等価線量	作業場名 （作業内容）
	外部線量	②内部線量		
．．．～　　．．．				（　　　　　）
．．．～　　．．．				（　　　　　）
．．．～　　．．．				（　　　　　）
．．．～　　．．．				（　　　　　）
．．．～　　．．．				（　　　　　）
．．．～　　．．．				（　　　　　）
．．．～　　．．．				（　　　　　）
．．．～　　．．．				（　　　　　）
．．．～　　．．．				（　　　　　）
．．．～　　．．．				（　　　　　）

①は3か月ごと（女性（妊娠する可能性がないと診断されたものを除く。）は1か月ごと）とすること。
　ただし、これに満たず契約期間が満了した場合は当該満了日までの期間とすること。
②は内部被ばくの測定を要する場合に記載すること。
③は妊娠中の女性の腹部表面に受ける等価線量について記載すること。

6.教育歴

年　月　日	実　施　者	教　育　内　容　（業務・科目）

様式２（除染電離則様式第１号（第10条関係））

土壌等の除染等の業務
特定汚染土壌等取扱業務　に係る作業届

作 業 件 名	
作 業 の 場 所	
事 業 者 の 名 称 所 在 地	（〒　　-　　） （電話番号　　-　　-　　）
発 注 者 の 名 称 所 在 地	（〒　　-　　） （電話番号　　-　　-　　）

作業の実施期間	年 月 日～ 年 月 日	作業指揮者 氏　　　名	
作業を行う場所の 平均空間線量率			

関係請負人一覧 及　　　び 労働者数の概数		人		人
		人		人
		人		人
		人		人
		人		人

　　　年　　　　月　　　　日

事業者職氏名　　　　　　　　　　印

＿＿＿＿＿＿＿＿＿＿労働基準監督署長　殿

〔備考〕
1. 標題の「土壌等の除染等の業務」及び「特定汚染土壌等取扱業務」のうち、該当しない文字を抹消すること。
2. 本届は、発注単位で届け出ることを原則とするが、発注が複数の離れた作業を含む場合には、作業場所ごとに提出すること。
3. 「作業の場所」の欄には、作業を行う範囲を具体的に記載すること。地図等を用いる場合には別添として添付すること。
4. 「作業を行う場所の平均空間線量率」の欄には、事前調査により把握した除染等作業の場所の平均空間線量率を記載すること。欄が不足する場合には、別添として添付すること。
5. 「関係請負人一覧及び労働者数の概数」の欄には、関係請負人ごとの名称と、当該作業に従事する労働者数を記載すること。欄が不足する場合には、別添として添付すること。
6. 氏名を記載し、押印することに代えて、署名することができること。

様式3（除染電離則様式第2号（第21条関係））

除染等電離放射線健康診断個人票

氏　　　名			性　　　別	男・女	生年月日	年　月　日	雇入年月日	年　月　日
除染等業務の経歴 （放射線業務及び特定線量下業務を含む。）	期　　　間		年　月　日から 年　月　日まで		年　月　日から 年　月　日まで		年　月　日から 年　月　日まで	①前回の健康診断までの実効線量 　　　　mSv （　　　　mSv）
	業　務　名							
②　被　ば　く　歴　の　有　無								
③　判　定　と　処　置								
健　康　診　断　年　月　日								
現　在　の　業　務　名								
前回の健康診断後に受けた線量	実効線量	外部被ばくによるもの（事故等によるものを除く。）（mSv）						
		内部被ばくによるもの（事故等によるものを除く。）（mSv）						
		④事故等によるもの（mSv）						
		計　　　　　　　　（mSv）						
血液	白　血　球　数（個/mm³）							
	白血球百分率	リ　ン　パ　球（％）						
		単　　　　球（％）						
		異　型　リ　ン　パ（％）						
		好中球　桿　状　核（％）						
		分　葉　核（％）						
		好　酸　球（％）						
		好　塩　基　球（％）						
	赤　血　球　数（万個/mm³）							
	血　色　素　量（g/dl）							
	ヘマトクリット値（％）							
	そ　　の　　他							
眼	水　晶　体　の　混　濁（有無）							
皮膚	発　　　　赤（有無）							
	乾燥又は縦じわ（有無）							
	潰　　　瘍（有無）							
	爪　の　異　常（有無）							
そ　の　他　の　検　査								
全　身　的　所　見								
自　覚　的　訴　え								
参　考　事　項								
⑤　医　師　の　診　断								
健康診断を実施した医師の氏名								
⑥　医　師　の　意　見								
意見を述べた医師の氏名								

備考
1　①の欄は、平成24年1月1日以降の実効線量の合計を記入すること。また、同欄の（　）内には平成23年12月31日以前の集積線量を記入すること。
2　②の欄は、被ばく歴を有する者については、作業の場所、内容及び期間、放射線障害の有無その他放射線による被ばくに関する事項を記入すること。
3　③の欄は、本票記載の健康診断又は検査までの期間に採られた放射線に関する医学的処置及び就業上の措置について記入すること。
4　④の欄は、（1）事故、（2）緊急作業への従事、（3）放射性物質の摂取、（4）傷創部の汚染及び（5）身体の汚染によって受けた実効線量又は推定量（受けた実効線量を推定することも困難な場合には、被ばくの原因）を記入すること。
5　⑤の欄は、異常なし、要精密検査、要治療等の医師の診断を記入すること。
6　⑥の欄は、健康診断の結果、異常の所見があると診断された場合に、就業上の措置について医師の意見を記入すること。

（6）特定線量下業務に従事する労働者の放射線障害防止のためのガイドライン

平成24年6月15日付け基発0615第6号
最終改正：平成30年1月30日付け基発0130第2号

第1　趣旨

　平成23年3月11日に発生した東日本大震災に伴う東京電力福島第一原子力発電所の事故により放出された放射性物質に汚染された除染等業務に従事する労働者の放射線による健康障害を防止するため、「東日本大震災により生じた放射性物質により汚染された土壌等を除染するための業務等に係る電離放射線障害防止規則」（平成23年厚生労働省令第152号。以下「除染電離則」という。）の施行とともに、「除染等業務に従事する労働者の放射線障害防止のためのガイドライン」（平成23年12月22日付け基発第1222第6号。以下「除染等業務ガイドライン」という。）を定めるものである。

　このガイドラインは、除染電離則と相まって、復旧・復興作業における放射線障害防止のより一層の的確な推進を図るため、除染電離則に規定された事項のほか、事業者が実施する事項及び従来の労働安全衛生法（昭和47年法律第57号）及び関係法令において規定されている事項のうち、重要なものを一体的に示すことを目的とするものである。

　なお、このガイドラインは、労働者の放射線障害防止を目的とするものであるが、同時に、自営業、個人事業者、ボランティア等に対しても活用できることを意図している。

　事業者は、本ガイドラインに記載された事項を的確に実施することに加え、より現場の実態に即した放射線障害防止対策を講ずるよう努めるものとする。

第2　適用等

1　このガイドラインは、「平成二十三年三月十一日に発生した東北地方太平洋沖地震に伴う原子力発電所の事故により放出された放射性物質による環境の汚染への対処に関する特別措置法」（平成23年法律第110号）第25条第1項に規定する除染特別地域又は同法第32条第1項に規定する汚染状況重点調査地域（以下「除染特別地域等」という。別紙1参照）において、原発事故により放出された放射性物質（電離放射線障害防止規則（昭和47年労働省令第41号。以下「電離則」という。）第2条第2項の放射性物質に限る。以下「事故由来放射性物質」という。）により平均空間線量率が2.5μSv/hを超える場所で行う除染等業務以外の業務（以下「特定線量下業務」という。）を行う事業の事業者（以下「特定線量事業者」という。）を対象とすること。適用に当たっては、次に掲げる事項に留意すること。

　なお、東電福島第一原発の周辺海域での潜水作業等はこのガイドラインの対象とはしないが、潜水作業等を行う事業者は、潜水作業等の従事者に対し、外部被ばく線量の測定及びその結果の記録等の措置を実施すること。

（1）「除染等業務」とは、土壌等の除染等の業務、廃棄物収集等業務又は特定汚染土壌等取扱業務をいうこと。除染等業務を行う場合は、除染電離則の関係規定及び除染等業務ガイドラインが

適用されること。

（2）「特定線量下業務」についての留意事項

ア　製造業等屋内作業については、屋内作業場所の平均空間線量率が2.5μSv/h以下の場合は、屋外の平均空間線量率が2.5μSv/hを超えていても特定線量下業務には該当しないこと。

イ　自動車運転作業及びそれに付帯する荷役作業等については、①荷の搬出又は搬入先（生活基盤の復旧作業に付随するものを除く。）が平均空間線量率2.5μSv/hを超える場所にあり、2.5μSv/hを超える場所に1月あたり40時間以上滞在することが見込まれる作業に従事する場合、又は②2.5μSv/hを超える場所における生活基盤の復旧作業に付随する荷（建設機械、建設資材、土壌、砂利等）の運搬の作業に従事する場合に限り、特定線量下業務に該当するものとすること。

なお、平均空間線量率2.5μSv/hを超える地域を単に通過する場合については、滞在時間が限られることから、特定線量下業務には該当しないこと。

ウ　エックス線装置等の管理された放射線源により2.5μSv/hを超えるおそれのある場所については、「特定線量下業務」が事故由来放射性物質により2.5μSv/hを超える場所における業務に限られることから、引き続き電離則第3条第1項の管理区域として取り扱うこと。

2　自営業、個人事業者、ボランティア等は、第3「被ばく線量管理の対象及び方法」、第4「被ばく低減のための措置」、第5「労働者に対する教育」等のうち、必要な事項を実施することが望ましいこと。

第3　被ばく線量管理の対象及び方法

1　基本原則

（1）　特定線量事業者は、特定線量下業務に従事する労働者（以下「特定線量下業務従事者」という。）又はその他の労働者が電離放射線を受けることをできるだけ少なくするように努めること。

（2）　特定線量下業務を実施する際には、特定線量下業務従事者の被ばく低減を優先し、あらかじめ、作業場所における除染等の措置が実施されるように努めること。

ア　（1）は、国際放射線防護委員会（ICRP）の最適化の原則に基づき、事業者は、作業を実施する際、被ばくを合理的に達成できる限り低く保つべきであることを述べたものであること。

イ　（2）については、ICRPで定める正当化の原則（以下「正当化原則」という。）から、一定以上の被ばくが見込まれる作業については、被ばくによるデメリットを上回る公益性や必要性が求められることに基づき、特定線量業務従事者の被ばく低減を優先して、作業を実施する前にあらかじめ、除染等の措置を実施するよう努力する必要があること。

ウ　正当化原則に照らし、製造業、商業等の事業を行う事業者は、労働時間が長いことに伴って被ばく線量が高くなる傾向があること、必ずしも緊急性が高いとはいえないことも踏まえ、あらかじめ、作業場所周辺の除染等の措置を実施し、可能な限り線量低減を図った上で、原則として、被ばく線量管理を行う必要がない平均空間線量率（2.5μSv/h以下）のもとで作業に就かせることが求められること。

なお、原子力災害対策本部が製造業等の再開を管理する平均空間線量率が3.8μSv/h以下の地域では、屋内の空間線量率は建物の遮へい効果によりその約4割の約1.5μSv/h以下であると想定されることから、作業開始前に除染等の措置を適切に実施すれば、製造業等の屋内作業が特定線量下業務に該当することはないと見込まれること。

2　線量の測定

（1）　特定線量事業者は、作業場所の平均空間線量率が2.5μSv/hを超える場所において労働者を特定線量下業務に就かせる場合は、個人線量計により外部被ばく線量を測定すること。

（2）　自営業者、個人事業者については、被ばく線量管理等を実施することが困難であることから、あらかじめ除染等の措置を適切に実施する等により、特定線量下業務に該当する作業に就かないことが望ましいこと。

　　ア　やむをえず、特定線量下業務を行う個人事業主、自営業者については、特定線量下業務を行う事業者とみなして、このガイドラインを適用すること。

　　イ　ボランティアについては、作業による実効線量が1mSv/年を超えることのないよう、作業場所の平均空間線量率が2.5μSv/h（週40時間、52週換算で、5mSv/年相当）以下の場所であって、かつ、年間数十回（日）の範囲内で作業を行わせること。

3　被ばく線量限度

（1）　特定線量事業者は、2の（1）で測定された労働者の受ける実効線量の合計が、次のアからウまでに掲げる限度を超えないようにすること。

　　ア　男性及び妊娠する可能性がないと診断された女性は、5年間につき100mSv、かつ、1年間に50mSv

　　イ　女性（妊娠する可能性がないと診断されたものおよびウのものを除く。）は、3月間につき5mSv

　　ウ　妊娠と診断された女性は、妊娠中に腹部表面に受ける等価線量が2mSv

（2）　特定線量事業者は、電離則第3条で定める管理区域内において放射線業務に従事した労働者、除染等業務に従事した労働者を特定線量下業務に就かせるときは、当該労働者が放射線業務又は除染等業務で受けた実効線量と2の（1）により測定された実効線量の合計が（1）の限度を超えないようにすること。

（3）　特定線量事業者は、（1）及び（2）に規定する被ばく線量管理を行うため、特定線量下業務従事者に対し、雇い入れ又は特定線量下業務への配置換えの際、被ばく歴の有無（被ばく歴を有する者については、作業の場所、内容及び期間その他放射線による被ばくに関する事項）を当該労働者が前の事業者から交付された線量の記録（労働者がこれを有していない場合は前の事業場から再交付を受けさせること。）により調査すること。

（4）　（1）のアの「5年間」については、異なる複数の事業場において特定線量下業務に従事する労働者の被ばく線量管理を適切に行うため、全ての特定線量下業務を事業として行う事業場において統一的に平成24年1月1日を始期とする5年ごとに区分した期間とすること。当該5年間の間に新たに特定線量下業務を事業として実施する事業者についても同様とし、この場合、事業を

開始した日から当該 5 年間の末日までの残り年数に20mSvを乗じた値を、当該 5 年間の末日までの被ばく線量限度とみなして関係規定を適用すること。(1) のアの「 1 年間」については、「 5 年間」の始期の日を始期とする 1 年ごとに区分した期間とすること。

(5)　平成24年1月1日から平成24年6月30日までに受けた線量を把握している場合は、それを平成24年7月1日以降に被ばくした線量に合算して被ばく管理すること。

(6)　特定線量事業者は、「 1 年間」又は「 5 年間」の途中に新たに自らの事業場において特定線量下業務に従事することとなった労働者について、特定線量下業務の開始前に、当該「 1 年間」又は「 5 年間」の始期より当該特定線量下業務に従事するまでの被ばく線量を当該労働者が前の事業者から交付された線量の記録（労働者がこれを有していない場合は前の事業場から再交付を受けさせること。）により確認すること。

(7)　(4) 及び (5) の規定に関わらず、放射線業務を主として行う事業者については、事業場で統一された別の始期により被ばく線量管理を行っても差し支えないこと。

(8)　特定線量事業者は、始期を特定線量下業務従事者に周知させること。

4　線量の測定結果の記録等

(1)　特定線量事業者は、 2 の測定又は計算の結果に基づき、次に掲げる特定線量下業務従事者の被ばく線量を算定し、これを記録し、これを30年間保存すること。また、 3 の (3) の調査の結果についても同様とすること。ただし、当該記録を 5 年間保存した後又は当該特定線量下業務従事者が離職した後に、当該特定線量下業務従事者に係る記録を厚生労働大臣が指定する機関（公益財団法人放射線影響協会）に引き渡すときはこの限りではないこと。この場合、記録の様式の例として、様式 1 （編注：略）があること。

　　なお、特定線量下業務従事者のうち電離則第 4 条第 1 項の放射線業務従事者であった者、除染特別地域等において除染等業務に従事する労働者であった者については、当該従事者が放射線業務又は除染等業務に従事する際に受けた線量を特定線量下業務で受ける線量に合算して記録し、保存すること。

ア　男性又は妊娠する可能性がないと診断された女性の実効線量の 3 月ごと、 1 年ごと、及び 5 年ごとの合計（ 5 年間において、実効線量が 1 年間につき20mSvを超えたことのない者にあっては、 3 月ごと及び 1 年ごとの合計）

イ　医学的に妊娠可能な女性の実効線量の 1 月ごと、 3 月ごと及び 1 年ごとの合計（ 1 月間受ける実効線量が1.7mSvを超えるおそれのないものにあっては、 3 月ごと及び 1 年ごとの合計）

ウ　妊娠中の女性の腹部表面に受ける等価線量の 1 月ごと及び妊娠中の合計

(2)　特定線量事業者は、(1) の記録を、遅滞なく特定線量下業務従事者に通知すること。

(3)　特定線量事業者は、その事業を廃止しようとするときには、(1) の記録を厚生労働大臣が指定する機関（公益財団法人放射線影響協会）に引き渡すこと。

(4)　特定線量事業者は、特定線量下業務従事者が離職するとき又は事業を廃止しようとするときには、(1) の記録の写しを特定線量下業務従事者に交付すること。

(5)　特定線量事業者は、有期契約労働者又は派遣労働者を使用する場合、被ばく線量管理を適切に行うため、以下の事項に留意すること。

ア　3月未満の期間を定めた労働契約又は派遣契約による労働者を使用する場合には、被ばく線量の算定は、1月ごとに行い、記録すること。

イ　契約期間の満了時には、当該契約期間中に受けた実効線量を合計して被ばく線量を算定して記録し、その記録の写しを当該特定線量下業務従事者に交付すること。

第4　被ばく低減のための措置

1　事前調査等

（1）　特定線量事業者は、特定線量下業務を行うときに、作業場所について、当該作業の開始前及び同一の場所で継続して作業を行っている間2週間につき一度、作業場所における平均空間線量率（μSv/h）を調査し、その結果を記録すること。

ただし、測定結果が、平均空間線量率2.5μSv/hを安定的に下回った場合は、それ以降の測定を行う必要はないこと。

（2）　平均空間線量率の測定・評価の方法は別紙2によること。なお、事前調査は、作業場所が2.5μSv/hを超えて被ばく線量管理が必要か否かを判断するために行われるものであるため、原子力規制委員会が公表している航空機モニタリング等の結果を踏まえ、事業者が、作業場所が2.5μSv/hを超えていると判断する場合は、個別の作業場所での航空機モニタリング等の結果をもって平均空間線量率の測定に代えることができるものであるとともに、作業の対象となる場所での平均空間線量率が2.5μSv/hを明らかに下回り、特定線量下業務に該当しないことを明確に判断できる場合にまで、測定を求める趣旨ではないこと。

（3）　特定線量事業者は、あらかじめ、（1）又は（2）の調査が終了した年月日、調査方法及びその結果の概要を特定線量下業務従事者に書面の交付等により明示すること。

2　医師による診察等

（1）　特定線量事業者は、特定線量下業務従事者が次のいずれかに該当する場合、速やかに医師の診察又は処置を受けさせること。

ア　被ばく線量限度を超えて実効線量を受けた場合

イ　事故由来放射性物質を誤って吸入摂取し、又は経口摂取した場合

ウ　事故由来放射性物質により汚染された後、洗身等によっても汚染を40Bq/cm²以下にすることができない場合

エ　傷創部が事故由来放射性物質により汚染された場合

（2）　（1）イについては、事故等で大量の土砂等に埋まった場合で鼻スミアテスト等を実施してその基準を超えた場合、大量の土砂や汚染水が口に入った場合等、一定程度の内部被ばくが見込まれるものに限るものであること。

第5　労働者に対する教育

1　特定線量下業務従事者に対する特別の教育

（1）　特定線量事業者は、特定線量下業務に労働者を就かせるときは、当該労働者に対し、次の科目について、学科による特別の教育を行う。

ア　電離放射線の生体に与える影響及び被ばく線量の管理の方法に関する知識

イ　放射線測定の方法等に関する知識

ウ　関係法令

（2）　その他、特別教育の実施の詳細については、別紙3によること。

2　その他必要な者に対する教育等

（1）　自営業者、個人事業者等、雇用されていない者に対しても同様の教育を行うことが望ましいこと。

（2）　特定線量下業務の発注者は、教育を受けた労働者を、作業開始までに業務の遂行上必要な人数を確保できる体制が整っていることを確認した上で発注を行うことが望ましいこと。

第6　健康管理のための措置

1　健康診断

（1）　特定線量事業者（派遣労働者に対する健康診断にあっては、派遣元事業者。以下同じ。）は、常時使用する特定線量下業務従事者に対し、雇入れ時及びその後1年以内ごとに1回、定期に、次の項目について医師による健康診断を行うこと。

ア　既往歴及び業務歴の調査

イ　自覚症状及び他覚症状の有無の検査

ウ　身長、体重、腹囲、視力及び聴力の検査

エ　胸部エックス線検査及び喀痰検査

オ　血圧の測定

カ　貧血検査

キ　肝機能検査

ク　血中脂質検査

ケ　血糖検査

コ　尿検査

サ　心電図検査

（2）　（1）の健康診断（定期のものに限る）は、前回の健康診断においてカからケまで及びサに掲げる項目については健康診断を受けた者については、医師が必要でないと認めるときは、当該項目の全部又は一部を省略することができること。

（3）　（1）のウ、エ、カからケまで及びサに掲げる項目については、厚生労働大臣が定める基準に基づき、医師が必要ないと認めるときは省略することができること。

（4）　（1）のウの聴力検査（定期の健康診断におけるものに限る。）は、前回の健康診断において当該項目について健康診断を受けた者又は45歳未満の者（35歳及び40歳の者を除く。）については、医師が適当と認める聴力（1,000Hz又は4,000Hzの音に係る聴力を除く。）の検査をもって代えることができること。

（5）　特定線量事業者は、（1）の健康診断の結果に基づき、個人票を作成し、これを5年間保存すること。

2　健康診断の結果についての事後措置等

（1）　特定線量事業者は、1の健康診断の結果（当該健康診断の項目に異常の所見があると診断された労働者に係るものに限る。）に基づく医師からの意見聴取を、次に定めるところにより行うこと。

　ア　健康診断が行われた日から3月以内に行うこと

　イ　聴取した医師の意見を個人票に記載すること。

（2）　特定線量事業者は、1の健康診断を受けた特定線量下業務従事者に対し、遅滞なく、健康診断の結果を通知すること。

（3）　特定線量事業者は、1の健康診断の結果、放射線による障害が生じており、若しくはその疑いがあり、又は放射線による障害が生ずるおそれがあると認められる者については、その障害、疑い又はおそれがなくなるまで、就業する場所又は業務の転換、被ばく時間の短縮、作業方法の変更等健康の保持に必要な措置を講ずること。

第7　安全衛生管理体制等

1　元方事業者による被ばく状況の一元管理

　特定線量下業務を行う元方事業者は、放射線管理者を選任し、次の次項を含む、関係請負人の労働者の被ばく管理も含めた一元管理を実施させること。なお、放射線管理者は、放射線関係の国家資格保持者又は専門教育機関等による放射線管理に関する講習等の受講者から選任することが望ましいこと。

（1）労働者の過去の累積被ばく線量の適切な把握、被ばく線量記録等の散逸の防止を図るため、「除染等業務事業者等被ばく線量登録管理制度」に参加すること。

（2）関係請負人による第7の3に定める措置が適切に実施されるよう、必要な指導・援助を実施すること。

2　事業者における安全衛生管理体制

（1）　特定線量事業者は、事業場の規模に応じ、衛生管理者又は安全衛生推進者を選任し、線量の測定及び結果の記録等の措置に関する技術的事項を管理させること。

　　なお、労働者数が10人未満の事業場にあっても、安全衛生推進者の選任が望ましいこと。

（2）　特定線量事業者は、事業場の規模に関わらず、放射線管理担当者を選任し、線量の測定及び
　　結果の記録等の業務に関する業務を行わせること。

3　東電福島第一原発緊急作業従事者対する健康保持増進の措置等

　特定線量事業者は、東京電力福島第一原子力発電所における緊急作業に従事した労働者を特定線量
下業務に就かせる場合は、次に掲げる事項を実施すること。

（1）　電離則第59条の2に基づき、3月ごとの月の末日に、「指定緊急作業従事者等に係る線量等管
　　理実施状況報告書」（電離則様式第3号）を厚生労働大臣（厚生労働省労働基準局安全衛生部労働
　　衛生課電離放射線労働者健康対策室あて）に提出すること。なお、提出に当たっては、原則とし
　　てCSVによる電磁的記録により行うこと。

（2）　「東京電力福島第一原子力発電所における緊急作業従事者等の健康の保持増進のための指針」
　　（平成23年東京電力福島第一原子力発電所における緊急作業従事者等の健康の保持増進のため
　　の指針公示第5号）に基づき、保健指導等を実施するとともに、緊急作業従事期間中に50mSv
　　を超える被ばくをした者に対して、必要な検査等を実施すること。

別紙1　除染特別地域等の一覧

1　除染特別地域

・指定対象

　旧警戒区域又は計画的避難区域の対象区域等

	市町村数	指定地域
福島県	11	楢葉町、富岡町、大熊町、双葉町、浪江町、葛尾村及び飯舘村。並びに田村市、南相馬市、川俣町、川内村で警戒区域又は計画的避難区域であった地域

2　汚染状況重点調査地域

・指定対象

　放射線量が0.23μSv/h以上の地域等

	市町村数	指定地域
岩手県	3	一関市、奥州市及び平泉町の全域
宮城県	8	白石市、角田市、栗原市、七ヶ宿町、大河原町、丸森町、亘理町及び山元町の全域
福島県	36	福島市、郡山市、いわき市、白河市、須賀川市、相馬市、二本松市、伊達市、本宮市、桑折町、国見町、大玉村、鏡石町、天栄村、会津坂下町、湯川村、会津美里町、西郷村、泉崎村、中島村、矢吹町、棚倉町、鮫川村、石川町、玉川村、平田村、浅川町、古殿町、三春町、小野町、広野町及び新地町の全域並びに田村市、南相馬市、川俣町及び川内村で警戒区域又は計画的避難区域であった地域を除く区域
茨城県	19	日立市、土浦市、龍ケ崎市、常総市、常陸太田市、高萩市、北茨城市、取手市、牛久市、つくば市、ひたちなか市、鹿嶋市、守谷市、稲敷市、つくばみらい市、東海村、美浦村、阿見町及び利根町の全域
栃木県	7	鹿沼市、日光市、大田原市、矢板市、那須塩原市、塩谷町及び那須町の全域
群馬県	8	桐生市、沼田市、渋川市、みどり市、下仁田町、高山村、東吾妻町及び川場村の全域
埼玉県	2	三郷市及び吉川市の全域
千葉県	9	松戸市、野田市、佐倉市、柏市、流山市、我孫子市、鎌ケ谷市、印西市及び白井市の全域
計	92	

※環境省環境再生・資源循環局環境再生事業担当参事官室作成（平成30年1月）
<編注：上記の「2　汚染状況重点調査地域」のうち、福島県会津坂下町、湯川村、会津美里町の3町村が平成31年3月25日に指定解除され、計89市町村になっています。最新の情報は、環境省ホームページ（https://www.env.go.jp/）の除染情報サイトで確認できます。>

別紙2　平均空間線量率の測定・評価の方法

1　目的

　平均空間線量率の測定・評価は、事業者が、特定線量下業務に労働者を従事させる際、作業場所の平均空間線量が2.5μSv/hを超えるかどうかを測定・評価し、実施する線量管理の内容を判断するために実施するものであること。

2 基本的考え方

(1) 作業の開始前にあらかじめ測定を実施すること

(2) 同じ場所で作業を継続する場合は、2週間につき1度、測定を実施すること。なお、測定値2.5μSv/hを下回った場合でも、天候等による測定値の変動がありえるため、測定値2.5μSv/hのおよそ9割（2.2μSv/h）を下回るまで、測定を継続する必要があること。また、台風や洪水、地滑り等、周辺環境に大きな変化があった場合も、測定を実施すること。

(3) 労働者の被ばくの実態を適切に反映できる測定とすること。

(4) 作業開始前の測定は、原子力規制委員会が公表している内容等から、作業の対象となる場所での平均空間線量率が2.5μSv/hを明らかに下回り、特定線量下業務に該当しないことを明確に判断できる場合にまで、測定を求める趣旨ではないこと。

3 平均空間線量率の測定・評価について

(1) 共通事項

　ア　空間線量率の測定は、地上1mの高さで行うこと

　イ　測定器等については、作業環境測定基準第8条によること

(2) 測定方法

　業務を実施する作業場の区域（当該作業場の面積が1,000m²を超えるときは、当該作業場を1,000m²以下の区域に区分したそれぞれの区域をいう。）の中で、最も線量が高いと見込まれる点の空間線量率を少なくとも3点測定し、測定結果の平均を平均空間線量率とすること。

別紙3　労働者に対する特別教育

特定線量下業務に従事する労働者に対する特別の教育は、学科教育により行うこと。

学科教育は、次の表の左欄に掲げる科目に応じ、それぞれ、中欄に定める範囲について、右欄に定める時間以上実施すること。

科目	範囲	時間
電離放射線の生体に与える影響及び被ばく線量の管理の方法に関する知識	① 電離放射線の種類及び性質 ② 電離放射線が生体の細胞、組織、器官及び全身に与える影響 ③ 被ばく限度及び被ばく線量測定の方法 ④ 被ばく線量測定の結果の確認及び記録等の方法	1時間
放射線測定等の方法に関する知識	① 放射線測定の方法 ② 外部放射線による線量当量率の監視の方法 ③ 異常な事態が発生した場合における応急の措置の方法	30分
関係法令	労働安全衛生法、労働安全衛生法施行令、労働安全衛生規則及び除染電離則中の関係条項	1時間

除染等業務従事者特別教育テキスト

平成24年	1月30日	第1版第1刷発行
平成24年	6月27日	第2版第1刷発行
平成24年	8月24日	第3版第1刷発行
平成25年	3月19日	第4版第1刷発行
平成26年	1月31日	第5版第1刷発行
平成28年	3月25日	第6版第1刷発行
令和2年	9月30日	第7版第1刷発行

編　　　者　　中央労働災害防止協会
発　行　者　　三　田　村　憲　明
発　行　所　　中央労働災害防止協会
　　　　　　　〒108-0023
　　　　　　　東京都港区芝浦3丁目17番12号
　　　　　　　　　　　　吾妻ビル9階
　　　　　　　電話　販売　03(3452)6401
　　　　　　　　　　編集　03(3452)6209
印刷・製本　　㈱　丸　井　工　文　社
デザイン　　　㈱　ジ　ェ　イ　ア　イ

落丁・乱丁本はお取り替えいたします。　　　　　©JISHA 2020
ISBN978-4-8059-1944-6　C3043
中災防ホームページ　https://www.jisha.or.jp/